T0236846

Fachberichte Simulation

Herausgegeben von D. Möller und B. Schmidt
Band 3

B. Schmidt

Modellbildung mit GPSS-FORTRAN Version 3

Springer-Verlag
Berlin Heidelberg New York Tokyo 1984

Dr. D. Möller
Physiologisches Institut
Universität Mainz
Saarstraße 21
6500 Mainz

Prof. Dr. B. Schmidt
Informatik IV
Universität Erlangen-Nürnberg
Martensstraße 3
8520 Erlangen

CIP-Kurztitelaufnahme der Deutschen Bibliothek:
Schmidt, Bernd:
Modellbildung mit GPSS-FORTRAN Version 3 / B. Schmidt.
Berlin ; Heidelberg ; New York ; Tokyo : Springer, 1984.
(Fachberichte Simulation ; Bd. 3)

ISBN-13:978-3-540-13783-2   e-ISBN-13:978-3-642-82367-1
DOI: 10.1007/978-3-642-82367-1

NE: GT

2060/3020-543210

Inhaltsverzeichnis

1 Zeitkontinuierliche Modelle 1

1.1 Wirte-Parasiten Modell I 1
  1.1.1 Modellbeschreibung 1
  1.1.2 Die Implementierung 2
  1.1.3 Die Eingabedaten 4
  1.1.4 Die Ergebnisse 8
  1.1.5 Übungen 14

1.2 Wirte-Parasiten Modell II 15
  1.2.1 Modellbeschreibung 15
  1.2.2 Die Ergebnisse 16
  1.2.3 Übungen 18

1.3 Das Einlesen benutzerdefinierter Variablen. 20
  1.3.1 Die Vorgehensweise 20
  1.3.2 Übungen 21

1.4 Wirte-Parasiten Modell III 24
  1.4.1 Modellbeschreibung 24
  1.4.2 Das Unterprogramm STATE 24
  1.4.3 Crossings und Bedingungen 25
  1.4.4 Ereignisse 26
  1.4.5 Die Überwachung der Bedingungen 27
  1.4.6 Übersicht der Vorgehensweise 28
  1.4.7 Die Ergebnisse 29
  1.4.8 Übungen 31

1.5 Das Wirte-Parasiten Modell IV 33
  1.5.1 Modellbeschreibung 33
  1.5.2 Die Implementierung 34
  1.5.3 Die Ergebnisse 36
  1.5.4 Übungen 38

2 Warteschlangensysteme 39

2.1 Modell Brauerei I 39
  2.1.1 Modellbeschreibung 39
  2.1.2 Die Implementierung im Unterprogramm
        ACTIV 40
  2.1.3 Rahmen 43
  2.1.4 Das Unterprogramm ACTIV 45
  2.1.5 Der Eingabedatensatz 46
  2.1.6 Übungen 47

2.2 Der Modellablauf 48
   2.2.1 Modellbeispiel 48
   2.2.2 Übungen 53

2.3 Modell Brauerei II 54
   2.3.1 Modellbeschreibung 54
   2.3.2 Aufruf der Zufallszahlengeneratoren 54
   2.3.3 Die Sammlung und Auswertung
       statistischer Daten 55
   2.3.4 Das Unterprogramm ACTIV 56
   2.3.5 Die Ergebnisse 57
   2.3.6 Übungen 60

2.4 Modell Brauerei III 61
   2.4.1 Die Modellbeschreibung 61
   2.4.2 Das Unterprogramm ACTIV 61
   2.4.3 Das Unterprogramm STATE 63
   2.4.4 Crossings 63
   2.4.5 Die Ereignisse 64
   2.4.6 Die Überwachung der Bedingungen 65
   2.4.7 Rahmen 66
   2.4.8 Übersicht der Vorgehensweise 66
   2.4.9 Die Ergebnisse 67
   2.4.10 Übungen 70

3 Die Facilities 72

3.1 Das Modell Eichhörnchen 72
   3.1.1 Der Modellaufbau 72
   3.1.2 Die Implementierung 73
   3.1.3 Rahmen 73
   3.1.4 Das Unterprogramm ACTIV 74
   3.1.5 Die Wiederholung des Simulationslaufes . . . 76
   3.1.6 Die Ergebnisse 78
   3.1.7 Übungen 79

3.2 Das Modell Reparaturwerkstatt 81
   3.2.1 Modellbeschreibung 81
   3.2.2 Implementierung 81
   3.2.3 Die Ergebnisse 83
   3.2.4 Übungen 85

3.3 Das Modell Auftragsverwaltung 86
   3.3.1 Modellbeschreibung 86
   3.3.2 Implementierung 87
   3.3.3 Rahmen 88
   3.3.4 Das Unterprogramm DYNVAL 90
   3.3.5 Die Ergebnisse 90
   3.3.6 Übungen 94

3.4 Das Modell Gemeinschaftspraxis 95
   3.4.1 Modellbeschreibung 95
   3.4.2 Implementierung 95
   3.4.3 Rahmen 96
   3.4.4 Das Unterprogramm ACTIV 98

3.4.5 Die Ergebnisse 99
3.4.6 Übungen 100

4 Pools und Storages 101

4.1 Das Modell Rechenanlage I 101
4.1.1 Modellbeschreibung 101
4.1.2 Implementierung 102
4.1.3 Der Einschwingvorgang 104
4.1.4 Das Unterprogramm ACTIV 105
4.1.5 Rahmen 106
4.1.6 Die Ergebnisse 107
4.1.7 Übungen 110

4.2 Das Modell Rechenanlage II 111
4.2.1 Veränderungen im Vergleich zum
       Modell Rechenanlage I 111
4.2.2 Die Ergebnisse 113
4.2.3 Übungen 115

5 Die Koordination von Transactions 117

5.1 Das Modell Paketbeförderung 117
5.1.1 Modellbeschreibung 117
5.1.2 Implementierung 117
5.1.3 Die Ergebnisse 118
5.1.4 Übungen 120

5.2 Das Modell Fahrstuhl 122
5.2.1 Modellbeschreibung 122
5.2.2 Implementierung 122
5.2.3 Übungen 126

5.3 Die Koordination zeitgleicher Transactions 128
5.3.1 Das Modell Autotelefon 129
5.3.2 Der Aufbau des Modells Autotelefon 129
5.3.3 Die Ergebnisse 131
5.3.4 Übungen 133

6 Das Modell Tankerflotte 134

6.1 Die Aufgabenstellung für das Modell
    Tankerflotte 134

6.2 Der Modellaufbau 136
6.2.1 Zustandsvariable 136
6.2.2 Die Ereignisse 137
6.2.3 Das Setzen der Flags 140
6.2.4 Die Bedingungen 141
6.2.5 Die Überprüfung der Bedingungen 142
6.2.6 Das Unterprogramm ACTIV 144
6.2.7 Das Unterprogramm STATE 145
6.2.8 Rahmen 146
6.2.9 Die Ergebnisse 147

6.2.10 Übungen 150

7 Das Set-Konzept in GPSS-FORTRAN 151

7.1 Das Wirte-Parasiten Modell V 151

7.2 Der Modellaufbau 153
    7.2.1 Das Unterprogramm STATE 153
    7.2.2 Die Ereignisse im Unterprogramm EVENT 153
    7.2.3 Das Setzen der Flags 154
    7.2.4 Die Bedingungen und ihre Überprüfung 155
    7.2.5 Der Eingabedatensatz 155

7.3 Die Ergebnisse 157

7.4 Übungen 160

8 Besondere Möglichkeiten in GPSS-FORTRAN
  Version 3 164

8.1 Variable und ihre graphische Darstellung 164
    8.1.1 Das Modell Cedar Bog Lake 164
    8.1.2 Der Modellaufbau 165
    8.1.3 Die Ergebnisse 167
    8.1.4 Übungen 169

8.2 Parametrisierung der Modellkomponenten 170
    8.2.1 Das Modell Supermarkt 170
    8.2.2 Der Modellaufbau 170
    8.2.3 Die Ergebnisse 171
    8.2.4 Übungen 173

8.3 Die Darstellung von System Dynamics Modellen
    mit GPSS-FORTRAN Version 3 175
    8.3.1 Die Systemelemente und Systemfunktion von
          System Dynamics und ihre Darstellung 175
    8.3.2 Das Modell Winterreifenbestand 179
    8.3.3 Die Ergebnisse 179
    8.3.4 Übungen 181

8.4 Differentialgleichungen höherer Ordnung 182
    8.4.1 Das Modell Radaufhängung I 182
    8.4.2 Der Modellaufbau 183
    8.4.3 Die Ergebnisse 184
    8.4.4 Übungen 186

8.5 Stochastische, kontinuierliche Systeme 188
    8.5.1 Das Modell Radaufhängung II 188
    8.5.2 Die Ergebnisse 188
    8.5.3 Übungen 192

8.6 Delay-Variable 193
    8.6.1 Das Wirte-Parasiten Modell VI 193

8.6.2 Die Implementierung 194
8.6.3 Das Zusammenfassen der Datenbereiche
       für Delay-Variable 196
8.6.4 Die Vorbesetzung der Delay-Variablen 197
8.6.5 Die Ergebnisse 199
8.6.6 Übungen 201

Anhänge 203

Stichwortverzeichnis 299

1 Zeitkontinuierliche Modelle

Am Wirte-Parasiten Modell wird die charakteristische Vorgehens-
weise für die Simulation kontinuierlicher Systeme gezeigt.
Das Wirte-Parasiten Modell gibt es zunächst in 4 Versionen. Jede
Version soll unterschiedliche Verfahren demonstrieren.

Wirte-Parasiten Modell I	Modellbeschreibung und Modellablauf
Wirte-Parasiten Modell II	Zeitabhängige Ereignisse, kombinierte Modelle mit kontinuierlichem und ereignis-orientiertem Anteil
Wirte-Parasiten Modell III	Bedingte Ereignisse, Beschreibung und Überprüfung von Bedingungen.
Wirte-Parasiten Modell IV	Dynamische Änderung der Modellstruktur

1.1 Wirte-Parasiten Modell I

In der belebten Natur gibt es zahlreiche Beispiele dafür, daß
Parasitengattungen bestimmte Wirtegattungen befallen, um sich
fortzupflanzen; die Wirte werden dabei durch die in ihnen heran-
wachsenden Parasiten getötet. Diese Art der Brutpflege betreiben
u.a. die Schlupfwespen und die Parasitenaale.
Dabei läßt sich beobachten, daß die Bevölkerungsgrößen sowohl bei
den Wirten als auch bei den Parasiten schwanken: Wenn die Parasitenbevölkerung wächst, vermehrt sich der Befall und die Wirtebevölkerung schrumpft. Jedoch bewirkt das Schrumpfen der Wirtebevölkerung allmählich einen Rückgang der Befallchancen und damit
einen Rückgang der Parasitenbevölkerung. Dadurch kann jedoch die
Wirtebevölkerung gemäß ihrer normalen Zuwachsrate wieder anwach-
sen.

1.1.1 Modellbeschreibung

Nimmt man bei den Wirten einen natürlichen Geburtenüberschuß a
an, so würde die Wirtebevölkerung x bei Abwesenheit der Parasiten
gemäß der folgenden Differentialgleichung wachsen:

$$dx/dt = a * x \qquad\qquad (1)$$

Neben dem natürlichen Abgang hängt die Todesrate aufgrund des
Parasitenbefalls von der Anzahl der Begegnungen zwischen Wirten
und Parasiten ab. Für die Modellkonstruktion wird diese Anzahl
proportional zum Produkt aus beiden Bevölkerungszahlen angenommen. Dem liegt die Vorstellung zugrunde, daß theoretisch jeder

Parasit jeden Wirt befallen kann; die Zahl der maximal möglichen Begegnungen ist also x*y. Die Zahl der tatsächlichen Begegnungen ist ein Bruchteil c der maximal möglichen. Das tatsächliche Wachstum der Wirtebevölkerung ist demnach:

$$dx/dt = a * x - c * x * y \tag{2}$$

Die Entwicklung der Parasitenbevölkerung ergibt sich aus der Differentialgleichung:

$$dy/dt = c * x * y - b * y \tag{3}$$

Dabei wird vereinfachend angenommen, daß jede Begegnung mit einem Wirt genau einen Parasiten hervorbringt und daß sich die Parasiten nur auf diese Weise vermehren.
Der Term b*y stellt die Sterberate der Parasitenbevölkerung dar. Die zeitliche Entwicklung der beiden Bevölkerungsgruppen ergibt sich aus der Integration der Differentialgleichungen (2) und (3).

Die Konstanten seien:

a=0.005
b=0.05
c=6.E-6

Die Anfangsbedingungen seien:

x(0)=10000
y(0)=1000

Aufgabe:
Es soll die zeitliche Entwicklung des Systems von T=0 bis T=1000 graphisch dargestellt werden.

1.1.2 Die Implementierung

Die beiden Differentialgleichungen (2) und (3), die das System beschreiben, werden im Unterprogramm STATE niedergelegt.
Die beiden Differentialgleichungen gehören zu einem Set. Es gibt demnach im Modell nur das Set NSET=1.

Für die Wirte gilt:

Anzahl der Wirte x	SV(1,1)
Änderung der Anzahl dx/dt	DV(1,1)

Für die Parasiten gilt:

Anzahl der Parasiten y	SV(1,2)
Änderung der Anzahl dy/dt	DV(1,2)

Das Unterprogramm STATE hat damit das folgende Aussehen:

```
C
C        Adressverteiler
C        ================
         GOTO(1), NSET
C
C        Gleichungen für NSET=1
C
1        DV(1,1)= 0.005*SV(1,1)- 0.000006*SV(1,2)* SV(1,1)
         DV(1,2)= -0.05*SV(1,2)+ 0.000006*SV(1,2)* SV(1,1)
         RETURN
         END
```

Die Vorbesetzung erfolgt durch das Event NE=1. Das Unterprogramm
EVENT erhält die folgende Form:

```
C
C        Adressverteiler
C        ================
         GOTO(1),NE
C
C        Bearbeiten der Ereignisse
C        =========================
1        SV(1,1)=10000.
         SV(1,2)=1000.
         CALL BEGIN(1,*9999)
         RETURN
```

Hinweise:

* Jedes Event, das Zustandsvariable aus Differentialgleichungen
mit Anfangswerten besetzt oder sie zu einem späteren Zeitpunkt
ändert, soll durch zwei Aufrufe des Unterprogrammes MONITR eingerahmt werden. Auf diese Weise wird der Systemzustand vor und nach
der Zuweisung protokolliert.
Ausgenommen sind Ereignisse, die Anfangsbedinungen setzen. Vor
dem Setzen der Anfangsbedingungen haben die Zustandsvariablen den
Wert O. Wird dieser Wert durch den Aufruf des Unterprogramms MO-
NITR aufgenommen, ergibt sich bei der Ausgabe eine Verzerrung des
Plots.

*Jede Änderung von Zustandsvariablen, die im Unterprogramm STATE
vorkommen, muß durch einen Aufruf des Unterprogrammes BEGIN abgeschlossen werden.

Abschließend erfolgt das Anmelden des Ereignisses NE=1 im Rahmen
im Abschnitt 5 "Festlegen der Anfangsbedingungen" durch das Unterprogramm ANNOUN.

Der Abschnitt 5 des Rahmens hat damit folgende Form:

```
C
C      5. FESTLEGEN DER ANFANGSBEDINGUNGEN
C·     ====================================
C      ANMELDEN DER ERSTEN EREIGNISSE
C      ==============================
       CALL ANNOUN(1,0.,*9999)
C
C      SOURCE START
C      ============
C      FORTSETZEN EINES SIMULATIONSLAUFES
C      ==================================
5500   IF(SVIN.NE.0) CALL SAVIN
C
```

Es ist ratsam, nach jedem Simulationslauf die INTSTA-Matrix ausdrucken zu lassen. In der INTSTA-Matrix wird statistische Information über die Integration gesammelt. Die Ausgabe übernimmt
das Unterprogramm REPRT6. Es wird im Rahmen im Abschnitt 7 "Endabrechnung" aufgerufen. Der Abschnitt 7 des Rahmens hat damit
die folgende Form:

```
C
C      7. Endabrechnung
C      ================
7000   CONTINUE
       CALL REPRT6
C
```

Die Parameterliste von REPRT6 ist leer.

Um das Wirte-Parasiten Modell zu implementieren, sind demnach die
folgenden Schritte erforderlich:

* Festlegen der Differentialgleichungen im Unterprogramm STATE

* Definieren der Anfangsbedingungen im Unterprogramm EVENT

* Anmelden des Ereignisses NE=1 im Rahmen

* Aufruf von REPRT6 im Rahmen.

1.1.3 Die Eingabedaten

Die benötigten Eingabedaten werden im Rahmen im Abschnitt 3 "Einlesen und Setzen der Variablen" durch das Unterprogramm XINPUT
von einer Datei mit einer logischen Gerätenummer eingelesen, die
in UNIT1 angegeben wird. Das Einlesen erfolgt formatfrei. Das bedeutet, daß Zahlen im I-, F- oder E-Format angegeben werden können
und Zwischenräume ignoriert werden.

Die Eingabe-Datei hat die folgende Form:

```
TEXT;   WIRTE-PARASITEN-MODELL I/
VARI;   TEND; 1000./
VARI;   EPS; 1.E-3/
VARI;   ICONT; 1/
INTI;   1; 1; 1.0; 2; 2; 0.01; 5.; 1.E-4; 10000/
PLO1;   1; 0.; 1000.; 10.; 21; 001001; 001002/
PLO3;   1;*W;WIRTE;*P;PARASIT/
END/
```

Die Eingabe umfaßt vier Abschnitte, die in den Datensätzen durch
die Kommandonamen TEXT, VARI, INTI und PLOT gekennzeichnet sind.

Das Einlesen erfolgt formatfrei.
Trennungssymbol: ";"
Endesymbol eines Datensatzes "/"

* TEXT
Der Text, der nach dem Kommandonamen TEXT folgt, wird als Über-
schrift vor dem Ausdruck der Ergebnisse ausgegeben.
Im vorliegenden Fall wird als Überschrift der Ausdruck "Wirte-
Parasiten-Modell" gewählt.

* VARI
Nach dem Kommandonamen VARI wird eine Variable und der dazugehörige Wert angegeben.

TEND;1000.
Es wird die Zeitoberschranke für die Simulation angegeben. Zum
Zeitpunkt 1000. wird der Simulationslauf abgebrochen, die Ergeb-
nisse protokolliert und das Programm beendet.

EPS; 1.E-3
Die Zahlenschranke bestimmt, wie groß die Zeitdifferenz zwischen
zwei Aktivitäten sein muß, damit sie als nicht gleichzeitig ange-
sehen werden.

ICONT;1
Es handelt sich um ein zeitkontinuierliches Modell. Aufgrund die-
ser Angabe werden Daten für das Integrationsverfahren (INTI) und
Daten für den Plot der Ergebnisse (PLOT) angefordert.

Für Eingabe-Variable, die nicht durch ein VARI-Kommando modifiziert wurden, gilt die Vorbesetzung. Das trifft für TXMAX,
IPRINT, SVIN und SVOUT zu.

TXMAX=1.E+10
Das Wirte-Parasiten-Modell ist ein kontinuierliches Modell.
Transactions werden nicht benötigt. TXMAX ist daher ohne Bedeu-
tung.

IPRINT=0
Die Protokollierung im Einzelschrittverfahren ist ausgeschaltet.

SVIN =0
SVOUT=0
Das Einlesen und Auslagern der Systemvariablen unterbleibt.

* INTI
Die beiden Differentialgleichungen bilden ein Set. Es ist daher
nur ein INTI-Datensatz erforderlich.
Nach dem Kommandonamen INTI folgt die Nummer des Sets. Die nach-
folgenden Werte besetzen die Felder 1-8 der Integrationsmatrix
INTMA.
Eine Beschreibung der Integrationsmatrix findet man im Anhang A
3.2 "Darstellung wichtiger mehrdimensionaler Datenbereiche".

Der Datensatz des Beispiels hat folgende Form:

INTI	Kommandoname
1	Nummer des Set
1	Integrationsverfahren (1= Runge-Kutta-Fehlberg)
1.	Anfangsschrittweite
2	Anzahl der Zustandsvariablen SV
2	Anzahl der Ableitungen DV
	(Anzahl der Differentialgleichungen)
0.01	Minimale Schrittweite bei der Integration
5.	Maximale Schrittweite bei der Integration
1.E-4	Zulässiger, relativer Fehler
10000	Obergrenze Integrationsschritte

* PLOT
Zu jedem Plot gehören 3 Plot-Datensätze. Die drei Plot-Datensätze
besetzen die drei Plot-Matrizen PLOMA1, PLOMA2, PLOMA3. Die Beschreibung der Plot-Matrizen findet man in Bd.2 Kap.7.2.2 und im
Anhang A 3.2 "Darstellung wichtiger mehrdimensionaler Datenbereiche".
Der 2. und 3. Datensatz kann fehlen. Es wird dann mit der Vorbesetzung gearbeitet (siehe Bd.2 Kap.7.2 "Die Ausgabe von Plots").

Ein Datensatz, bei dem nicht alle vorgesehenen Felder besetzt
sind, wird selbständig mit 0 aufgefüllt.
Für das Wirte-Parasiten Modell 1 werden nur der 1. und 3. Datensatz benötigt.
Der 1. Datensatz bezeichnet die Variablen, die geplottet werden
sollen.

PLO1	Kommandoname
1	Nummer des Plot
0.	Zeitpunkt für den Beginn des Plots
1000.	Zeitpunkt für das Ende des Plots
10.	Zeitintervall (Monitorschrittweite)
21	Nummer der Datei zum Ablegen der Plot-Daten
001001	Kennzeichnung der ersten zu plottenden Variablen
001002	Kennzeichnung der zweiten zu plottenden Variablen

Durch 00n00m wird die Variable m aus dem Set n bezeichnet.

Soll statt der Variablen SV(n,m) der Differentialquotient DV(n,m) geplottet werden, ist im Datensatz -00n00n anzugeben.

Da nur der Verlauf der beiden Variablen SV(1,1) und SV(1,2) geplottet werden soll, sind weitere Angaben nicht erforderlich. Die Felder für die 4 restlichen, noch möglichen Variablen werden vom Unterprogramm INPUT mit O besetzt.

Der 2.Datensatz betrifft den Maßstab für die X- bzw. Y-Achse. Da die Voreinstellung ausreicht, ist dieser Datensatz nicht erforderlich.
Der 3.Datensatz benennt die Markierungssymbole und gibt eine Kurzbeschreibung der Variablen.

PLO3   Kommandoname
1   Nummer des Plot
*W   Drucksymbol für die 1.Variable
WIRTE   Die 8 Zeichen der Kurzbeschreibung
*P   Drucksymbol für die 2.Variable
PARASIT   Die 8 Zeichen der Kurzbeschreibung

Da weitere Angaben nicht erforderlich sind, werden die folgenden Felder für die restlichen, noch möglichen Variablen vom Unterprogramm INPUT vorbesetzt.

Die Dateneingabe wird mit dem Datensatz END/ abgeschlossen.

Der Vollständigkeit halber wird an dieser Stelle der PLO2-Datensatz beschrieben:

PLO2; Nummer des Plot; Zeitschritt; Druckindikator; Skalierung; Minimum; Maximum;

Zeitschritt
Der Parameter Zeitschritt bestimmt die Skalierung der X-Achse.
O   Einheit der X-Achse = Monitorschrittweite (Voreinstellung)
WERT   Es ist als Einheit für die X-Achse jeder beliebige Wert möglich.

Druckindikator
Der Druckindikator steuert den Umfang der Ausgabe
1   Plot
2   Plot und Wertetabelle (Voreinstellung)
3   Plot, Tabelle und Zustandsdiagramm

Skalierung
Die Skalierung betrifft die Darstellung der Y-Achse
O   Quick Plot (Voreinstellung)
        Die zu plottenden Variablen werden unabhängig voneinander so dargestellt, daß der Wertebereich den Plot gut ausfüllt. Die Multiplikatoren werden so gewählt, daß sich möglichst runde Werte für die Skala der Y-Achse ergeben.
1   Maximale Darstellung
        Jede Variable wird so dargestellt, daß sie den Plot maxi-

         mal ausfüllt.
2   Uniforme Darstellung mit Grenzen
         Alle Variable werden im gleichen Maßstab geplottet. Diese
         Darstellung ermöglicht einen einfachen Vergleich der
         Variablen. Es ist möglich, Bereiche auszublenden und zu
         plotten. In diesem Fall ist die Angabe von Minimum und
         Maximum erforderlich.
3   Uniforme Darstellung ohne Grenzen
         Alle Variablen werden im gleichen Maßstab geplottet.
         Als Grenzen werden gerundete Werte gewählt.
4   Logarithmische Darstellung der Betragsfunktion

Hinweise:

* Die Dateien, in denen die Daten für die Plots abgelegt werden,
sollen Nummern ab 21 tragen.

* Das Drucksymbol wird durch das vorangestellte Zeichen * charak-
terisiert. Das Zeichen * wird nicht gedruckt. Die Kombination **
ist erlaubt.

* Falls für die Skalierung ein Wert ungleich zwei angegeben wird,
können die beiden letzten Angaben für das Minimum bzw. das Maximum fehlen.

1.1.4 Ergebnisse für das einfache Wirte-Parasiten-Modell

Der Ergebnisausdruck wiederholt zunächst den Inhalt der Datei mit
den Eingabedatensätzen.
Alle Eingabedatensätze werden auf Plausibilität geprüft. Im Feh-
lerfall wird ein Kommentar ausgegeben und der Simulationslauf abgebrochen. Hat der zulässige relative Fehler für einen Integrationsschritt einen Wert größer als 0.01, so erscheint eine War-
nung. Der Simulationslauf wird jedoch fortgesetzt.

Anschließend werden unter der im Datensatz TEXT angegebenen Überschrift alle Daten und Parameter, die den Simulationslauf steu-
ern, noch einmal ausgedruckt. Es wird empfohlen, diese Daten sehr
genau auf Richtigkeit zu überprüfen.

Als Drittes erscheint die Integrationsstatistik. Sie informiert
über die folgenden Sachverhalte:

* Anzahl der Integrationsschritte
Es wird angegeben, wieviele Integrationsschritte tatsächlich insgesamt während der Simulationszeit durchgeführt worden sind.

* Mittlere Schrittweite
Es wird die mittlere Integrationsschrittweite angegeben. Wenn
eine zeitdiskrete Aktivität oder ein Monitoraufruf zu einer Reduktion der Schrittweite geführt hat, so geht das in die mittlere
Schrittweite ein.

* Anzahl der Crossings
Es wird gezählt, wieviele Crossings während des Simulationslaufes
entdeckt und lokalisiert wurden.

* Mittlere Schrittzahl je Crossing
Es wird ausgedruckt, wieviel zusätzliche Integrationsschritte zur
Lokalisierung eines entdeckten Crossings erforderlich waren.

Hinweise:

* Es ist darauf zu achten, daß der geforderte relative Fehler bei
der Integration mit der auf der Rechenanlage verfügbaren Genauigkeit der Zahlendarstellung vereinbar ist.
Wenn die mittlere Integrations schrittweite, die durch das Unterprogramm REPRT6 ausgegeben wird, in der Nähe der Monitorschrittweite liegt, so ist das ein Zeichen, daß die Integrationsschrittweite aufgrund des Monitors beschränkt wird. Der zulässige relative Fehler würde eine größere Integrationsschrittweite zulassen.

Es empfiehlt sich, als Anfangsschrittweite eine Schrittweite zu
wählen, die in der Nähe der mittleren Integrationsschrittweite
liegt.
Dem Benutzer wird geraten, beim Testen des Simulationsmodells die
ersten 100 Integrationsschritte mit Hilfe der Protokollsteuerung
IPRINT zu überwachen.

* Die Integrationsstatistik wird durch das Unterprogramm REPRT6
ausgegeben, das im Rahmen im Abschnitt 7 "Endabrechnung" steht.

Im Anschluß an die Integrationsstatistik werden die Plots und
Wertetabellen für die bezeichneten Zustandsvariablen ausgegeben.
Das geschieht durch den Aufruf des Unterprogrammes ENDPLO im Rahmen. Der Parameter ISTAT in der Parameterliste steuert die Ausgabe statistischer Information. Es gilt:

ISTAT=0   Keine Angabe des Konfidenzintervalles und der Ein-
           schwingphase.

ISTAT=1   Angabe des Konfidenzintervalles und der Einschwing-
           phase.

Im Kopf jedes Plots erscheint zunächst für jede geplottete Variable eine kurze Übersicht. Diese Übersicht enthält Angaben über
das Minimum, das Maximum, den Mittelwert und statistische Angaben.
Die statistischen Angaben beziehen sich auf stochastische Systeme. In diesem Fall muß der Mittelwert aufgrund der vorliegenden
Stichproben geschätzt werden. Das Konfidenzintervall wird um den
geschätzten Stichprobenmittelwert gelegt. Mit einer Wahrschein-

lichkeit von 95% liegt der tatsächliche Mittelwert in diesem In-
tervall.
Falls das System eine Einschwingphase hat, wird die Länge der
Einschwingphase geschätzt. Es wird angegeben, um welchen Wert
sich der Mittelwert verschiebt, wenn die Stichproben, die zur
Einschwingphase gehören, verworfen werden.

Hinweise:

* Der Mittelwert, das Konfidenzintervall und die Mittelwertver-
schiebung werden nur berechnet und ausgedruckt, wenn sie durch
die Angabe von ISTAT=1 in der Parameterliste von ENDPLO angefordert werden. Hiervon sollte nur bei Bedarf Gebrauch gemacht werden, da die Berechnung der statistischen Angaben zahlreiche
Dateizugriffe erfordert und daher sehr zeitintenstiv ist.

* Erscheint anstelle des Konfidenzintervalls und der Mittelwert-
verschiebung aufgrund der Einschwingphase ein entsprechender Hinweis, so sind die Verfahren, die der Simulator GPSS-FORTRAN ein-
setzt, nicht in der Lage, ein Konfidenzintervall oder eine Einschwingphase zu bestimmen.

Die Beschriftung der X- bzw. Y-Achse des Plots erfolgt den Angaben entsprechend, die der Benutzer auf deren Datensatz PLO2 gemacht hat. Wurde kein Datensatz PLO2 eingegeben, wird mit der
Voreinstellung gearbeitet.
Für jede Variable wird die Beschriftung der Y-Achse gesondert
ausgedruckt.

Beispiel:

Die gesamte Y-Achse ist in 100 Druckpositionen eingeteilt. Eine
Druckposition entspricht daher dem Wert 12.5
Der Maßstab für die X-Achse entspricht der Voreinstellung. Wenn
keine gesonderten Angaben gemacht werden, hat eine Druckposition
die Länge der Monitorschrittweite.
Im vorliegenden Fall wurde ein Datensatz PLO1 als Monitorschrittweite 10.ZE angegeben. Dementsprechend ist der Zeitschritt auf
der X-Achse 10.

Am oberen Rand des Plots findet man die Duplikate. Hier wird
angegeben, wenn zwei oder mehrere Drucksymbole für verschiedene
Variable auf dieselbe Position gedruckt wurden.

Am oberen Rand werden weiterhin die Ereignisse durch einen Stern
vermerkt. Im vorliegenden Fall gibt es keine Ereignisse.

Hinweise:

* Im Simulator GPSS-FORTRAN Version 3 werden die Werte der Zustandsvariablen für die Plots durch das Unterprogramm MONITR
aufgenom men und auf eine Datei geschrieben. Das Unterprogramm
MONITR wird von der Ablaufkontrolle im Unterprogramm FLOWC in Abständen, die der Monitorschrittweite entsprechen, aufgerufen.
Das Unterprogramm MONITR kann auch vom Benutzer aufgerufen werden. Jeder Aufruf von MONITR durch den Benutzer signalisiert ein

Ereignis. Das heißt, daß in der Spalte EVENT ein Stern immer dann erscheint, wenn ein benutzereigener Aufruf von MONITR erfolgte.

Im Anschluß an den Plot folgt die Wertetabelle.

Es wird empfohlen, für die Analyse der Simulationsergebnisse die Wertetabelle zu verwenden. Die Plots geben nur eine Überblick über den Kurvenverlauf. Insbesondere kann es im Plot zu Verfälschungen kommen, da keine Zwischenwerte gedruckt werden können.

Die Ergebnisanalyse für das einfache Wirte-Parasiten Modell zeigt die für dieses Problem typischen phasenverschobenen Schwingungen. Ein wachsendes Angebot an Wirten führt mit der entsprechenden Zeitverzögerung zu einer Zunahme der Parasitenpopulation und umgekehrt.

Es ist bemerkenswert, daß der Funktionsverlauf für die Anzahl der Wirte und Parasiten auch von den Werten für die Anfangsbedingungen abhängt. Bei geänderten Anfangswerten ergibt sich ein ganz anders geartetes Aussehen (siehe Kap. 1.1.5 Übung 1).

Hinweise:

* Bei der Ergebnisanalyse ist zu beachten, daß die Kurve für die Wirte- und Parasitenbevölkerung in unterschiedlichem Maßstab dargestellt sind. Es empfiehlt sich, den Kurvenverlauf so anzugeben, daß für beide Kurven derselbe Maßstab gewählt wird (siehe Kap. 1.1.5 Übung 3).

* Der Simulationslauf kann im Stapelbetrieb und im interaktiven Betrieb laufen. Die Betriebsart wird durch die Variable XMODUS bestimmt, die im Rahmen im Abschnitt 1 "Festlegen der Betriebsart" gesetzt wird. Es gilt:
XMODUS = 0   Stapelbetrieb (Voreinstellung)
XMODUS = 1   Interaktiver Betrieb

Die Wahl der Betriebsart wird vom Benutzer durch das Setzen der Variablen XMODUS im Rahmen festgelegt (siehe Bd.2 Kap. 7.4 "Die Betriebsarten").

* Die Eingabedatensätze werden auf einer Datei mit dem Namen ´DATAIN´ unter der logischen Gerätenummer UNIT1 erwartet. Die Ausgabe erfolgt auf einer Datei mit dem Namen ´DATAOUT´ unter der logischen Gerätenummer UNIT2 (siehe Bd.3 Anhang A 2 Modellaufbau).

Die Voreinstellung ist die folgende:

UNIT1 = 13
UNIT2 = 14

T = 1000.00   RT = 1000.00

INTEGRATIONSSTATISTIK
=====================

SET	ANZAHL INT.SCHRITTE	MITTLERE SCHRITTWEITE	ANZAHL CROSSINGS	ANZ.SCHR. JE CROSSING
	202.00	4.9505	0.	0.

PLOT NR 1

VARIABLE	MINIMUM	MAXIMUM	MITTELWERT	95%-KONFIDENZ INTERVALL	ENDE EINSCHW. VORGANG	MITTELWERT VERSCHIEBUNG	MW.-VERSCH. IN PROZENT
W = WIRTE	6.7967E+03	1.0086E+04	-----	-----	-----	-----	-----
P = PARASIT	4.1564E+02	1.4661E+03	-----	-----	-----	-----	-----

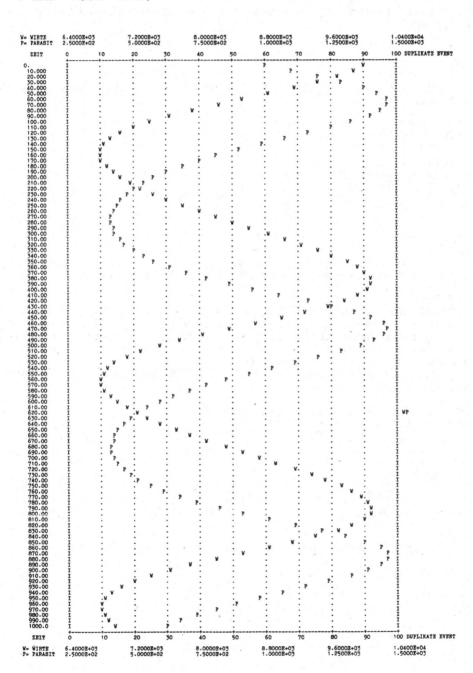

| W= WIRTE | 6.4000E+03 | 7.2000E+03 | 8.0000E+03 | 8.8000E+03 | 9.6000E+03 | 1.0400E+04 |
| P= PARASIT | 2.5000E+02 | 5.0000E+02 | 7.5000E+02 | 1.0000E+03 | 1.2500E+03 | 1.5000E+03 |

1.1.5 Übungen

Die Übungen sollen die Bedienung des Simulators GPSS-FORTRAN ver-
deutlichen.

* Übung 1

Der Simulationslauf soll mit den folgenden Anfangsbedingungen
wiederholt werden:

x(0) = 5000.   x(0) = 10000.
y(0) = 1000.   y(0) = 2000.

Hinweis:
Im Unterprogramm EVENT sind die beiden Zuweisungen für SV(1,1)
und SV(1,2) zu ändern.

* Übung 2

Es soll für die ursprüngliche Aufgabe ein zweiter Plot angelegt
werden, der die Änderungsraten DV(1,1) und DV(1,2) zeigt.

Hinweis:
Die Zahl der Plots wird durch die Zahl der angegebenen Plot-Datensätze bestimmt. Ein weiterer Plot wird angelegt, indem die
dazugehörigen Datensätze eingelesen werden. Soll anstelle der Variablen die Ableitung geplottet werden, so ist die Variablenkenn-
zeichnung mit einem "-" zu versehen.
Die beiden zusätzlichen Datensätze haben für den vorliegenden
Fall die folgende Form:

PL01; 2; 0.; 1000.; 10.; 22;-001001;-001002/
PL03; 2;*X; *WIRTE;*Y; *PARASIT/

* Übung 3

Es soll ein Plot angegeben werden, in den die beiden Variablen
SV(1,1) und SV(1,2) in gleichem Maßstab dargestellt werden.

Hinweis:
Es ist ein Datensatz PL02 der folgenden Form erforderlich:

PL02; 1; 0; 2; 3/

1.2 Wirte-Parasiten Modell II

Ereignisse gehören dem diskreten Teil des Simulators an. Durch
sie lassen sich Sprünge im Funktionsverlauf darstellen.
Man unterscheidet zeitabhängige Ereignisse und bedingte Ereignisse. Für zeitabhängige Ereignisse ist der Zeitpunkt der diskreten Zustandsänderung bekannt. Bedingte Ereignisse treten ein,
wenn der Systemzustand bestimmte, vorgegebene Bedingungen erfüllt.
Es ist in GPSS-FORTRAN Version 3 möglich, Ereignisse in ein zeitkontinuierliches Modell einzubringen. Es entsteht dadurch ein
kombiniertes, diskret-kontinuierliches Modell.

In Simulatoren, die nur zeitkontinuierliche Modelle behandeln
können und die nicht die Möglichkeit haben, zeitdiskrete Aktivitäten zu bearbeiten, muß ein Sprung durch eine Kurve mit sehr
steilem Anstieg approximiert werden.
Ein derartiges Verfahren ist auf jeden Fall von Nachteil, weil
innerhalb eines sehr kurzen Zeitbereiches die Integrationsschrittweite drastisch reduziert werden muß, um die plötzliche
Änderung des Differentialquotienten zu erfassen.
In realen Systemen sind zeitdiskrete Sprünge selten. Man beobachtet in der Realität häufig anstelle eines Sprungs eine stetige
Änderung der Zustandsvariablen mit steilem Anstieg. Es empfiehlt
sich jedoch, ein System, das von sich aus an einzelnen Stellen
eine plötzliche und ausgeprägte Änderung im Wert einer Zustandsvariablen zeigt, im Modell durch einen zeitdiskreten Sprung
darzustellen.
Für dieses Vorgehen sprechen zwei Argumente:

1. Die Bearbeitung eines Sprungs ist für einen Simulator, der
   zeitdiskrete Aktivitäten bearbeiten kann, sehr einfach.

2. Der Fehler, der gemacht wird, wenn ein steiler, stetiger Anstieg im System durch einen Sprung im Modell ersetzt wird, ist
   in der Regel gering.

1.2.1 Modellbeschreibung

Zunächst soll der Einsatz zeitabhängiger Ereignisse an einem Bei-
spiel dargestellt werden. Hierzu wird das Wirte-Parasiten-Modell
aus Kap.1.1 geringfügig erweitert:
Zum Zeitpunkt T=300. soll durch einen Eingriff die Anzahl der
Parasiten um die Hälfte reduziert werden.
Es handelt sich hierbei um ein zeitabhängiges Ereignis, das die
Zustandsvariable SV(1,2) verändert. Dieses Ereignis tritt gleich-
berechtigt neben das Ereignis, das die Vorbesetzung übernimmt.
Das Unterprogramm EVENT hat damit die folgende Form:

```
C       Adressverteiler
C       ===============
        GOTO(1,2), NE
C
C       Bearbeiten der Ereignisse
C       =========================
```

```
1       SV(1,1) = 10000.
        SV(1,2) = 1000.
        CALL BEGIN(1,*9999)
        RETURN

2       CALL MONITR(1)
        SV(1,2) = SV(1,2)/2.
        CALL BEGIN(1,*9999)
        CALL MONITR(1)
        RETURN
```

Das Ereignis NE=2 wird ebenso wie das Ereignis NE=1 im Rahmen
durch die Anweisung

        CALL ANNOUN(2,300.,*9999)

angemeldet. Hierauf übernimmt die Ablaufkontrolle die einmalige
Bearbeitung des Ereignisses zum Zeitpunkt T=300.
Es ist ratsam, Ereignisse, die während des Simulationslaufes Zustandsvariable SV oder DV verändern, zu überwachen. Das geschieht, indem das Ereignis durch zwei Aufrufe des Unterprogramms
MONITR (NPLOT) eingerahmt wird. Hierdurch werden die Zustandsvariablen vor und nach der Aktivierung des Ereignisses protokolliert und ausgegeben. Der Benutzer hat damit die Möglichkeit, die
korrekte Ausführung des Ereignisses zu überprüfen.

1.2.2 Die Ergebnisse für das Wirte-Parasiten-Modell mit zeitab-
      hängigen Ereignissen

Man entnimmt dem Plot, daß bis zur Zeit T=300. die Ergebnisse für
die Modelle I und II identisch sind.
Zur Zeit T=300. erfolgt die Reduktion der Parasiten. Dieses
Ereignis wird durch einen Stern am oberen Rand des Plots kennt-
lich gemacht.

VARIABLE	MINIMUM	MAXIMUM	MITTELWERT	95%-KONFIDENZ INTERVALL	ENDE EINSCHW. VORGANG	MITTELWERT VERSCHIEBUNG	MW.-VERSCH. IN PROZENT
W = WIRTE	5.7167E+03	1.1641E+04	-----	-----	-----	-----	-----
P = PARASIT	2.1057E+02	2.1467E+03	-----	-----	-----	-----	-----

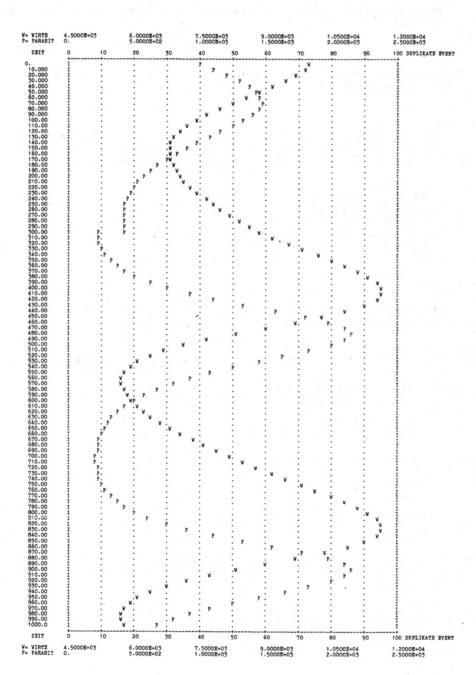

| W= WIRTE | 4.5000E+03 | 6.0000E+03 | 7.5000E+03 | 9.0000E+03 | 1.0500E+04 | 1.2000E+04 |
| P= PARASIT | 0. | 5.0000E+02 | 1.0000E+03 | 1.5000E+03 | 2.0000E+03 | 2.5000E+03 |

1.2.3 Übungen

Die Übungen zeigen weitere Einsatzmöglichkeiten des Simulators
GPSS-FORTRAN.

* Übung 1

Die Anzahl der Parasiten soll jeweils im Abstand von 300 Zeiteinheiten um die Hälfte reduziert werden.

Hinweis:
Nach der erstmaligen Bearbeitung des Ereignisses NE=2 wird das
jeweilige Folgeereignis zur Zeit T+300 angemeldet. Das zweite Ereignis hat dann im Unterprogramm EVENT die folgende Form:

```
2       CALL MONITR(1)
        SV(1,2) = SV(1,2)/2.
        CALL BEGIN(1,*9999)
        CALL MONITR(1)
        CALL ANNOUN(2,T+300.,*9999)
        RETURN
```


* Übung 2

Im Zeitintervall von T=280 bis T=310 sollen alle Zustandsübergänge im Einzelschrittverfahren ausgegeben werden.

Hinweis:
Die Protokollierung des Modellablaufes wird durch die Variable
IPRINT gesteuert. Sie ist mit IPRINT=0 vorbesetzt. Das Ein- und
Ausschalten der Protokollsteuerung erfolgt durch die Ereignisse
NE=3 und NE=4. Beide Ereignisse werden im Rahmen angemeldet:

```
        CALL ANNOUN(3,280.,*9999)
        CALL ANNOUN(4,310.,*9999)
```

Die Ereignisse selbst sind denkbar einfach:

```
3       IPRINT = 1
        RETURN

4       IPRINT = 0
        RETURN
```

Da es sich bei IPRINT um eine Steuervariable und nicht um eine
Zustandsvariable handelt, ist der Aufruf von MONITR und BEGIN
nicht erforderlich.

Es ist möglich, das Ereignis NE=4 als Folgeereignis zu Ereignis
NE=3 anzumelden. In diesem Fall entfällt der Aufruf

```
        CALL ANNOUN(4,310.,*9999)
```

im Rahmen.

Anstelle dessen hat das Ereignis NE=3 die folgende Form:

```
3       IPRINT = 1
        CALL ANNOUN(4,T+30.,*9999)
        RETURN
```

Gleichbedeutend ist:

```
3       IPRINT=1
        CALL ANNOUN(4,310.,*9999)
        RETURN
```

*   Übung 3

In der Zeit von T = 280. bei T = 310 soll in einem Ereignis JPRINT(20)=2 gesetzt werden.

1.3 Das Einlesen benutzerdefinierter Variablen

Das Simulationsprogramm unterstützt zunächst das formatfreie Einlesen der Variablen IPRINT, ICONT, SVIN, SVOUT, TEND und TXMAX.
Der Benutzer hat die Möglichkeit, durch geringfügige Modifikationen im Rahmen private Variable ebenfalls formatfrei einzulesen.

1.3.1 Die Vorgehensweise

Um Variable formatfrei einlesen zu können, sind die folgenden
Schritte erforderlich:

Im Abschnitt 3 des Rahmens "Einlesen und Setzen der Variablen"
werden die Namen der Variablen, die formatfrei eingelesen werden
sollen, in den Variablen VNAMEI bzw. VNAMER abgelegt. Die beiden
Variablen VNAMEI und VNAMER sind vom Typ CHARACTER.
Namen für Variablen vom Typ INTEGER werden in VNAMEI und Namen
für Variablen vom Typ REAL werden in VNAMER eingetragen. (Siehe
Bd.2 Kap. 7.1 "Das formatfreie Einlesen").

Der Datensatz, der benutzereigene Variable mit Werten besetzen
soll, hat die folgende Form:

VARI; Name; Wert/

VARI   Kommandoname für alle Datensätze, die Variablen Werte zu-
         weisen.

Name   Variablenname (Der Variab lenname muß bereits in VNAMEI
         oder VNAMER eingetragen worden sein).

Wert   Der Wert der Variablen, der formatfrei eingelesen werden
         soll.

Durch das Unterprogramm XINPUT wird der Datensatz eingelesen und
der Wert der Variablen mit dem angegebenen Namen in IV (für Variablen vom Typ INTEGER) und in RV (für Variable vom Typ REAL)
abgelegt.
Durch eine nachfolgende Zuweisung wird der unter einem Variablennamen eingelesene Wert einer Programmvariablen zugewiesen.

Hinweise:

* Der Benutzer kann der Vorgehens weise für das Einlesen der bereits definierten Variablen folgen. Zwischen dem Einlesen der
fest vorgegebenen 7 Variablen und weiteren Benutzervariablen ist
kein Unterschied.

* Natürlich ist es für den Benutzer auch weiterhin möglich, Variable formatgebunden einzulesen. Es stehen alle Möglichkeiten,
die FORTRAN bietet, zur Verfügung.

* Die Reihenfolge der Variablennamen im Abschnitt "Namensdeklara-
tion" und die Reihenfolge der Zuweisungen im Abschnitt "Setzen

bei formatfreier Eingabe" muß sich genau entsprechen.

* Alle Variablen, die formatfrei eingelesen werden sollen, müssen
im Abschnitt "Vorbesetzen bei formatfreier Eingabe" vorbesetzt
werden. Mit diesem Wert wird gearbeitet, falls für die entsprechende Variable der VARI-Datensatz nicht vorliegt.

Die eingelesenen Variablen müssen den Unterprogrammen, in denen
sie vorkommen, bekannt gemacht werden. Es empfiehlt sich, einen
Block COMMON/ PRIV/ anzulegen, in dem alle eingelesenen, privaten
Variablen erscheinen. Der Block COMMON/PRIV/ sollte in allen Benutzerprogrammen, in denen Benutzervariable vorkommen können, definiert werden. Durch dieses schematische Vorgehen wird die Fehlermöglichkeit verringert.
In den folgenden 7 Benutzerprogrammen können benutzereigene Variable vorkommen: Rahmen, EVENT, ACTIV, STATE, DETECT, TEST und
CHECK.

1.3.2 Übungen

Die Übungen erläutern das formatfreie Einlesen von Variablen.

* Übung 1

Im Wirte-Parasiten-Mo dell aus Kap.1.1 sind die Variablen a, b
und c einzulesen.

Hinweis:
Die Variablennamen a, b und c bezeichnen Variablen vom Typ REAL.
Ihnen werden im Vektor RV die Elemente RV(4), RV(5) und RV(6)
zugewiesen.

Hierbei ist zu beachten, daß die Variablennamen in derselben Reihenfolge besetzt werden, in der sie in der Namendeklaration erscheinen.

Das Vorbesetzen und Einlesen geschieht in der folgenden Weise:

```
C       3. Einlesen und Setzen der Variablen
C       ======================================
C
C       Namensdeklaration der Integervariablen
C       ======================================
        VNAMEI(1) = 'IPRINT '
        VNAMEI(2) = 'ICONT  '
        VNAMEI(3) = 'SVIN   '
        VNAMEI(4) = 'SVOUT  '
C
C       Namensdeklaration der Realvariaben
C       ======================================
        VNAMER(1) = 'TEND   '
        VNAMER(2) = 'TXMAX  '
        VNAMER(3) = 'EPS    '
        VNAMER(4) = 'A      '
        VNAMER(5) = 'B      '
```

```
          VNAMER(6) = ´C
C
C       Vorbesetzen bei formatfreiem Einlesen
C       ======================================
1000    IV(1) = IPRINT
        IV(2) = 0
        IV(3) = 0
        IV(4) = 0
        RV(1) = TEND
        RV(2) = TXMAX
        RV(3) = EPS
        RV(4) = 5. E-3
        RV(5) = 5. E-2
        RV(6) = 5. E-6
C
C
C       Einlesen
C       ========
        CALL XINPUT(XEND,XGO,XNEW,XOUT,*9999)
C
C       Setzen bei formatfreiem Einlesen
C       ================================
        IPRINT = IV(1)
        ICONT  = IV(2)
        SVIN   = IV(3)
        SVOUT  = IV(4)
        TEND   = RV(1)
        TXMAX  = RV(2)
        EPS    = RV(3)
        A      = RV(4)
        B      = RV(5)
        C      = RV(6)
C
```

Die Variablen A, B und C werden in einem Block COMMON/PRIV/A,B,C an die 7 Benutzerprogramme Rahmen, EVENT, ACTIV, STATE, DETECT, TEST und CHECK übergeben.
Die Differentialgleichungen in STATE haben jetzt die folgende Form:

```
1       DV(1,1) = A*SV(1,1)-C*SV(1,2) *SV(1,1)
        DV(1,2) = -B*SV(1,2)+C*SV(1,2)*SV(1,1)
```

Die Datensätze zum Einlesen der Variablen haben jetzt die folgende Form:

```
VARI; TEND; 1000./
VARI; ICONT; 1/
VARI; EPS; 1.E-03/
VARI; A; 5.E-3/
VARI; B; 5.E-2/
VARI; C; 6.E-6/
```

* Übung 2

Die Anfangsbedingungen für die beiden Differentialgleichungen
sollen eingelesen werden.

Hinweis:
Die Anfangswerte für die Anzahl der Wirte und Parasiten wird un-
ter dem Namen XO und YO eingelesen. Beide Variablen müssen in den
Block COMMON/PRIV/ übernommen werden:

COMMON/PRIV/A,B,C,XO,YO

Das Ereignis NE=1, das die Vorbesetzung übernimmt, hat jetzt die
folgende Form:

```
C
1       SV(1,1) = XO
        SV(1,2) = YO
        CALL BEGIN(1,*9999)
        RETURN
```

* Übung 3

Die Variablen a,b und c sollen interaktiv während des Simulationslaufes geändert werden. Siehe hierzu Bd.2 Kap. 7.4.2 "Der
interaktive Betrieb"

1.4 Wirte-Parasiten Modell III

Bei bedingten Ereignissen ist der Zeitpunkt, zu dem sie ausgeführt werden sollen, vorab nicht bekannt. Diese Ereignisse werden
dann fällig, wenn das System eine bestimmte Bedingung erfüllt;
die Bedingung wird hierbei in einem prädikatenlogischen Ausdruck
festgehalten, der die entsprechenden Zustandsvariablen enthält.

Die Bedingungen, die in einem Modell benötigt werden, sind vom
Benutzer zu numerieren und in die hierfür bereitgestellte logische Funktion CHECK einzutragen.
Der Benutzer hat dafür Sorge zu tragen, daß die Bedingungen während des Simulationslaufes überwacht werden. Immer dann, wenn im
Programm eine zeitdiskrete Variable geändert wird, die in einer
Bedingung vorkommt, muß durch das Setzen des Testindikators
TTEST=T die Überprüfung der Bedingungen veranlaßt werden. Für
zeitkontinuierliche Variable wird der Testindikator TTEST im Unterprogramm EQUAT gesetzt. In diesem Fall ist für den Benutzer
kein Eingreifen erforderlich.

1.4.1 Modellbeschreibung

Als Beispiel wird wieder vom Wirte-Parasiten-Modell aus Kap. 1.1
ausgegangen. Es wird in der folgenden Art erweitert:
Die Wirte und Parasiten sollen zu einem im Labor überwachten
Experiment gehören. In diesem Labor wird im Abstand von 100 Zeiteinheiten eine Lampe ein- bzw. ausgeschaltet. Die erhöhte Lichtzufuhr bewirkt eine verringerte Sterberate der Parasiten. Es
gilt:

$$dy/dt = c * x * y - b * y$$

	Licht an	Licht aus
b =	0.02	0.05

Die Wirte-Bevölkerung und die Konstante c bleiben unbeeinflußt.

Das Experiment wird laufend überwacht. Wenn die Anzahl der Wirte
den Wert XMIN=4000 unterschreitet oder die Parasiten die Anzahl
YMAX=3500 überschreitet, wird durch einen Eingriff die Anzahl der
Parasiten um die Hälfte reduziert.
Zum Zeitpunkt T=0. soll das Licht erstmals eingeschaltet werden.

1.4.2 Das Unterprogramm STATE

Die Vorbesetzung der privaten Variablen erfolgt im Rahmen im Abschnitt 3 "Einlesen und Setzen der Variablen"

```
C
C      SETZEN PRIVATER GROESSEN
C
       A=0.005
       B=0.05
       C=6.E-6
```

Hinweis:

* Die Größen A, B und C werden hier nicht eingelesen, sondern
vorbesetzt. Die Anfangsbedingungen für die Anzahl der Wirte bzw.
Parasiten werden im Unterprogramm EVENT direkt angegeben.

Die Differentialgleichungen im Unterprogramm STATE haben damit
die folgende Form:

```
       COMMON/PRIV/A,B,C
C
C      GLEICHUNGEN FUER SET 1
C
       DV(1,1)=A*SV(1,1)-C*SV(1,2)*SV(1,1)
       DV(1,2)=-B*SV(1,2)+C*SV(1,2)*SV(1,1)
```

1.4.3 Crossings und Bedingungen

Weiterhin werden Anzeiger benötigt, die angeben, ob die kontinuierlichen Zustandsvariablen SV(1,1) und SV(1,2) ihre Grenzen
überschritten haben:

IFLAG(1,1)   Die Anzahl der Wirte hat die
               Untergrenze XMIN erreicht.

IFLAG(1,2)   Die Anzahl der Parasiten hat die
               Obergrenze YMAX erreicht

Das Eintreten eines Ereignisses ist von der Erfüllung einer Bedingung abhängig, die in der logischen Funktion CHECK festgehalten wird. Die Funktion hat damit die folgende Form:

```
C
       COMMON/PRIV/A,B,C,ILIGHT
C
C      Adressverteiler
C      ===============
       GOTO(1), NCOND
C
C      Bedingungen
C      ===========
1      CHECK=IFLAG(1,1).EQ.1.OR.IFLAG(1,2).EQ.1
       GOTO 100
```

1.4.4 Ereignisse

Es werden insgesamt 4 Ereignisse benötigt:

NE = 1   Vorbesetzung der Zustandsvariablen SV(1,1)
          und SV(1,2)

NE = 2   Reduktion der Parasitenzahl

NE = 3   Einschalten des Lichtschalters

NE = 4   Ausschalten des Lichtschalters

Die Ereignisse 1 und 3 werden im Rahmen zum Zeitpunkt T=0 erstmalig angemeldet. Die Ereignisse 3 und 4 bestimmen wechselseitig
das Folgeereignis selbst. Das Ereignis 2 ist ein bedingtes Ereignis, dessen Aktivitätszeitpunkt vorab nicht angegeben werden
kann.

Das Unterprogramm EVENT hat damit die folgende Form:

```
        COMMON/PRIV/A,B,C
C
C       Adressverteiler
C       ===============
        GOTO(1,2,3,4), NE
C
C       Bearbeiten der Ereignisse
C       =========================
1       SV(1,1)=10000.
        SV(1,2)=1000.
        CALL BEGIN(1,*9999)
        RETURN
C
2       CALL MONITR(1)
        SV(1,2)=SV(1,2)/2.
        CALL BEGIN(1,*9999)
        CALL MONITR(1)
        RETURN
C
3       CALL MONITR(1)
        B = 0.02
        CALL BEGIN(1,*9999)
        CALL MONITR(1)
        CALL ANNOUN(4,T+100.,*9999)
        RETURN
C
4       CALL MONITR(1)
        B = 0.05
        CALL BEGIN(1,*9999)
        CALL MONITR(1)
        CALL ANNOUN(3,T+100.,*9999)
        RETURN
```

Hinweise:

* Der Aufruf des Unterprogrammes BEGIN in den Ereignissen NE=3 und NE=4 ist erforderlich, da die Differentialgleichungen des Unterprogrammes STATE durch Änderung der Variablen B modifiziert wurden.

* Jedes Ereignis, in dem die Differentialgleichungen im Unterprogramm STATE in irgendeiner Weise modifiziert werden, soll durch zwei Aufrufe des Unterprogrammes MONITR eingerahmt werden.

1.4.5 Die Überwachung der Bedingungen

Die Überwachung der Bedingungen ist Aufgabe des Benutzers. Der Benutzer muß im Unterprogramm TEST den Wahrheitswert der entsprechenden Bedingung durch Aufruf der logischen Funktion CHECK(NCOND) feststellen und die gewünschte Aktivität bearbeiten.

Im Wirte-Parasiten Modell III gibt es nur eine Bedingung. Wenn diese Bedingung den Wahrheitswert .TRUE. hat, soll das Ereignis 2 bearbeitet werden.
Das Unterprogramm TEST hat demnach die folgende Form:

```
C
C      Überprüfen der Bedingungen
C      ============================
       IF(CHECK(1)) CALL EVENT(2,*9999)
       RETURN
```

Die Überprüfung der Bedingung durch den Aufruf des Unterprogrammes TEST ist erforderlich, wenn eine Variable in der Bedingung ihren Wert geändert hat. In diesem Fall wird der Testindikator TTEST=T gesetzt. Daraufhin erfolgt der Aufruf des Unterprogrammes TEST in der Ablaufkontrolle durch das Unterprogramm FLOWC.
Wenn Anzeigevariable IFLAG infolge von Crossings ihren Wert von IFLAG=0 auf IFLAG=1 ändern, wird der Testindikator TTEST im Unterprogramm EQUAT gesetzt. In diesem Fall ist der Simulator GPSS-FORTRAN selbst in der Lage, die Überprüfung der Bedingungen zu veranlassen.

Hinweise:

* Gibt es in einem Modell mehrere Bedingungen, so ist für jede Bedingung deren Überprüfung in TEST vorzunehmen. Die Bedingungen werden hierzu in TEST hintereinander der Reihe nach aufgeführt. Das bedeutet, daß durch einen Aufruf von TEST immer alle Bedingungen überprüft und gegebenenfalls die erforderlichen Aktivitäten angemeldet werden.

* Enthält eine Bedingung auch Variable aus dem zeitdiskreten Teil des Simulators, so muß der Benutzer bei der Änderung dieser Variablen selbst den Testindikator TTEST=T setzen.

Das Setzen der beiden Flags IFLAG(1,1) und IFLAG(1,2) erfolgt im

Unterprogramm CROSS, das vom Benutzer im Unterprogramm DETECT aufgerufen werden muß. Das Unterprogramm DETECT hat damit die folgende Form:

```
C      Aufruf des UP CROSS für Set 1
C      =============================
1      CALL CROSS(1,1,1,0,0.,4000.,-1,1.,*977,*9999)
       CALL CROSS(1,2,2,0,0.,3500.,+1,1.,*977,*9999)
       RETURN
```

Die Parameterliste des Unterprogrammes CROSS hat die folgende Form:

CALL CROSS(NSET,NCR,NX,NY,CMULT,CADD,LDIR,TOL,EXIT1,EXIT2)

NSET=1.
Es gibt nur ein Set mit der Nummer NSET=1.

NCR=1 bzw. NCR=2
Die Crossings, die entdeckt werden sollen, werden numeriert. Die Nummer des Crossing entspricht der Nummer des Flag.

NX=1 bzw. NX=2
Die kreuzende Variable ist SV(1,1) (Anzahl der Wirte) bzw. SV(1,2) (Anzahl der Parasiten).

NY=0
Es gibt keine gekreuzte Variable.

CMULT=0.
Der multiplikative Faktor wird nicht benötigt.

CADD=4000. bzw. CADD=3500.
Der Grenzwert ist 4000. bzw. 3500.

LDIR=-1 bzw. LDIR=+1
Die Variablen unterschreiten bzw. überschreiten den Grenzwert.

TOL=1.
Der Toleranzbereich um den Grenzwert beträgt 1.

Die beiden Adreßausgänge *977, *9999 dürfen vom Benutzer nicht geändert werden. Sie bezeichnen feststehende Anweisungsnummern im Unterprogramm DETECT.

1.4.6 Übersicht der Vorgehensweise

Um das erweiterte Wirte-Parasiten-Modell zu implementieren, sind die folgenden Schritte erforderlich:

* Vorbesetzen privater Variablen. Anlegen des Blocks
  COMMON/PRIV/

* Festlegen der Differentialgleichungen im Unterprogramm STATE

* Definieren der Ereignisse im Unterprogramm EVENT

* Anmelden der Ereignisse 1 und 3 im Rahmen

* Festlegen der Bedingung für das bedingte Ereignis NE=2 in der logischen Funktion CHECK

* Setzen der Flags für die beiden Crossings durch zweimaligen Aufruf des Unterprogrammes CROSS im Unterprogramm DETECT

* Überprüfen der Bedingungen, welche die beiden Flags IFLAG(1,1) und IFLAG(1,2) enthalten. Das geschieht im Unterprogramm TEST.

Hinweis:

* Die soeben beschriebene Vorgehensweise ist charakteristisch für alle kombinierten Simulationsmodelle. Alle kombinierten Simulationsmodelle, unabhängig von ihrem Umfang und ihrer Komplexität, lassen sich nach diesem Schema behandeln.

1.4.7 Ergebnisse für das Wirte-Parasiten-Modell III

Der Plot auf der nachfolgenden Seite zeigt den Verlauf der Kurven für die Wirte und Parasiten. Sobald die Grenzwerte über- bzw. unterschritten werden, führt ein Ereignis zu dem vorgesehenen Eingriff. Die Ereignisse werden durch das Symbol * in der Ereignisleiste angezeigt.

VARIABLE	MINIMUM	MAXIMUM	MITTELWERT	95%-KONFIDENZ INTERVALL	ENDE EINSCHW. VORGANG	MITTELWERT VERSICHERUNG	MW.-VERSCH. IN PROZENT
W = WIRTE	3.9979E+03	1.0000E+04	=	=	=	=	=
P = PARASIT	1.0510E+02	3.5006E+03					

W= WIRTE	3.0000E+03	4.5000E+03	6.0000E+03	7.5000E+03	9.0000E+03	1.0500E+04
P= PARASIT	0.	8.0000E+02	1.6000E+03	2.4000E+03	3.2000E+03	4.0000E+03

```
ZEIT     0     10    20    30    40    50    60    70    80    90   100  DUPLIKATE EVENT
```

```
ZEIT     0     10    20    30    40    50    60    70    80    90   100  DUPLIKATE EVENT
```

W= WIRTE	3.0000E+03	4.5000E+03	6.0000E+03	7.5000E+03	9.0000E+03	1.0500E+04
P= PARASIT	0.	8.0000E+02	1.6000E+03	2.4000E+03	3.2000E+03	4.0000E+03

1.4.8 Übungen

Die Übungen zeigen weitere Möglichkeiten des Simulators GPSS-FOR-TRAN.

* Übung 1

Wenn die Zahl der Wirte den Wert XMIN unterschritten bzw. die Zahl der Parasiten den Wert YMAX überschritten hat, soll die Anzahl der Parasiten wieder auf die Hälfte reduziert werden. Die Reduktion erfolgt jedoch erst nach einer Zeitverzögerung von ·20 ZE.
Es soll sichergestellt werden, daß während der Zeitverzögerung die Parasitenzahl nicht ein weiteres Mal reduziert wird. Das wäre möglich, wenn z.B. die Parasitenzahl die Obergrenze YMAX überschreitet und kurz darauf die Anzahl der Wirte unter den Wert XMIN sinkt.

Hinweis:
Das Ereignis, das die Anzahl der Parasiten reduziert, muß für die Zeit T+20 angemeldet werden. Hierbei ist T die Zeit, zu der die Bedingung erfüllt ist. Nach dem Anmelden wird die Anzeige-Variable IRED=1 gesetzt. Sie gibt an, daß das Ereignis zur Reduktion bereits angemeldet ist und ein nochmaliges Anmelden des Ereignisses NE=2 unterbleiben muß. Wenn die Reduktion tatsächlich erfolgt ist, muß IRED im Ereignis NE=2 auf IRED=0 zurückgesetzt werden. Das Unterprogramm TEST hat damit die folgende Form:

```
      IF(.NOT.CHECK(1)) GOTO 1
      CALL ANNOUN(2,T+20.,*9999)
      IRED=1
1     CONTINUE
      RETURN
```

Die Bedingung in der Funktion CHECK hat die folgende erweiterte Form:

```
1     CHECK=IRED.EQ.O.AND.(IFLAG(1,1).EQ.1.OR.IFLAG(1,2).EQ.1)
```

Es ist darauf zu achten, daß die Variable IRED in den Block COMMON/ PRIV/ aufgenommen wird.

* Übung 2

Wenn die Zahl der Wirte den Wert XMIN unterschritten bzw. die Zahl der Parasiten den Wert YMAX überschritten hat, soll anstelle der Reduktion der Parasitenzahl im jetzigen Fall das Licht gelöscht werden, falls es gerade brennt. Das Licht darf erst wieder zu der ursprünglich vorgesehenen Zeit eingeschaltet werden.

Hinweis:
An die Stelle des bisherigen, bedingten Ereignisses NE=2 tritt ein neues bedingtes Ereignis, das das Licht löscht, ohne daß das Einschalten des Lichtes zum Zeitpunkt T=T+100. angemeldet wird. Das neue Ereignis NE=2 hat die folgende Form:

```
C
2      CALL MONITR(1)
       B = 0.05
       CALL BEGIN(1,*9999)
       CALL MONITR(1)
       RETURN
```

Falls das Licht durch das Ereignis NE=2 ausgeschaltet wurde, wird
das Ausschalten durch Ereignis NE=4 wiederholt. Das zweimalige
Ausschalten hat jedoch keinen Einfluß.
Eine andere Lösung übergibt sowohl das Anmelden des nächsten Aus-
schaltvorgangs wie auch das Anmelden des nächsten Einschaltvor-
gangs dem Ereignis NE=3. Im Ereignis NE=4 ist daher das Anmelden
nicht mehr erforderlich. Man kommt dann in der Übung 2 ohne das
Ereignis NE=2 aus.

1.5 Das Wirte-Parasiten Modell IV

Es ist in GPSS-FORTRAN Version 3 möglich, die Modellstruktur dynamisch zu ändern. Wenn eine Bedingung erfüllt ist, kann die Simulation mit einem neuen Differentialgleichungssystem weitergeführt werden.

1.5.1 Modellbeschreibung

Es wird wieder vom einfachen Wirte-Parasiten Modell I ausgegangen, das in Kap. 1.1 beschrieben wurde. Den Differentialgleichungen des Wirte-Parasiten Modells I liegt die Annahme exponentiellen Wachstums zugrunde. Diese Annahme ist sicherlich unzutreffend, wenn die Population sehr stark wächst. Ein realistisches Modell würde die Größe der Population einem Grenzwert zustreben lassen. Das heißt, daß das Wachstum der Population im gestörten Zustand nicht durch die Differentialgleichung für das exponentielle Wachstum

$$dx/dt = a * x$$

beschrieben werden kann. Anstelle dessen wird häufig die logistische Wachstumskurve eingesetzt. Sie wird durch die folgende Differentialgleichung beschrieben:

$$dx/dt = a * x * (k-x)/k$$

Die Variable k bezeichnet den Grenzwert, dem die Population zustrebt. Er wird Kapazität der Umwelt für diese Population genannt.
(Es empfiehlt sich, ein Lehrbuch über Populationsbiologie heranzuziehen. Zum Beispiel Wilson, Bussert, Einführung in die Populationsbiologie, Springer Verlag, Kapitel 1)

Das Wirte-Parasiten System wird unter der Annahme der logistischen Wachstumskurve für jede einzelne der beiden Populationen durch das folgende Differentialgleichungssystem beschrieben:

$$dx/dt = a * x * (k1-x)/k1 - c * x * y * (k2-y)/k2$$
$$dy/dt = c * x * y * (k2-y)/k2 - b * y$$

Das Wirte-Parasiten Modell IV beschreibt das System bei geringer Bevölkerungsdichte durch das einfache Gleichungssystem aus Kap. 1.1. Falls die Anzahl der Wirte größer als 9200. ist, ist die einfache Näherung nicht mehr gültig. Es muß das erweiterte Differentialgleichungssystem eingesetzt werden.

Für die Konstanten gilt:

$$a = 0.005 \qquad k1 = 80000.$$
$$b = 0.05 \qquad k2 = 8000.$$
$$c = 6.E-6$$

Hinweis:

* Es handelt sich im Wirte-Parasiten Modell IV um die dynamische
Änderung der Modellstruktur aufgrund einer Bedingung. Wenn die
Anzahl der Wirte den Wert 9200. überschritten hat, wird das
Differentialgleichungssystem gewechselt, das die Modellstruktur
beschreibt.

1.5.2 Die Implementierung

Die beiden unterschiedlichen Differentialgleichungssysteme werden
beide im Unterprogramm STATE definiert. Eine Schaltervariable
ISTATE gibt an, welches System zur aktuellen Zeit das Modell beschreibt.
Die Schaltervariable ISTATE wird in einem Ereignis entsprechend
der Populationsentwicklung gesetzt.

Das Unterprogramm hat die folgende Form:

```
C
C      Adressverteiler
C      ================
       GOTO(1,2,3), NSET
C
C      Gleichungen für NSET=1
C      ======================
1      GOTO(11,12), ISTATE
11     DV(1,1)=0.005*SV(1,1)-0.000006*SV(1,2)*SV(1,1)
       DV(1,2)=-0.05*SV(1,2)+0.000006*SV(1,2)*SV(1,1)
       RETURN
12     DV(1,1)=0.005*SV(1,1)*(80000.-SV(1,1))/80000.
      *-0.000006*SV(1,2)*SV(1,1)*(8000.-SV(1,2))/8000.
       DV(1,2)=-0.05*SV(1,2)+0.000006*SV(1,2)*SV(1,1)
      **(8000.-SV(1,2))/8000.
       RETURN
```

Um festzustellen, wann die Wirtebevölkerung den Grenzwert 9200.
über- bzw. unterschreitet, werden im Unterprogramm DETECT zwei
Crossings definiert:

```
C
C      Crossings für Set 1
C      ===================
1      CALL CROSS(1,1,1,0,0.,9200.,+1,10.,*977,*9999)
       CALL CROSS(1,2,1,0,0.,9200.,-1,10.,*977,*9999)
       RETURN
```

Die Bedingungen in der logischen Funktion CHECK lauten:

```
1      IF(IFLAG(1,1).EQ.1) CHECK=.TRUE.
       GOTO 100
2      IF(IFLAG(1,2).EQ.1) CHECK=.TRUE.
       GOTO 100
```

Die Überprüfung der Bedingungen im Unterprogramm TEST hat die folgende Form:

```
IF(CHECK(1)) CALL EVENT(1,*9999)
IF(CHECK(2)) CALL EVENT(2,*9999)
```

Die Ereignisse im Unterprogramm EVENT haben die folgende Form:

```
C
C       Logistische Wachstumskurve
C       ==========================
1       CALL MONITR(1)
        ISTATE=2
        CALL BEGIN(1,*9999)
        CALL MONITR(1)
        RETURN
C
C       Exponentielle Wachstumskurve
C       ============================
2       CALL MONITR(1)
        ISTATE=1
        CALL BEGIN(1,*9999)
        CALL MONITR(1)
        RETURN
C
C       Anfangsbedingungen
C       ==================
3       SV(1,1)=10000.
        SV(1,2)=1000.
        ISTATE=2
        CALL BEGIN(1,*9999)
        RETURN
```

Das Ereignis NE=3 ist als zeitabhängiges Ereignis wie üblich im
Rahmen anzumelden.
Die beiden Ereignisse NE=1 und NE=2 sind bedingte Ereignisse, die
das Setzen der Schaltervariablen übernehmen. Falls der Grenzwert
9200. für die Wirtebevölkerung überschritten wird, setzt das Ereignis NE=1 die Schaltervariable ISTATE=2. Daraufhin wird im Unterprogramm STATE das erweiterte Differentialgleichungssystem angesprungen, dem die logistische Wachstumskurve zugrunde liegt.

Hinweis:

* Es ist darauf zu achten, daß die Variable ISTATE in den Bereich
COMMON/PRIV/ übernommen wird.

1.5.3 Ergebnisse für das Wirte-Parasiten-Modell IV

Der Plot auf der nachfolgenden Seite zeigt deutlich die veränderte Kurvenform, wenn die Anzahl der Wirte den Wert 9200. über-
bzw. unterschreitet.

VARIABLE	MINIMUM	MAXIMUM	MITTELWERT	95%-KONFIDENZ INTERVALL	ENDE EINSCHW. VORGANG	MITTELWERT VERSCHIEBUNG	MW.-VERSCH. IN PROZENT
W = WIRTE	7.3948E+03	1.0000E+04	—	—	—	—	—
P = PARASIT	5.6131E+02	1.1823E+03	—	—	—	—	—

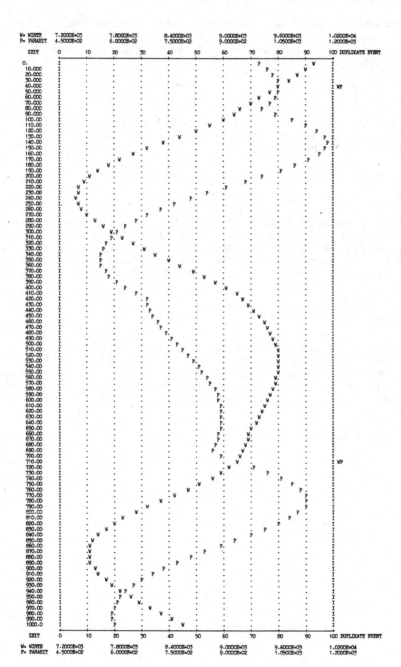

| W= WIRTE | 7.2000E+03 | 7.8000E+03 | 8.4000E+03 | 9.0000E+03 | 9.6000E+03 | 1.0200E+04 |
| P= PARASIT | 4.5000E+02 | 6.0000E+02 | 7.5000E+02 | 9.0000E+02 | 1.0500E+03 | 1.2000E+03 |

1.5.4 Übungen

Die Übungen zeigen das Verhalten der Populationen, wenn eine logistische Wachstumskurve zugrunde gelegt wird. Für die folgenden Übungen soll daher ausschließlich die logistische Wachstumskurve eingesetzt werden.

* Übung 1

Man zeige das Verhalten der Wirte, wenn es keine Parasiten im Modell gibt. Es sollen die Ergebnisse mit der exponentiellen Wachstumskurve verglichen werden.

* Übung 2

Es soll ein Faktor eingeführt werden, der das Absinken der Parasiten unter einen vorgebbaren Grenzwert verhindert.
Man zeige das Verhalten der Parasiten, wenn es keine Wirte gibt. Wieder sollen die Ergebnisse mit der exponentiellen Wachstumskurve verglichen werden, dem die logistische Wachstumskurve zugrunde liegt.

* Übung 3

Es soll gezeigt werden, daß auch aufgrund eines Sprungs im Kurvenverlauf ein Crossing entdeckt wird. Hierzu soll zur Zeit T=100. im ursprünglichen Wirte-Parasiten-Modell IV die Anzahl der Wirte halbiert werden. Man beobachte den Wechsel von ISTATE, der erforderlich wird, da die Anzahl der Wirte unter den Wert 8000 sinkt.

2 Warteschlangensysteme

Warteschlangensysteme bestehen aus statischen Systemkomponenten, den Stationen, und aus mobilen Systemkomponenten, den Transactions. Die Transactions wandern zwischen den Stationen hin und her; insbesondere bauen sie vor den Stationen Warteschlangen auf. Die allgemeine Station ist das Gate. Es ist durch einen logischen Ausdruck gekennzeichnet. Solange dieser logische Ausdruck den Wahrheitswert .FALSE. hat, wird der Transaction die Weiterbearbeitung verwehrt. Sie reiht sich in eine Warteschlange ein, die sie erst wieder verlassen darf, wenn der logische Ausdruck den Wahrheitswert .TRUE. angenommen hat.

An dem Modell Brauerei wird die charakteristische Vorgehensweise für die Simulation von Warteschlangensystemen gezeigt.
Das Modell Brauerei gibt es in 3 Versionen. Jede Version soll unterschiedliche Verfahren demonstrieren.

Modell Brauerei I   : Modellablauf

Modell Brauerei II : Erzeugung von Zufallszahlen und Auswertung
                      statistischen Materials

Modell Brauerei III: Kombinierte Modelle mit kontinuierlichem
                      und transactionorientiertem Anteil

2.1 Modell Brauerei I

An einem sehr einfachen Beispiel wird der Modellablauf für die Simulation von Warteschlangensystemen gezeigt. Es wird hierbei von deterministischen Ankunftsraten und Bedienzeiten ausgegangen.

2.1.1 Modellbeschreibung

In einer Brauerei werden Bierfässer angeliefert, die an einer Pumpstation wieder aufgefüllt werden. Die Zwischenankunftszeit der Fässer beträgt konstant 10 ZE (Zeiteinheiten).
Die Pumpstation kann jeweils ein Faß bedienen. Fässer, die ankommen, während die Pumpe belegt ist, bilden eine Warteschlange.
Die Bedienzeit eines Fasses beträgt 11 ZE.
Der Simulationslauf soll abgebrochen werden, wenn insgesamt 500 Fässer angeliefert worden sind. Bereits wartende Fässer werden noch gefüllt.

Die folgenden Fragen sollen mit Hilfe der Simulation beantwortet werden:

Wie hoch ist die mittlere Wartezeit für die Fässer?

Wann verläßt das letzte Faß die Pumpstation?

2.1.2 Die Implementierung im Unterprogramm ACTIV

Die Funktion der Pumpe übernimmt die Station Gate; die Fässer werden als Transactions aufgefaßt.

Das Programm für das Modell Brauerei wird im Unterprogramm ACTIV zusammengestellt.

Zunächst übernimmt das Unterprogramm GENERA die Erzeugung der Transactions. Das geschieht durch den Unterprogrammaufruf
CALL GENERA(10.,1.,*9999).
Die Parameterliste des Unterprogrammes GENERA hat die folgende Form:

ET = 10.0
Der Zeitpunkt für die nächste Erzeugung einer Transaction ist aktueller Stand der Simulationsuhr plus 10.0 ZE. Das heißt: Immer wenn eine Transaction zur Zeit T generiert wird, wird der nächste Source-Start bereits angemeldet. In der Parameterliste wird die Zwischenankunftszeit ET=10.0 übergeben.

PR=1.
Die Prioritäten der Transactions spielen in dem Modell Brauerei keine Rolle. Daher werden für alle Transactions die Prioritäten identisch PR = 1. gesetzt.

*9999
Der Fehlerausgang führt zurück zur Ablaufkontrolle und von dort zur Endabrechnung im Rahmen.

Nach ihrer Erzeugung wird in dem Feld für private Parameter TX(LTX,9) die Eintrittszeit in die Warteschlange vermerkt.

Die erzeugten Transactions gelangen anschließend zum Aufruf des Unterprogrammes GATE. Hier werden sie in eine Warteschlange eingereiht und solange blockiert, bis die Bedingung, die die Weiterbearbeitung ermöglicht, den Wahrheitswert .TRUE. hat. Das geschieht durch den Unterprogrammaufruf
CALL GATE(1,1,1,0,2,*9000)

In der Bedingung wird festgehalten, ob sich gerade ein Faß in der Pumpstation befindet. Hierzu wird eine Variable IPUMP eingeführt; sie kann die folgenden beiden Werte annehmen:

IPUMP 0   Pumpe frei
IPUMP 1   Pumpe belegt

Die Variable IPUMP wird im Rahmen im Abschnitt 3 "Einlesen und Setzen der Variablen" mit IPUMP=0 vorbesetzt. Weiterhin muß IPUMP in den Block COMMON/PRIV/ übernommen werden.

Die Parameterliste des Unterprogrammes GATE hat die folgende Form:

NG = 1

Die Nummer des Gates ist NG = 1

NCOND = 1
Die Bedingung, die das Gate steuert, hat in der Funktion CHECK
die Nummer NCOND = 1.

GLOBAL = 1
Der logische Ausdruck NCOND = 1 enthält nur globale Parameter.
Das heißt, der logische Ausdruck enthält keine Variable, die
Eigenschaften der blockierten Transaction betreffen.

IBLOCK=0
Jede ankommende Transaction hat die Möglichkeit, die Bedingung zu
überprüfen.

ID=2
Die Anweisungsnummer des Unterprogrammaufrufes CALL GATE ist 2.

*9000
Dieser Adreßausgang wird benutzt, wenn die Transaction blockiert
worden ist. Im Anschluß muß wieder die Ablaufkontrolle aufgerufen
werden, die eine neue Aktivierung heraussucht.

Die entsprechende Bedingung wird in der Funktion CHECK unter der
Nummer NCOND = 1 abgelegt. Sie hat die einfache Form:

1   CHECK = IPUMP.EQ.0

Ist die Bedingung NCOND = 1 erfüllt und damit eine Weiterbearbeitung möglich, wird von der ausgewählten Transaction noch einmal
das Unterprogramm GATE aufgerufen. Anschließend wird die auf das
Unterprogramm GATE folgende Anweisung bearbeitet.

Die Zeit zum Füllen des Fasses übernimmt das Unterprogramm AD-
VANC, das die Transaction für die Zeit AT = 11.0 verzögert. Das
geschieht durch den Unterprogrammaufruf
CALL ADVANC(11.0,3,*9000)

Die Parameterliste des Unterprogrammes ADVANC hat die folgende
Form:

AT = 11.0
Im Parameter AT wird die Verzögerungszeit übergeben.

IDN = 3
Nach der angegebenen Zeitverzögerung kann die Transaction mit der
Bearbeitung der Anweisung fortfahren, die auf den Unterprogrammaufruf CALL ADVANC folgt. Die Folgeanweisung muß in diesem Fall
die Anweisungsnummer 3 tragen.

*9000
Nachdem die Verzögerung in der Zeitkette vermerkt wurde, wird zur
Ablaufkontrolle gesprungen.

Nach der Verzögerung wird das Unterprogramm TERMIN aufgerufen,
das die Transactions vernichtet. Das geschieht durch den Unter-

programmaufruf
CALL TERMIN(*9000)

Die Parameterliste des Unterprogrammes TERMIN hat die folgende
Form:

*9000
Nachdem die Transaction vernichtet worden ist, wird wieder zur
Ablaufkontrolle gesprungen.

Sobald eine Transaction das Gate passiert hat und damit die Füllstation belegt, wird die Variable IPUMP=1 gesetzt. Nach der Bearbeitung im Anschluß an den Unterprogrammaufruf CALL ADVANC wird
die Füllstation wieder freigegeben. Das geschieht durch die Anweisung IPUMP=0. Da IPUMP in der Bedingung NCOND=1 erscheint, muß
als nächstes die Bedingung ICOND=1 überprüft werden. Das geschieht durch das Setzen des Testindikators TTEST=T.

        IPUMP=0
        TTEST=T

Aufgrund des Testindikators wird das Unterprogramm TEST aufgerufen, das die Bedingung NCOND=1 prüft und ggf. das Deblockieren
einer Transaction veranlaßt.

Das Unterprogramm TEST hat das folgende Aussehen:

        IF(CHECK(1))CALL DBLOCK(5,1,0,1)

Im vorliegenden Fall ist es nicht erforderlich, alle Transactions
vor dem Gate zu deblockieren, da bekannt ist, daß bereits nach
der 1. Transaction die logische Bedingung NCOND=1 wieder den
Wahrheitswert .FALSE. angenommen hat.

Hinweis:

* Im vorliegenden, sehr einfachen Fall wäre es möglich, die Bedingungsüberprüfung ohne Umweg über das Unterprogramm TEST direkt
in ACTIV durchzuführen. Man könnte schreiben:

        IPUMP=0
        IF(CHECK(1)) CALL DBLOCK(5,1,0,1)

Es wäre weiterhin möglich, die Bedingungsabfrage fallen zu lassen, da die Bedingung auf jeden Fall erfüllt ist, wenn die Überprüfung aufgerufen wird. Es würde genügen, wenn eine Transaction
deaktiviert würde:

        IPUMP=0
        CALL DBLOCK(5,1,0,1)

Die Vereinfachungen sind möglich, da das Modell kurz und übersichtlich ist. Es empfiehlt sich jedoch, in allen Fällen den vor-
geschriebenen Weg einzuhalten.

Das Unterprogramm DBLOCK deblockiert eine Transaction, indem sie aus der Blockiert-warteschlange ausgehängt und mit dem aktuellen Aktivierungszeitpunkt T in die Zeitkette eingehängt wird. Hier wird sie von der Ablaufkontrolle gefunden, aktiviert und zum Unterprogramm GATE geschickt.

Die Parameterliste von DBLOCK hat die folgende Bedeutung:

NT = 5
Jeder Stationstyp wird durch eine Nummer identifiziert. Für Gates gilt NT = 5.

NS = 1
Innerhalb eines Typs werden die Stationen durchnumeriert. Es wird das Gate mit der Typnummer NS = 1 verwendet.

LFAM = 0
Dieser Parameter bezeichnet die Familienzugehörigkeit einer Transaction. Da Families im Modell Brauerei nicht auftreten, gilt LFAM = 0.

MAX = 1
Es wird angegeben, wieviele Transactions aus der Warteschlange befreit werden sollen.

2.1.3 Rahmen

Der Modellablauf wird initialisiert, indem die Generierung der ersten Transaction durch einen Aufruf des Unterprogrammes START im Rahmen im Abschnitt 5 "Festlegen der Anfangsbedingungen" angemeldet wird:

```
C       SOURCE-START
C       ============
        CALL START(1,0.,1,*7000)
C
```

Die Parameterliste von START hat folgende Form:

NSC = 1
Die Source, die die Erzeugung der Transaction übernimmt, hat die Nummer NSC = 1.

TSC = 0.
Der Zeitpunkt, in der die erste Transaction erzeugt werden soll, ist TSC = 0.

IDG = 1
Die Anweisungsnummer des Unterprogrammaufrufs CALL GENERA im UnterProgramm ACTIV ist IDG = 1.

*7000
Der Fehlerausgang führt zur Endabrechnung.

Die bisherigen Anweisungen beschreiben den Modellablauf. Sie müssen durch Anweisungen ergänzt werden, die das zur Auswertung er-

forderliche statistische Material sammeln.
Zur Sammlung statistischen Materials werden die folgenden beiden
Variablen verwendet.

WTG   ·Gesamtwartezeit für alle Fässer
WTM   Mittlere Wartezeit (Gesamtwartezeit/
      Anzahl bearbeiteter Fässer)

Diese zwei privaten Variablen werden zunächst in den Block COM-
MON/PRIV/ übernommen:

COMMON/PRIV/IPUMP,WTG,WTM

Im Rahmen im Abschnitt 3 "Einlesen und Setzen der Variablen" werden sie mit Null vorbesetzt:

```
C     VORBESETZEN PRIVATER GROESSEN
C     ==============================
      IPUMP=0
      WTG=0.
      WTM=0.
```

Für die Wartezeit einer einzelner Transaction in der Warteschlange gilt:
Wartezeit = Stand der Simulationsuhr T beim Verlassen der Warteschlangen - Eintrittszeit in die Warteschlange. Die Eintrittszeit
in die Warteschlange wird in der Transactionmatrix im Feld
TX(LTX,9) geführt.

Die Wartezeiten der einzelnen Transactions wird zur Gesamtwartezeit WTG aufsummiert.

WTG = WTG +(T-TX(LTX,9))

Das geschieht immer dann, wenn die Transactions das Gate verlassen.

Die mittlere Wartezeit wird im Rahmen im Abschnitt 7 "Endabrech-
nung" berechnet. Es gilt:
WTM = WTG / NTXC
NTXC ist eine Systemvariable, in der alle insgesamt erzeugten
Transactions gezählt werden.

Wenn alle Transactions bearbeitet sind und die Ablaufkontrolle
keine weiteren auszuführenden Aktivitäten findet, wird der Simulationslauf abgebrochen. Der Stand der Simulationsuhr gibt dann
das Ende der Bearbeitung an. Der Ausdruck der Ergebnisse im Abschnitt 8 des Rahmens "Ausgabe der Ergebnisse" hat dann die folgende Form:

```
C         AUSGABE PRIVATER GROESSEN
C         =========================
          WRITE(UNIT2,8010)
8010      FORMAT(////20X,43(1H*),2(/,20X,1H*,41X,1H*))
          WRITE(UNIT2,8020)WTM
8020      FORMAT
         +(20X,1H*,28H    MITTLERE WARTEZEIT WTM    ,F10.3,4H    *)
          WRITE(UNIT2,8030)T
8030      FORMAT
         +(20X,1H*,28H    ENDE BEARBEITUNG          ,F10.3,4H    *)
          WRITE(UNIT2,8040)
8040      FORMAT(2(20X,1H*,41X,1H*/),20X,43(1H*))
          WRITE(UNIT2,8050)
8050      FORMAT(1H1)
```

2.1.4 Das Unterprogramm ACTIV

Das Unterprogramm ACTIV hat die folgende Form:

```
C
          COMMON/PRIV/IPUMP,WTG,WTM
C
C         Adressverteiler
C         ===============
          GOTO(1,2,3), NADDR
C
C         Erzeugen der Transactions
C         =========================
1         CALL GENERA(10.0,1.,*9999)
          TX(LTX,9)=T
C
C         Bearbeiten der Transactions
C         ===========================
2         CALL GATE(1,1,1,0,2,*9000)
          IPUMP=1
          WTG=WTG+(T-TX(LTX,9))
          CALL ADVANC(11.0,3,*9000)
3         IPUMP=0
          TTEST = T
C
C         Vernichten der Transactions
C         ===========================
          CALL TERMIN(*9000)
C
C         Rücksprung zur Ablaufkontrolle
C         ==============================
9000      RETURN
C
C         Adressausgang zur Endabrechnung
C         ===============================
9999      RETURN1
          END
```

Hinweise:

* Der Parameter IBLOCK in der Parameterliste von GATE muß den
Wert IBLOCK=0 haben um den korrekten Ablauf des Modells für den
Fall zu ermöglichen, daß eine Transaction auf eine leere Station
(IPUMP=0) trifft. In diesem Fall gibt es keine Transaction, die
nach Verlassen der Station das Unterprogramm DBLOCK aufruft. Die
Transaction würde ewig blockiert bleiben.
Durch IBLOCK=0 hat die Transaction die Möglichkeit, unabhängig
von DBLOCK die Bedingung NCOND=1 sofort beim Eintreffen zu über-
prüfen und gegebenenfalls mit der Bearbeitung fortzufahren.

* Für das Modell Brauerei würde man in der Regel eine Facility
mit den dazugehörigen Unterprogrammen SEIZE, WORK und CLEAR ein-
setzen. Die Facility entspricht genau der Aufgabenstellung. In
diesem Fall würde auch das Problem der leeren Bedienstation nicht
auftreten. Für das Modell Brauerei wurde der Stationstyp Gate aus
didaktischen Gründen gewählt. Es soll deutlich werden, daß die
Gates der allgemeine Stationstyp sind. Alle anderen Stationstypen, insbesondere die Facilities, sind Spezialfälle.

2.1.5 Der Eingabedatensatz

Der Eingabedatensatz hat für das Modell Brauerei die folgende
Form:

VARI;TXMAX;500/
VARI;ICONT;0/
END/

Der Simulationslauf soll abgebrochen werden, wenn die Transac-
tionzahl 500 erreicht hat. Um zu verhindern, daß der Simulationslauf aufgrund der Zeitobergrenze TEND abgebrochen wird, muß TEND
sehr hoch gesetzt werden. Im vorliegenden Fall wird die Vorbesetzung von TEND=1.E+10 (siehe Unterprogramm PRESET) beibehalten.
Das Einlesen von TEND ist demnach nicht erforderlich.
Da es sich um ein transactionorientiertes Modell ohne kontinuierlichen Anteil handelt, wird ICONT=0 gesetzt. In diesem Fall werden keine INTI- bzw. PLOT-Datensätze erwartet.

Für die übrigen Variablen wird ebenfalls die Vorbesetzung übernommen:

IPRINT=0
SVIN=0
SVOUT=0

Das Simulationsmodell liefert die folgenden Ergebnisse:

Mittlere Wartezeit WTM = 249.5

Ende der Bearbeitungszeit = 5500.0

2.1.6 Übungen

Die nachfolgende Übung bedeutet eine geringfügige Erweiterung der Aufgabenstellung. Sie zeigt den Einsatz von privaten Parametern für Transactions.

* Übung

Es werden abwechselnd kleine und große Fässer angeliefert.

Inhalt der kleinen Fässer 30 Liter
Inhalt der großen Fässer 50 Liter

Die Füllzeit beträgt 0.275 ZE pro Liter.

Hinweis:
Die Füllmenge des Fasses ist ein privater Parameter, der in die TX-Matrix in das zweite der hierfür vorgesehenen Felder eingetragen wird:

```
CALL GENERA(10.0,1.,*9999)
TX(LTX,10)=30.
IF(AMOD(TX(LTX,1),2.).LT.0.1) TX(LTX,10)=50.
```

Durch die vorhergegangene Anweisung erreicht man, daß allen Transactions mit gerader Transactionnummer als Faßinhalt der Wert 50. Liter zugewiesen wird.

Die Bedienzeit im Unterprogramm ADVANC wird eine Funktion der Füllmenge:

```
AT=0.275*TX(LTX,10)
CALL ADVANC(AT,3,*9000)
```

Ansonsten bleibt das Unterprogramm ACTIV unverändert.

2.2 Der Modellablauf

Im Gegensatz zum ereignisorientierten Teil des Simulators wird bei transactionorientierten Modellen nicht nur eine Aktivität ausgeführt sondern mehrere. Man geht von der anschaulichen Vorstellung aus, daß eine Transaction generiert wird und dann solange Anweisungen des Simulationsprogrammes durchläuft, bis eine Weiterbearbeitung nicht möglich ist. Das kann der Fall sein, wenn die Transaction auf einen zeitverbrauchenden Vorgang stößt oder auf eine für die Weiterbearbeitung erforderliche Bedingung trifft, die nicht erfüllt ist. In beiden Fällen wird die Transaction deaktiviert; das heißt, daß die Transaction in eine Warteschlange eingehängt wird und daß vermerkt wird, an welcher Stelle im Simulationsprogramm fortgefahren werden muß, wenn die deaktivierte Transaction erneut aufgegriffen werden soll.

2.1.1 Modellbeispiel

Im Modell Brauerei wird eine Transaction durch den Aufruf des Unterprogrammes GENERA erzeugt. Sie läuft als nächstes zu den nachfolgenden Anweisungen.
Für IBLOCK=0, überprüft die Transaction die Bedingung NCOND=1 im Unterprogramm GATE. Ist die Station frei und damit die Bedingung erfüllt, kann die Transaction mit der Bearbeitung weiterer Anweisungen fortfahren. Sie tut das solange, bis sie auf das Unterprogramm ADVANC stößt. Hier wird sie deaktiviert und mit dem neuen Aktivierungszeitpunkt T+11.0 in die Zeitkette für Transactions eingehängt. Weiterhin wird vermerkt, daß die Transaction zum Zeitpunkt T+11.0 bei der Anweisung mit der Anweisungsnummer 3 fortfahren muß. Anschließend wird zur Ablaufkontrolle zurückgesprungen.
Falls die Transaction auf den Unterprogrammaufruf CALL GATE trifft und IPUMP=1 ist, dann wird die Weiterbearbeitung bereits an dieser Stelle unterbrochen. Die Transaction wird in die Warteschlange vor dem Gate eingereiht und deaktiviert. Anschließend geht es wieder zurück zur Ablaufkontrolle.

Nach jeder Deaktivierung einer Transaction muß zurück zur Ablaufkontrolle gesprungen werden, damit die Ablaufkontrolle eine neue Aktivierung heraussuchen und deren Bearbeitung veranlassen kann. Aus diesem Grund haben die Unterprogramme, in denen Transactions deaktiviert werden können, den Adreßausgang *9000, der dazu führt, daß das Unterprogramm ACTIV über den normalen RETURN-Ausgang verlassen wird. Es wird dann zum Unterprogramm FLOWC zurückgekehrt, von dem aus ACTIV erneut aufgerufen werden kann.

Eine Transaction gilt als aktiv, wenn in der Variablen LTX die Zeilennummer der Transactionmatrix bzw. der Aktivierungsliste steht.

* Beispiel

TX(LTX,9)=1.

Durch diese Zuweisung wird der gerade aktiven Transaction in ihrer Zeile in das erste Feld für private Parameter der Wert 1 eingetragen.

Im Adreßverteiler des Unterprogrammes ACTIV müssen alle Anweisungsnummern vertreten sein, die als Zieladresse bei der Aktivierung in Frage kommen.
Das Unterprogramm GENERA mit der Anweisungsnummer 1 wird aufgerufen, wenn eine Transaction erzeugt werden soll.
Die nächste Anweisung, die eine Anweisungsnummer benötigt, ist der Aufruf des Unterprogrammes GATE. Das Unterprogramm GATE wird zunächst einmal erreicht, wenn eine aktive Transaction eintrifft, die vom Unterprogramm GENERA kommt. In diesem Fall ist die Anweisungsnummer 2 nicht erforderlich. Das Unterprogramm GATE wird jedoch auch aufgerufen, wenn eine bisher blockierte Transaction durch den Aufruf des Unterprogrammes DBLOCK aktiviert werden soll. In diesem Fall beginnt eine Transaction ihre Bearbeitung mit der Anweisung CALL GATE.
Die dritte und letzte Anweisungsnummer wird benötigt, um anzugeben, an welcher Stelle die Transactions die Bearbeitung wieder aufnehmen sollen, die durch das Unterprogramm ADVANC deaktiviert worden sind.

Die Vergabe der Anweisungsnummern wird durch die Tatsache erleichtert, daß alle erforderlichen Anweisungsnummern aus dem Adreßverteiler in den Parameterlisten der Unterprogramme vorkommen. Anweisungsnummern, die nicht in den Parameterlisten der eingesetzten Unterprogramme verlangt werden, sind für die Ablaufkontrolle nicht erforderlich.
Im vorliegenden Unterprogramm erscheint die Anweisungsnummer 1 im Unterprogramm START, das im Rahmen die Source startet.
Die Anweisungsnummer 2 wird in der Parameterliste des Unterprogrammes GATE verlangt.
Die Anweisungsnummer 3 muß in der Parameterliste des Unterprogrammes ADVANC als IDN eingesetzt werden.
Es ist zu beachten, daß die Anweisungsnummern im Adreßverteiler bei 1 beginnen und ohne Lücken aufsteigend geordnet sein müssen.

Um den Ablauf deutlich zu machen, soll zunächst die Protokollsteuerung im Zeitraum zwischen 0 und 500 eingeschaltet werden.

Hinweis:

* Die Variable IPRINT wird eingelesen; sie erhält den Wert 1.
Es wird ein Ereignis NE=1 definiert, das die Variable IPRINT=0 setzt. Dieses Ereignis wird im Rahmen für T=500. angemeldet.

Weiterhin sollen zum Zeitpunkt T=500. die Transaction-Matrix, die Listen der Ablaufkontrolle und der Inhalt der Warteschlange vor dem Gate ausgedruckt werden.

Hinweis:

* Den Ausdruck von Systemvariablen des Simulators GPSS-FORTRAN übernehmen die Report-Unterprogramme.

REPRT1(NT)   Ausdruck der Warteschlangen vor den Stationen mit der Typnummer NT. Für Gates gilt NT=5.

REPRT2   Ausdruck der Transaction-Matrix und der Family-Matrix. (Die Family-Matrix ist an dieser Stelle ohne Bedeutung.)

REPRT3   Ausdruck der Listen der Ablaufkontrolle

Die Parameterlisten von REPRT2 und REPRT3 sind leer.

Damit hat das Ereignis NE=1 die folgende Form:

```
C
1       IPRINT=0
        CALL REPRT1(5)
        CALL REPRT2
        CALL REPRT3
        RETURN
```

Hinweis:

* Es ist bei der Interpretation der Ergebnisse darauf zu achten, daß bei Gleichzeitigkeit die Ereignisse vor allen anderen Aktivitäten bearbeitet werden. Das heißt, daß IPRINT=0 gesetzt wird und daß die Ausdrucke der Listen erfolgen, bevor zum Zeitpunkt T=500. Transactions generiert bzw. aktiviert werden.

Die Warteschlange vor dem Gate hat das folgende Aussehen:

```
T = 500.000        RT = 500.000

GATE   1
========

WARTESCHLANGE:
LTX    TRANSACTION
 4   47.00    0.       0.       1.000    0.       0.       0.       460.0
 1   48.00    0.       0.       1.000    0.       0.       0.       470.0
 3   49.00    0.       0.       1.000    0.       0.       0.       480.0
 5   50.00    0.       0.       1.000    0.       0.       0.       490.0
```

Die Listen der Ablaufkontrolle haben das folgende Aussehen:

```
T =  500.0000    RT =  500.0000

TRANSACTION-MATRIX
==================

LTX    INHALT

 1    48.00    0.    0.    0.    0.    1.000    0.    0.    0.    470.0 .
      470.0    0.    0.    0.    0.       0.    0.    0.    0.       0.

 2    46.00    0.    0.    0.    0.    1.000    0.    0.    0.       0.
      450.0    0.    0.    0.    0.       0.    0.    0.    0.       0.

 3    49.00    0.    0.    0.    0.    1.000    0.    0.    0.    480.0
      480.0    0.    0.    0.    0.       0.    0.    0.    0.       0.

 4    47.00    0.    0.    0.    0.    1.000    0.    0.    0.    460.0
      460.0    0.    0.    0.    0.       0.    0.    0.    0.       0.

 5    50.00    0.    0.    0.    0.    1.000    0.    0.    0.    490.0
      490.0    0.    0.    0.    0.       0.    0.    0.    0.       0.
```

```
T =    500.0         RT =    500.0
```

ANKER THEAD - LHEAD
====================

	EVENTL	SOURCL	ACTIVL	CONFL	MONITL	EQUL
T	0.	500.0	506.0	0.	0.	0.
LINE	-1	1	2	-1	-1	-1

SOURCES
=======

LINE	T	ADDR	ANZ	CHAINS
1	500.0	1.000	.1000E+11	-1

AKTIVIERUNGEN
=============

LINE	T/BLOCK	ADDR	CHAINT	CHAINB	
1	-23.00	2.000	0	3	
2	506.0	3.000	-1	0	
3	-23.00	2.000	0	5	
4	-23.00	2.000	0	1	<
5	-23.00	2.000	0	-1	

TESTINDIKATOR
=============

TTEST = -1.00000

2.2.2 Übungen

Die nachfolgende Übung soll den Aufbau und die Wirkungsweise der Ablaufkontrolle deutlich machen. Die Übung ist für das Verständnis des Simulators GPSS-FORTRAN Version 3 von ausschlaggebender Bedeutung.

* Übung

Das Ablaufgeschehen soll für das Modell Brauerei im Einzelschrittverfahren für die ersten 4 Transactions nachgespielt werden. Hierzu werden die Listen der Ablaufkontrolle nach jeder Deaktivierung einer Transaction ausgedruckt. Die jeweiligen Zustandsübergänge sollen beschrieben werden.

Hinweis:

* Das Ereignis NE=1, das die Unterpro gramme REPRT1, REPRT2 und REPRT3 aufruft, wird nach jeder Deaktivierung einer Transaction angemeldet. Der Abschnitt "Rücksprung zur Ablaufkontrolle" im Unterprogramm ACTIV hat damit die folgende Form:

```
C      Rücksprung zur Ablaufkontrolle
C      ===============================
9000   CALL ANNOUN(1,T,*9999)
       RETURN
```

Es empfiehlt sich, das Ereignis NE=1 im Rahmen zur Zeit T=0 das erste Mal anzumelden. Durch die Angabe von TXMAX=4. im Eingabedatensatz VARI wird erreicht, daß nur 4 Transactions erzeugt werden.

2.3 Modell Brauerei II

Um stochastische Systeme nachbilden zu können, benötigt man Zufallszahlen. Der Simulator GPSS-FORTRAN Version 3 stellt Unterprogramme zur Verfügung, die Zufallszahlen nach bestimmten
Verteilungen erzeugen.

2.3.1 Modellbeschreibung

Um den Einsatz der Zufallszahlengeneratoren zu zeigen, wird das
einfache Modell Brauerei aus Kap. 2.1 geringfügig erweitert. Die
Zwischenankunftszeiten und die Größe der Fässer sind jetzt Zu-
fallsvariable.
Zwischenankunftszeit ET:
Die Fässer kommen in einem Abstand von durchschnittlich 10.0 ZE
an. Die Verteilung ist die Exponentialverteilung. (Erlang-Vertei-
lung mit K=1) Die Unter- bzw. Obergrenze ist 0.35 und 50.0
Faßgröße:
Die Fässer können die folgenden Größen haben: 20, 30, 40, 50, 60
Liter. Alle Größen kommen gleich häufig vor. Die Füllzeit beträgt
0.225 ZE/Liter.

Die folgenden Fragen sollen mit Hilfe der Simulation gelöst werden:

* Wie groß ist die mittlere Warteschlangenlänge?

* Wie groß ist die mittlere Wartezeit in der Warteschlange?

* Wie groß ist die mittlere Verweilzeit (Verweilzeit = Wartezeit
  + Bearbeitungszeit) ?

Es sollen insgesamt 50000 Transactions beobachtet werden.

2.3.2 Aufruf der Zufallszahlengeneratoren

Das Unterprogramm ERLANG liefert bei jedem Aufruf in der Variablen RANDOM einen Wert für ET. Die Werte in ihrer Gesamtheit genügen der Exponentialverteilung mit Mittelwert 10.0
Es ist zu beachten, daß die Anweisungsnummer 1 jetzt vor dem Aufruf von CALL ERLANG stehen muß. Die Erzeugung der Transaction hat
jetzt die folgende Form:

```
1       CALL ERLANG(10.,1,0.35,50.,1,RANDOM,*9999)
        CALL GENERA(RANDOM,1.,*9999)
```

Um die Kapazität der Fässer zu bestimmen, werden zunächst durch
das Unterprogramm UNIFRM gleichverteilte Zufallszahlen im Intervall 2.0 und 6.999 erzeugt. Durch die Typumwandlung erhält man
die ganzen Zahlen von 2 bis 6, die dann noch mit 10 multipliziert
werden.
Die Kapazität der Fässer wird auf die folgende Weise bestimmt:

```
        CALL UNIFRM(2.0,6.999,2,RANDOM)
```

TX(LTX,9)=AINT(RANDOM)*10.

2.3.3 Die Sammlung und Auswertung statistischer Daten

Zur Bestimmung der Warteschlangenlänge, der Wartezeit und der
Verweilzeit verwendet man am besten die Verfahren, die im Simulator GPSS-FORTRAN ganz allgemein zur Bestimmung von zeitlichen
Mittelwerten angeboten werden (siehe Bd.2 Kap. 5.1).
Durch den Aufruf des Unterprogrammes ARRIVE legt die Transaction
ein Token in der Bin ab. Durch das Unterprogramm DEPART kann ein
Token wieder entfernt werden.
Während sich die Token in einer Bin befinden, wird ihr Verhalten
beobachtet. Die statistische Auswertung der Information, die über
das Verhalten der Token in den Bins während des Simulationslaufes
gesammelt wurde, wird im Rahmen im Abschnitt 7 "Endabrechnung"
durch den Aufruf des Unterprogrammes ENDBIN vorgenommen.
Die Ergebnisse werden in der BIN-Matrix und in der BINSTA-Matrix
geführt. Die BIN-Matrix und die BINSTA-Matrix können durch den
Aufruf des Unterprogrammes REPRT4 ausgedruckt werden.

Der Abschnitt 7 "Endabrechnung" hat damit die folgende Form:

```
C      Endabrechnung der Bins
C      =======================
       CALL ENDBIN
       CALL REPRT4
C
```

Beispiele:

* Wenn Mittelwerte über das Verhalten der Warteschlange bestimmt
werden sollen, muß die Folge der Unterprogrammaufrufe die folgende Form haben:

```
CALL ARRIVE
CALL GATE
CALL DEPART
CALL ADVANC
CALL TERMIN
```

In diesem Fall legt die Transaction ein Token in die Bin, wenn
sie die Warteschlange betritt. Sobald die Transaction das Unterprogramm GATE passiert hat, belegt sie die Station und hat damit
die Warteschlange verlassen. Durch DEPART wird dann ein Token aus
der Bin entfernt. Die Anzahl der Token in der Bin entspricht der
Anzahl der Transactions in der Warteschlange.
Alle Angaben über die Bin entsprechen den Angaben über die Warteschlange vor dem Gate. So lassen sich z.B. die mittlere Warteschlangen länge und die mittlere Wartezeit bestimmen.

* Wenn statistische Daten über das Verhalten der Transactions
während der Aufenthaltszeit in der Station gesammelt werden sollen, hat die Folge der Unterprogrammaufrufe die folgende Form:

```
CALL GATE
CALL ARRIVE
CALL ADVANC
CALL DEPART
CALL TERMIN
```

In diesem Fall liefert die Bin Information über die mittlere
Bearbeitungszeit bzw. die mittlere Anzahl der Transactions in der
Station.

* Die Verweilzeit einer Transaction erhält man durch die folgenden Unterprogrammaufrufe:

```
CALL ARRIVE
CALL GATE
CALL ADVANC
CALL DEPART
CALL TERMIN
```

* Natürlich ist es möglich, die bisherigen Verfahren beliebig zu
kombinieren. So kann man z.B. mit Hilfe von zwei Bins die Wartezeit und die Verweilzeit bestimmen. Die Folge der Unterprogrammaufrufe hat dann die folgende Form:

```
CALL ARRIVE (NBN=1)
CALL ARRIVE(NBN=2)
CALL GATE
CALL DEPART(NBN=1)
CALL ADVANC
CALL DEPART(NBN=2)
CALL TERMIN
```

Die Bin mit NBN=1 ermittelt hierbei die Wartezeit, während die
Bin mit NBN=2 die Verweilzeit bestimmt.

2.3.4 Das Unterprogramm ACTIV

Das Unterprogramm ACTIV hat für das Modell Brauerei II die folgende Form:

```
C       Erzeugen der Transactions
C       ==========================
1       CALL ERLANG(10.,1,0.35,50.,1,RANDOM,*9999)
        CALL GENERA(RANDOM,1.,*9999)
        CALL UNIFRM(2.0,6.999,2,RANDOM)
        TX(LTX,9)=AINT(RANDOM)*10.
C
C       Bearbeiten der Transactions
C       ===========================
        CALL ARRIVE(1,1)
        CALL ARRIVE(2,1)
2       CALL GATE(1,1,1,0,2,*9000)
        CALL DEPART(1,1,0.,*9999)
        IPUMP=1
        AT=0.225*TX(LTX,9)
```

```
      CALL ADVANC(AT,3,*9000)
3     IPUMP=0
      TTEST = T
      CALL DEPART(2,1,0.,*9999)
C
C     Vernichten der Transactions
C     ===========================
      CALL TERMIN(*9000)
```

Durch die angegebene Form des Unterprogrammes ACTIV wird zunächst
das Modell beschrieben. Zugleich beobachten die Unterprogramme
ARRIVE und DEPART das Modellverhalten.
Die Auswertung des gesammelten statistischen Materials übernimmt
das Unterprogramm ENDBIN. Hier werden mittlere Aufenthaltszeiten
usw. berechnet. Der Ausdruck erfolgt durch das Unterprogramm
REPRT4.

Um die Entwicklung des Binverhaltens als Funktion der Zeit beob-
achten zu können, muß in der Endabrechnung zusätzlich neben
REPRT4 das Unterprogramm REPRT5 aufgerufen werden (siehe Bd.2
Kap. 5.3.1 "Die Report-Programme").

Unterprogrammaufruf

      CALL REPRT5 (1,2,0,0,0,0)

2.3.5 Die Ergebnisse

Die Ergebnisse für das Modell Brauerei II sind den nachfolgenden
Ausdrucken der BIN-Matrix und der BINSTA-Matrix zu entnehmen.

Die Bin NBN=1 enthält die Information über die Wartezeit, während
die Bin NBN=2 die Verweilzeit beschreibt. Den Inhalt der BIN-Matrix und der BINSTA-Matrix entnimmt man Bd.3 Anhang A3 "Datenbereiche".
Im Anschluß an den Ausdruck der BIN-Matrix erscheint der Plot für
das zeitliche Verhalten der mittleren Anzahl der Token in den
beiden Bins. Man sieht, daß sie einem Grenzwert zustreben. Dargestellt ist der Ausschnitt von 0. bis 142080. ZE.

T = 497781.4765   RT = 497781.4765

BIN-MATRIX
=========

NBN	ANZ	MAX	SUMZ	SUMA	ARRIVE	DEPART	WZGES	LT
1	0	38	50000	50000	50000	50000	.1839E+07	.4978E+06
2	0	39	50000	50000	50000	50000	.2288E+07	.4978E+06

BINSTA-MATRIX
=============

NBN	VERWZ	TOKZ	INTV-PROZ	AEND-PROZ	EINSCHW.END
1	36.79	3.674	6.993	2.546	2560.
2	45.77	4.598	5.590	-.6182E-12	1920.

VARIABLE	MINIMUM	MAXIMUM	MITTELWERT	95%-KONFIDENZ INTERVALL	ENDE EINSCHW. VORGANG	MITTELWERT VERSCHIEBUNG	MW.-VERSCH. IN PROZENT
1 = BIN 1	1.3200E+00	3.7403E+00	----	----	----	----	----
2 = BIN 2	0.	4.6424E+00	----	----	----	----	----

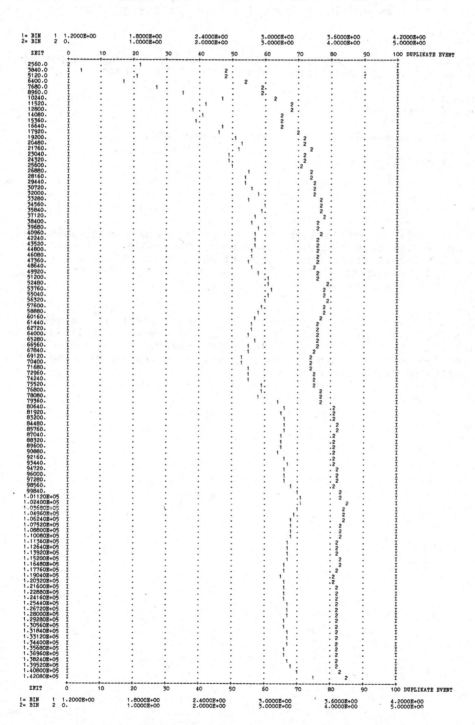

2.3.6 Übungen

Die Übungen zeigen den Einsatz der Zufallszahlengeneratoren.

* Übung 1

Die Zwischenankunftszeiten sollen der Gaußverteilung mit dem Mittelwert 10.0 und der Standardabweichung 2.0 gehorchen.

Hinweis:
Die Programmzeile

1   CALL ERLANG(10.,1,0.35,50.,1,RANDOM,*9999)

muß ersetzt werden durch

1   CALL GAUSS(10.,2.,2.,18.,1,RANDOM)

* Übung 2

Die Zwischenankunftszeiten sollen wie in Übung 1 der Gaußverteilung mit Mittelwert 10.0 und Standardabweichung 2.0 gehorchen.
Die Unter-bzw. Obergrenze sei jetzt MIN=5.0 und MAX=15.0.
Es sind die Unterschiede in den Ergebnissen zwischen der Übung 1 und Übung 2 zu begründen.

Hinweis:
Durch die enger gefaßten Grenzen in Übung 2 werden die stochastischen Schwankungen reduziert. Die Übung 2 bewegt sich in Richtung auf ein deterministisches Modell. Das heißt, daß in Übung 2 die mittlere Warteschlangenlänge abnimmt. Geichzeitig wird auch das Konfidenzintervall kleiner.

2.4 Modell Brauerei III

Warteschlangenorientierte Modelle können erweitert werden, indem man ereignisorientierte und kontinuierliche Komponenten hinzunimmt. Das Zusammenwirken des warteschlangenorientierten, des ereignisorientierten und des kontinuierlichen Anteils in einem kombinierten Gesamtmodell soll am Modell Brauerei III gezeigt werden.
Das Modell Brauerei III zeigt weiterhin, daß es in GPSS-FORTRAN möglich ist, die Modellstruktur dynamisch zu ändern.

2.4.1 Die Modellbeschreibung

Das Modell Brauerei III ist eine Erweiterung des Modells Brauerei II. Es soll der Abfüllvorgang genauer erfaßt werden. Die Füllgeschwindigkeit RATE ist hierbei abhängig vom Inhalt des Fasses SV.

Anfangsgeschwindigkeit: RATE=1.0
Arbeitsgeschwindigkeit: RATE=0.20 * SV+1.
Höchstgeschwindigkeit: RATE=6.0

Die Dimension von RATE ist Liter/ZE.

Die Füllgeschwindigkeit beginnt mit einer Anfangsgeschwindigkeit 1.0 und erhöht sich dann proportional zum Inhalt des Fasses solange, bis die Höchstgeschwindigkeit erreicht ist. Wenn das Faß gefüllt ist, wird der Füllvorgang sofort unterbrochen.

Wie im Modell Brauerei II sollen die mittlere Warteschlangenlänge, die mittlere Wartezeit und die mittlere Verweilzeit bestimmt werden. Außerdem soll der Füllstand der Fässer SV und die Füllgeschwindigkeit RATE im Zeitraum von T=0 bis T=20 graphisch dargestellt werden.

Da im Modell Brauerei III das Abfüllen eines Fasses im Vergleich zum Modell Brauerei II länger dauert, ist auch die Zwischenankunftszeit zu erhöhen, damit sich wieder ein stationärer Zustand ergibt. Der Mittelwert für die Zwischenankunftszeit sei 16.0 ZE. Die Unter- und Obergrenze sind ebenfalls dementsprechend zu ändern.

2.4.2 Das Unterprogramm ACTIV

Der transactionorientierte Teil des Modells wird im Unterprogramm ACTIV beschrieben. Er behandelt das Erzeugen der Fässer, das Belegen und Freigeben der Füllstation sowie das Entfernen der Fässer aus dem System. Im Vergleich zum Modell Brauerei II ist im jetzigen Fall das Füllen der Fässer kein einfacher, eine konstante Zeit verbrauchender Vorgang mehr, der durch das Unterprogramm ADVANC behandelt werden könnte.
Im Modell Brauerei II wird jedes Faß für eine vorherbestimmbare Zeit AT in der Füllstation festgehalten. Im Modell Brauerei III muß das Faß im Gegensatz dazu solange in der Füllstation bleiben, bis eine Bedingung erfüllt ist. Die Bedingung lautet im vorlie-

genden Fall:

SV(1,1).EQ.CAP

SV(1,1) ist hierbei die Zustandsvariable, die den Inhalt des Fasses angibt. CAP bezeichnet die Kapazität des Fasses. Es gilt:
CAP = TX(LTX,9).
Die Bedingung verlangt, daß der Inhalt des Fasses gleich der Kapazität des Fasses sein muß. In diesem Fall ist die Weiterbearbeitung erforderlich.

Die Bedingung wird in der logischen Funktion CHECK unter NCOND=2 abgelegt.

Im Unterprogramm ACTIV wird die Transaction, welche die Füllstation belegt, solange vor dem Gate NG=2 aufgehalten, bis die Bedingung erfüllt ist.
Anstelle des Unterprogrammaufrufes CALL ADVANC steht jetzt:

```
        CAP = TX(LTX,9)
        CALL ANNOUN(2,T,*9999)
3       CALL GATE(2,2,1,1,3,*9000)
        CALL ANNOUN(4,T,*9999)
```

Das Warten auf eine zeitabhängige Transactionaktivierung wird durch das Warten auf eine bedingte Aktivierung ersetzt. Sobald das Faß die Füllstation betritt, wird die Kapazität des Fasses in die Variable CAP übertragen. Gleichzeitig wird die Variable IFILL=2 gesetzt.
IFILL zeigt an, in welchem Zustand sich die Abfüllanlage befindet:

IFILL = 1
Es wird nicht abgefüllt.

IFILL = 2
Der Abfüllvorgang läuft. Die Füllgeschwindigkeit hat ihren Maximalwert von 6.0 ALiter/ZEUe noch nicht erreicht.

IFILL = 3
Die Füllgeschwindigkeit hat den Maximalwert erreicht.

Hinweis:

* Der Simulationslauf soll abgebrochen werden, wenn die letzte Transaction bearbeitet worden ist.

Es ist zu beachten, daß eine Source stillgelegt wird, wenn die Anzahl der erzeugten Transactions den Wert TXMAX erreicht hat. Der Simulationslauf wird erst bei TEND abgebrochen.
Ohne zusätzliche Vorkehrungen würde nach Bearbeitung der letzten Transaction die Integration der Differentialgleichung im Unterprogramm STATE mit SV(1,1)=0 und DV(1,1)=0 bis TEND fortgesetzt.

Um das zu verhindern, wird der Simulationslauf abgebrochen, wenn

die letzte Transaction fertig bearbeitet worden ist. Hierzu wird
vor der Vernichtung der Transactions abgefragt, ob die zu ver-
nichtende Transaction den Simulationslauf abbrechen kann. Der Abschnitt "Vernichten der Transactions" hat damit die folgende
Form:

```
C       Vernichten der Transactions
C       =============================
        IF(TX(LTX,1).GT.TXMAX-1) TEND = T
        CALL TERMIN(*9000)
```

2.4.3 Das Unterprogramm STATE

Das Füllen des Fasses ist ein zeitkontinuierlicher Vorgang, der
im Unterprogramm STATE beschrieben wird.
Die Zustandsvariable SV(1,1) gibt den Inhalt des jeweiligen Fas-
ses an. Die Änderungsrate, das heißt die Zunahme des Inhaltes pro
Zeit, wird durch die Ableitung DV(1,1) dargestellt.
Für den Faßinhalt gilt daher die Differentialgleichung:

DV(1,1) = RATE

Die Füllgeschwindigkeit RATE hängt vom Zustand der Abfüllanlage
ab:

IFILL = 1   Kein Abfüllvorgang   RATE = 0.
IFILL = 2   Abfüllvorgang   RATE = 0.20 * SV(1,1) + 1.
IFILL = 3   Maximalgeschwindigkeit   RATE = 6.

Die Differentialgleichung im Unterprogramm STATE hat demnach die
folgende Form:

```
1       GOTO(10,20,30),IFILL

10      RATE = 0.
        GOTO 100

20      RATE = 0.20*SV(1,1)+1.
        GOTO 100

30      RATE = 6.0
        GOTO 100

100     DV(1,1) = RATE
        RETURN
```

2.4.4 Crossings

Der Füllstand des Fasses muß mit Hilfe eines Crossing im Unterprogramm DETECT überwacht werden. Sobald der Füllstand des Fasses
die Kapazität erreicht hat, wird das Flag IFLAG(1,1)=1 gesetzt.
In gleicher Weise muß festgestellt werden, ob die Füllgeschwin-

digkeit DV(1,1) ihren Maximalwert erreicht hat. Die dementspre-
chende An zeige übernimmt das Flag IFLAG(1,2).

Das Unterprogramm DETECT hat demnach die folgende Form:

```
C       CROSSINGS IM SET 1
C       ==================
1       CALL CROSS(1,1,1,0,0.,CAP,1,0.1,*977,*9999)
        CALL CROSS(1,2,-1,0,0.,6.,1,0.01,*977,*9999)
        RETURN
```

Die Bedingungen, in denen die Variablen IFLAG(1,1) und IFLAG(1,2)
vorkommen, werden im Unterprogramm TEST überprüft.
Falls die Bedingung NCOND=2 erfüllt ist und der Inhalt des Fasses
die Kapazität erreicht hat, wird das Ereignis NE=1 aufgerufen.
Das Ereignis NE=1 übernimmt alle Aktivitäten, die zu bearbeiten
sind, wenn das Faß voll ist.
Wenn die Bedingung NCOND=3 erfüllt ist und die Füllgeschwindigkeit den Maximalwert erreicht hat, wird das Ereignis NE=3 angemeldet.
Das Unterprogramm TEST hat demnach die folgende Form:

```
        IF(CHECK(1)) CALL DBLOCK(5,1,0,1)
        IF(CHECK(2)) CALL EVENT(1,*9999)
        IF(CHECK(3)) CALL EVENT(3,*9999)
        RETURN
```

2.4.5 Die Ereignisse

Das Ereignis NE=1 im Unterprogramm EVENT hat die folgende Form:

```
C       BEENDEN DES FUELLVORGANGS
C       =========================
1       CALL MONITR(1)
        IFILL = 1
        CALL BEGIN(1,*9999)
        CALL MONITR(1)
        CALL DBLOCK(5,2,0,0)
        RETURN
```

IFILL = 1
Die Variable, die den Einfüllvorgang steuert, wird auf IFILL=1 ge
setzt. Damit ist der Füllvorgang ausgeschaltet.

CALL DBLOCK(5,2,0,0)
Wenn das Faß gefüllt ist, kann die Transaction, die vor dem Gate
NG=2 wartet, durch den Aufruf von DBLOCK aktiviert werden. Die
Transaction kann mit der Weiterbearbeitung im Unterprogramm ACTIV
fortfahren.

Das Ereignis NE=2 setzt die Variable IFILL=2. Damit beginnt der
Abfüllvorgang. Das Ereignis NE=2 wird im Unterprogramm ACTIV
angemeldet, wenn ein Faß die Abfüllstation neu betreten hat.

Das Ereignis NE=2 hat die folgende Form:

```
C        BEGINNEN DES FUELLVORGANGS
C        ==========================
2        CALL MONITR(1)
         IFILL=2
         CALL BEGIN(1,*9999)
         CALL MONITR(1)
         RETURN
```

Das Ereignis NE=3 setzt die Variable IFILL=3. Damit wird angezeigt, daß die Füllgeschwindigkeit ihren Maximalwert erreicht
hat. Das Ereignis NE=3 hat damit die folgende Form:

```
C        MAXIMALE FUELLGESCHWINDIGKEIT
C        =============================
3        CALL MONITR(1)
         IFILL = 3
         CALL BEGIN(1,*9999)
         CALL MONITR(1)
         RETURN
```

Das Ereignis NE=4 setzt nach dem Verlassen des Fasses die Variable SV(1,1) = O.

```
C        ZURUECKSETZEN DES FUELLSTANDES
C        ==============================
4        CALL MONITR(1)
         SV(1,1) = O.
         CALL BEGIN(1,*9999)
         CALL MONITR(1)
         RETURN
```

Hinweis:

* Es wird daran erinnert, daß jede Änderung, die an Variablen
vorgenommen wird, die im Unterprogramm STATE erscheinen, einen
Aufruf des Unterprogrammes BEGIN verlangt.
Die Änderung sollte durch den zweimaligen Aufruf von MONITR
protokolliert werden.

2.4.6 Die Überwachung der Bedingungen

Die logische Funktion CHECK hat die folgende Form:

```
C
1        CHECK = IPUMP.EQ.O
         GOTO 100
C
2        CHECK = IFLAG(1,1).EQ.1
         GOTO 100
C
```

```
3       CHECK = IFLAG(1,2).EQ.1
        GOTO 100
```

Die Bedingung NCOND=1 regelt den Zugang zur Abfüllanlage. Das Gate NG=1 im Unterprogramm ACTIV blockiert alle ankommenden Transactions, wenn die Bedingung NCOND=1 den Wahrheitswert .FALSE. hat.

Die Bedingung NCOND=2 prüft, ob das Faß gefüllt ist. In diesem Fall wird das Ereignis NE=1 aufgerufen. Die Überprüfung der Bedingung NCOND=2 und das Bearbeiten des Ereignisses erfolgt im Unterprogramm TEST.

Die Bedingung NCOND=3 gibt an, ob die maximale Füllgeschwindigkeit bereits erreicht ist. Die Überprüfung der Bedingung und das Bearbeiten des Ereignisses NE=3 wird ebenfalls im Unterprogramm TEST vorgenommen.

Hinweis:

* Falls ein Ereignis einmalig ausgeführt werden soll, wenn die Crossinglinie überschritten wird, so ist mit der Anzeigevariablen IFLAG zu arbeiten. Das heißt, daß in der logischen Bedingung IFLAG erscheinen muß. Dieser Sachverhalt liegt im Modell Brauerei III vor.

Falls dagegen ein Ereignis bearbeitet werden soll, wann immer sich der Wert der Zustandsvariablen oberhalb (bzw. unterhalb) des Crossingwertes befindet, dann ist die Anzeigevariable JFLAG zu verwenden. (Siehe Bd.2 Kap. 2.3 "Bedingte Zustandsübergänge")

2.4.7 Rahmen

Die folgenden Variablen werden im Block COMMON/PRIV/ benötigt:

COMMON/PRIV/IPUMP,CAP,IFILL

Es empfiehlt sich, den Block COMMON/PRIV/ in alle benutzereigenen Unterprogramme einzutragen, unabhängig davon, ob die Variablen in den entsprechenden Unterprogrammen tatsächlich vorkommen. Durch dieses schematische Vorgehen wird die Fehlermöglichkeit reduziert. Der Block COMMON/PRIV/ sollte zu folgenden 7 Benutzerprogrammen erscheinen: Rahmen, EVENT, ACTIV, STATE, DETECT, TEST, CHECK.

Die Eingabe-Datei hat für das Modell Brauerei III die folgende Form:

```
TEXT; MODELL BRAUEREI III/
VARI; TXMAX; 100./
VARI; ICONT; 1 /
INTI; 1; 1; 0.01; 1; 1; 0.001; 10.; 0.001; 1.E04/
PL01; 1; 0.; 20.; 0.5; 21;001001; -001001/
```

```
PLO3; 1;*X;INHALT;*Y;&INHALT/
END/
```

2.4.8 Übersicht der Vorgehensweise

Um das Modell Brauerei III zu implementieren, sind insgesamt die folgenden Schritte erforderlich:

* Vorbesetzen privater Variablen. Anlegen des Blocks COMMON/PRIV/

* Beschreiben des transactionorientierten Modellablaufs im Unterprogramm ACTIV

* Festlegen der Differentialgleichung für den Füllvorgang im Unterprogramm STATE

* Definieren der Ereignisse NE=1, NE=2 und NE=3 im Unterprogramm EVENT

* Festlegen der Bedingungen für das Eintreten des Ereignisses in der logischen Funktion CHECK

* Definition der Crossings im Unterprogramm DETECT

* Überprüfen der Bedingungen im Unterprogramm TEST

Das Modell Brauerei III zeigt, daß auch komplexe Modelle, die ereignisorientierte, transactionorientierte und kontinuierliche Komponenten enthalten, durch den Simulator GPSS-FORTRAN behandelt werden können. Es fällt die durchgehende Modularisierung des Simulators auf. Die jeweiligen Modellkomponenten werden unabhängig voneinander in den Unterprogrammen EVENT, ACTIV und STATE beschrieben. Die Verbindung der Modellkomponenten wird über Bedingungen hergestellt, die in der logischen Funktion CHECK festgelegt werden.
Zusätzlich werden die beiden Unterprogramme DETECT und TEST benötigt, die das Auffinden der Crossings und die Überprüfung der Bedingungen übernehmen.

Auf die beschriebene Weise ist es möglich, auch sehr komplexe Modelle übersichtlich und klar gegliedert darzustellen.

2.4.9 Die Ergebnisse

Die Ergebnisse, die das Modell Brauerei III liefert, sind im Folgenden dargestellt.

Die Angaben über die Wartezeit und die Verweilzeit entnimmt man wieder den Ausdrucken für die Bin NBN=1 und NBN=2.

Auf der nachfolgenden Seite zeigt der Plot den Füllvorgang für ein Faß.

PLOT NR 1
==============

VARIABLE	MINIMUM	MAXIMUM	MITTELWERT	95%-KONFIDENZ INTERVALL	ENDE EINSCHW. VORGANG	MITTELWERT VERSCHIEBUNG	MW.-VERSCH. IN PROZENT
X = INHALT	0.	3.002E+01	—	—	—	—	—
Y = &INHALT	0.	6.0026E+00	—	—	—	—	—

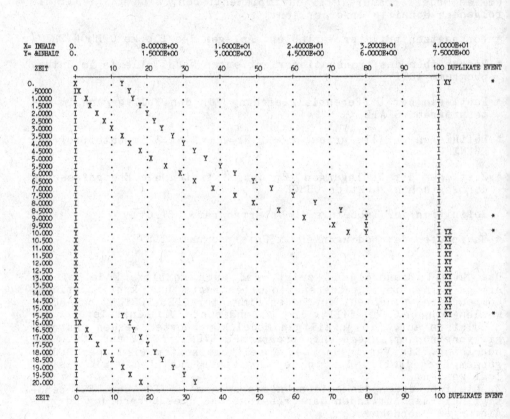

```
X= INHALT    0.            8.0000E+00      1.6000E+01      2.4000E+01      3.2000E+01      4.0000E+01
Y= &INHALT   0.            1.5000E+00      3.0000E+00      4.5000E+00      6.0000E+00      7.5000E+00

  ZEIT     0      10      20      30      40      50      60      70      80      90      100 DUPLIKATE EVENT
  0.       X       .  Y    .       .       .       .       .       .       .       I XY              *
   .50000  IX      .    Y  .       .       .       .       .       .       .       I
  1.0000   I X     .     Y .       .       .       .       .       .       .       I
  1.5000   I  X    .     Y .       .       .       .       .       .       .       I
  2.0000   I   X   .      Y.       .       .       .       .       .       .       I
  2.5000   I    X  .      .Y       .       .       .       .       .       .       I
  3.0000   I     X .      . Y      .       .       .       .       .       .       I
  3.5000   I     .X.       . Y     .       .       .       .       .       .       I
  4.0000   I     . X       .  Y    .       .       .       .       .       .       I
  4.5000   I     .  X      .   Y   .       .       .       .       .       .       I
  5.0000   I     .   X     .    Y  .       .       .       .       .       .       I
  5.5000   I     .    X    .   Y.  .       .       .       .       .       .       I
  6.0000   I     .     X.  .    Y  .       .       .       .       .       .       I
  6.5000   I     .      X  .    Y. .       .       .       .       .       .       I
  7.0000   I     .       . X     Y .       .       .       .       .       .       I
  7.5000   I     .       .  X     Y.       .       .       .       .       .       I
  8.0000   I     .       .    X.    . Y    .       .       .       .       .       I
  8.5000   I     .       .     . X  .   Y  .       .       .       .       .       I              *
  9.0000   I     .       .     .    X  .  Y.       .       .       .       .       I              *
  9.5000   I     .       .     .     .X   . Y      .       .       .       .       I
 10.000    Y     .       .     .     .    X  Y     .       .       .       .       I XX           *
 10.500    X     .       .     .     .     .       .       .       .       .       I XY
 11.000    X     .       .     .     .     .       .       .       .       .       I XY
 11.500    X     .       .     .     .     .       .       .       .       .       I XY
 12.000    X     .       .     .     .     .       .       .       .       .       I XY
 12.500    X     .       .     .     .     .       .       .       .       .       I XY
 13.000    X     .       .     .     .     .       .       .       .       .       I XY
 13.500    X     .       .     .     .     .       .       .       .       .       I XY
 14.000    X     .       .     .     .     .       .       .       .       .       I XY
 14.500    X     .       .     .     .     .       .       .       .       .       I XY
 15.000    X     .       .     .     .     .       .       .       .       .       I XY
 15.500    X     .       .     .     .     .       .       .       .       .       I XY           *
 16.000    IX    .    Y  .     .     .     .       .       .       .       .       I
 16.500    I X   .    Y  .     .     .     .       .       .       .       .       I
 17.000    I  X  .      Y.     .     .     .       .       .       .       .       I
 17.500    I   X .      Y.     .     .     .       .       .       .       .       I
 18.000    I    X.       . Y   .     .     .       .       .       .       .       I
 18.500    I     X       .  Y  .     .     .       .       .       .       .       I
 19.000    I     . X     .   Y .     .     .       .       .       .       .       I
 19.500    I     .   X   .    Y.     .     .       .       .       .       .       I
 20.000    I     .     X .      Y    .     .       .       .       .       .       I
  ZEIT     0      10      20      30      40      50      60      70      80      90      100 DUPLIKATE EVENT
```

2.4.10 Übungen

Die Übungen zeigen, wie komplexe Systeme mit GPSS-FORTRAN behandelt werden können. Die Übungen sind anspruchsvoll. Es ist jedoch
sehr zu empfehlen, sich mit ihnen zu beschäftigen, da sie die erforderliche Sicherheit vermitteln.

* Übung 1

Es sollen Störungen beim Abfüllen berücksichtigt werden, die
durch eine kurzzeitige Verstopfung des Zapfventils hervorgerufen
werden. Während der Störung wird der Einfüllvorgang unterbrochen.

Die Eintrittszeiten der Störungen sind Gauss-verteilt mit einem
Mittel wert von 30.0 ZE und einer Standardabweichung von 10.0;
die Dauer einer Störung beträgt jedes Mal genau 4.0 ZE. Die erste
Störung trete zur Zeit T=5.0 auf.

Hinweis:
Es werden zwei zusätzliche Ereignisse benötigt, die den Beginn
und das Ende der Störung behandeln.
Ereignis NE=5 beendet zunächst den Einfüllvorgang, indem es
IFILL=1 setzt. Weiterhin meldet sich das Ereignis zu einem späteren Zeitpunkt wieder an. Die Eintrittszeit für das nächste Ereignis wird hierbei aus einer Gauss-Verteilung gezogen. Außerdem
wird für die Zeit T+4. das Ereignis NE=6 angemeldet, das das Ende
der Störung bewirkt.

In das Unterprogramm EVENT werden die beiden folgenden Events neu
aufgenommen:

```
C
5       CALL MONITR(1)
        IFILL=1
        CALL BEGIN(1,*9999)
        CALL MONITR(1)
        CALL GAUSS(30.0,10.0,10.,50.,3,RANDOM)
        CALL ANNOUN(5,T+RANDOM,*9999)
        CALL ANNOUN(6,T+4.,*9999)
        RETURN

6       CALL MONITR(1)
        IFILL=2
        CALL BEGIN(1,*9999)
        CALL MONITR(1)
        RETURN
```

Es ist zu beachten, daß der Adressverteiler im Unterprogramm
EVENT um die beiden neuen Anweisungsnummern 5 und 6 erweitert
wird.
Das Ereignis NE=5 ist im Rahmen zur erstmaligen Ausführung zur
Zeit T=5. anzumelden.

* Übung 2:

Es wird der Abfüllvorgang modifiziert. Wenn ein Faß zu 3/4 gefüllt ist, wird die Füllgeschwindigkeit kontinuierlich reduziert.
Die Anfangsgeschwindigkeit von 1.0 ÄLiter/ZEUe darf als Minimal-
geschwindigkeit dabei nicht unterschritten werden.

Es gilt für den Fall, daß das Faß noch nicht zu 3/4 gefüllt ist:

RATE = 0.20 * SV(1,1)+1.
RAMAX = AMIN1(RATE,6.)

Es gilt für den Fall, daß das Faß bereits zu 3/4 gefüllt ist:
RATE = RAMAX *(0.75*CAP/SV(1,1))**8.

Hinweis:
Die Variable IFILL wird um zwei Zustände ergänzt:

IFILL = 4   Das Faß ist zu 3/4 gefüllt
IFILL = 5   Die Füllgeschwindigkeit ist auf 1.0 abgefallen

Im Unterprogramm DETECT wird mit Hilfe der beiden zusätzlichen
Flags IFLAG(1,3) und IFLAG(1,4) überwacht, ob der Füllstand 3/4
der Kapazität erreicht hat und ob die Füllgeschwindigkeit auf 1.0
abgesunken ist.

Die beiden neuen Bedingungen werden in NCOND=4 und NCOND=5 in der
logischen Funktion CHECK festgehalten. Die Überprüfung erfolgt
wieder im Unterprogramm TEST.
Zwei Ereignisse NE=5 und NE=6 übernehmen das Setzen der Anzeigen-
variab len IFILL. Sie werden in TEST ausgeführt, falls die Bedingungen NCOND=4 bzw. NCOND=5 erfüllt sind.

Das Unterprogramm STATE ist um die beiden neuen Anweisungen zur
Bestimmung von RATE zu ergänzen.

Hinweis:

* Falls der Wert der Zustandsvariablen genau auf der Crossinglinie sitzt und sich von dieser Linie wegbewegt, wird dieser Sachverhalt nicht als Crossing betrachtet. Ein Crossing liegt nur
dann vor, wenn die Crossinglinie tatsächlich gekreuzt wird.

* Übung 3

Es ist möglich, daß in der Bedingung eines Gates auch private
Parameter einer Transaction vorkommen. Um diesen Fall zeigen zu
können, wird das Modell Brauerei III geringfügig modifiziert:
Wenn ein Faß der Größe 20 l die Abfüllstation betritt, so verläßt
es dieses ohne Füllung sofort wieder.
Von der angegebenen Maßnahme ist das Gate NG=2 betroffen. Dieses
Gate kann passiert werden, wenn ein Faß gefüllt worden ist oder
wenn ein Faß mit Inhalt 20 l erscheint.

Der Aufruf des Unterprogrammes GATE hat die folgende Form:

CALL GATE(2,2,0,0,3,*9000)

Es ist besonders auf die Besetzung der Parameter IGLOBL und
IBLOCK zu achten.
Die Bedingung NCOND=2 in der logischen Funktion CHECK hat die
folgende Form:

2   IF(LTX.NE.O) CHECK=IFLAG(1,1).EQ.1 OR TX(LTX,9).EQ.20

Besonders wichtig ist, daß CHECK in der Bedingung NCOND=2 nur gesetzt wird, wenn LTX.NE.O ist. Diese Einschränkung ist bei kombinierten Modellen, die private Parameter von Transactions in Bedingungen für Gates enthalten, auf jeden Fall zu beachten. Es ist
bei kombinierten Modellen möglich, daß die Überprüfung der Bedingungen durch den Aufruf der logischen Funktion CHECK von einer
Stelle aus vorgenommen wird, der die Transaction nicht betrifft.
In diesem Fall ist· LTX.EQ.O.

3 Die Facilities

Für Warteschlangensysteme ist der allgemeine Stationstyp das
Gate. Ankommende Transactions werden blockiert und in die Warteschlange eingereiht, wenn die logische Bedingung des Gates den
Wahrheitswert .FALSE. hat. Die logische Bedingung kann vom Benutzer angegeben werden.
Neben dem Stationstyp des Gate bietet der Simulator GPSS-FORTRAN
weitere Stationstypen an, die häufig vorkommen. Sie stellen Son-
derfälle dar, bei denen eine feste logische Bedingung vorliegt.
In diesem Fall ist es für den Benutzer nicht erforderlich, die
logische Bedingung selbst zu formulieren und ihre Überprüfung zu
veranlassen. Beides übernimmt der Simulator.

Ein sehr einfacher Stationstyp ist die Facility. Mit ihrer Hilfe
lassen sich Bedienstationen im Modell darstellen. An den folgenden Beispielmodellen soll gezeigt werden, wie Facilities im Modell eingesetzt werden können.

Modell Eichhörnchen	Einsatz der einfachen Facility
Modell Reparaturwerk-	Facility mit Verdrängung
stätte	
Modell Auftragsverwaltung	Dynamische Prioritätenvergabe
Modell Arztpraxis	Einsatz der Multifacility

3.1 Das Modell Eichhörnchen

Das Modell Eichhörnchen zeigt den Einsatz der einfachen Facility.
Weiterhin wird gezeigt, auf welche Weise ein Simulationslauf wiederholt werden kann.

3.1.1 Der Modellaufbau

Unter einem Nußbaum liegen 10 Nüsse. Zur Zeit T=0 beginnt ein
Eichhörnchen mit dem Knacken. Es benötigt im Durchschnitt 4 Minuten pro Nuß. Durchschnittlich alle 5 Minuten fällt eine neue Nuß
vom Baum. (Die erste Nuß falle zum Zeitpunkt T=6.) Wenn das erste
Mal keine Nuß mehr am Boden liegt, wendet sich das Eichhörnchen
einer neuen Beschäftigung zu.
Den zufälligen Ereignissen liege eine exponentielle Wahrschein-
lichkeitsverteilung zugrunde.

Die folgenden beiden Fragen sollen mit Hilfe der Simulation beantwortet werden:

* Wieviel Nüsse hat das Eichhörnchen durchschnittlich geknackt?

* Wie lange ist das Eichhörnchen durchschnittlich mit Knacken be-
  schäftigt?

Zur Berechnung der Durchschnittswerte soll der Simulationslauf
100 Mal wiederholt werden.

Für die Mittelwerte sollen Konfidenzintervalle angegeben werden.

3.1.2 Die Implementierung

Das Eichhörnchen mit seinen Nüssen läßt sich als einfache Bedienstation mit Warteschlange darstellen. Das Eichhörnchen gilt als
Facility, die während der Zeit, die zum Knacken einer Nuß benötigt wird, als belegt gilt. Alle Nüsse, die vom Baum gefallen
sind, bilden eine Warteschlange.

Im Unterprogramm ACTIV findet sich zunächst die für Bedienstationen typische Folge von Unterprogrammaufrufen

```
3       CALL SEIZE(1,3,*9000)
        CALL ERLANG(4.,1,0.14,20.,2,RAND1,*9999)
        CALL WORK(1,RAND1,0,4,*9000,*9999)
4       CALL CLEAR(1,*9000,*9999)
```

Die Erzeugung der ersten 10 Transactions übernimmt die Source
NSC=1. Sie wird im Rahmen durch den folgenden Aufruf gestartet:
CALL START(1,0.,1,*7000)

Der dazugehörige Aufruf des Unterprogramms GENERA in ACTIV hat
die folgende Form:
```
1       CALL GENERA(0.,1.,*9999)
```


3.1.3 Rahmen

Die Anzahl der Transactions, die von einer Source maximal erzeugt
werden sollen, muß vom Benutzer im Rahmen im Abschnitt 4 "Wertzuweisung von konstanten Steuer- und Anfangswerten" angegeben
werden.

```
C
C       Setzen der Source Matrix
C       ==========================
        SOURCL(1,3) = 10.
```

In der Sourceliste steht für jede Source in der 3.Spalte die Anzahl der zu erzeugenden Transactions. Durch die angegebene Anweisung wird der Source NSC=1, die in der ersten Zeile der SRCL-Ma-
trix steht, der Wert 10. zugewiesen.
Für die Source NSC=2 ist keine Angabe erforderlich. Es wird in
diesem Fall mit der Vorbesetzung gearbeitet, die im Unterprogramm
PRESET mit SOURCL(I;3)=1.E+10 vorgenommen wird.

Alle weiteren Transactions, die während des Simulationslaufes im

Modell auftreten, werden von der Source NSC=2 erzeugt. Diese Source wird ebenfalls im Rahmen gestartet:

```
      CALL START(2,6.,2,*7000)
```

Der dazugehörige Aufruf des Unterprogrammes GENERA in ACTIV hat die folgende Form:

```
2         CALL ERLANG(5.,1,0.17,25.,1,RAND1, *9999)
          CALL GENERA(RAND1,1.,*9999)
```

Das Endekriterium verlangt, daß der Simulationslauf abgebrochen wird, wenn sich keine Nuß mehr auf dem Boden befindet. Das bedeutet, daß die Warteschlange vor der Facility leer sein muß. In diesem Fall wird das Erzeugen weiterer Nüsse eingestellt, indem durch den Aufruf des Unterprogrammes START die Source NSC=2 stillgelegt wird. Die Ablaufkontrolle findet keine weiteren Aktivierungen mehr und verzweigt im Rahmen zum Abschnitt 7 "Endabrechnung".

3.1.4 Das Unterprogramm ACTIV

Das Unterprogramm ACTIV hat damit die folgende Form:

```
C
C         Erzeugen der ersten 10 Transactions
C         =====================================
1         CALL GENERA(0.,1.,*9999)
          GOTO 21
C
C         Erzeugen der folgenden Transactions
C         =====================================
2         CALL ERLANG(5.,1,0.17,25.,1,RAND1,*9999)
          CALL GENERA(RAND1,1.,*9999)
C
C         Belegen und Freigeben der Facility
C         =====================================
21        CALL ARRIVE(1,1)
3         CALL SEIZE(1,3,*9000)
          CALL DEPART(1,1,0.,*9999)
          CALL ERLANG(4.,1,0.14,20.,2,RAND2,*9999)
          CALL WORK(1,RAND2,0,4,*9000,*9999)
4         CALL CLEAR(1,*9000,*9999)
C
C         Prüfen des Endekriteriums
C         ============================
          IF(BIN(1,1).LE.0.01) CALL START(2,-1.,2,*9999)
C
C         Vernichten der Transaction
C         ============================
          CALL TERMIN(*9000)
```

Alle erzeugten Transactions werfen als erstes mit Hilfe des Unterprogrammes ARRIVE ein Token in die Bin NBN=1. Anschließend rufen sie das Unterprogramm SEIZE auf.

Das Unterprogramm SEIZE wird zunächst einmal in der beschriebenen
Weise von allen Transactions erreicht, die von GENERA erzeugt
worden sind. Für sie wird geprüft, ob die Facility frei oder belegt ist. Ist sie frei, so darf die Transaction mit der Belegung
fortfahren. Anderenfalls wird die Transaction blockiert. Das Unterprogramm SEIZE kann jedoch auch direkt angesprungen werden,
wenn die Facility frei geworden ist und sich Transactions in der
Warteschlange vor der Facility befinden. In diesem Fall hatte
eine Transaction zuvor die Facility verlassen und das Unterprogramm CLEAR aufgerufen.
Falls die Warteschlange vor der Facility nicht leer ist, wird im
Unterprogramm CLEAR im Abschnitt "Deblockieren der nächsten
Transaction" die erste Transaction aus der Warteschlange heraus-
gegriffen und durch den Zustandsübergang Deblockieren zur Aktivierung angemeldet. Diese Transaction wird in der Ablaufkontrolle
vom Unterprogramm FLOWC gefunden und zur Anweisung mit der Anweisungsnummer 3 geschickt.

Wenn eine Transaction das Unterprogramm SEIZE über den normalen
RETURN-Ausgang verlassen hat, dann hatte sie eine frei Bedienstation vorgefunden, die sie jetzt belegen darf.
Zunächst wird das Unterprogramm DEPART aufgerufen. Die Bin mit
NBN=1 sammelt statistische Daten für das Verhalten der Transactions in der Warteschlange.
Anschließend wird die Bearbeitungszeit bestimmt. Durch den Aufruf
des Unterprogrammes WORK wird eine Transaction durch eine zeitabhängige Deaktivierung in den Zustand termingebunden überführt.
Nach Ende der Bearbeitungszeit wird mit der Anweisung fortgefahren, die als Folgeanweisung in der Parameterliste im Unterprogramm WORK angegeben ist. Es handelt sich um den Unterprogrammaufruf CALL CLEAR mit der Anweisungsnummer 4.

Nach dem Unterprogramm CLEAR erreicht die Transaction die Prüfung
des Endekriteriums. Anschließend wird sie durch den Aufruf des
Unterprogrammes TERMIN aus dem Modell entfernt.

Hinweise:

* Immer, wenn eine Transaction deaktiviert worden ist, muß zurück
zur Ablaufkontrolle gesprungen werden. Das heißt, daß alle Unterprogramme, in denen eine Transaction deblockiert werden kann,
einen Adreßausgang *9000 haben müssen, der zur Ablaufkontrolle
zurückführt. Im vorliegenden Modell Eichhörnchen ist das der Fall
bei den Unterprogrammen SEIZE, WORK und TERMIN.

* Die Bedingung, die erfüllt sein muß, damit eine Transaction den
Unterprogrammaufruf CALL SEIZE passieren kann und nicht in die
Warteschlange eingeordnet wird, lautet: "Die Bedienstation ist
frei".
Diese Abfrage findet sich im Unterprogramm SEIZE wieder:
IF(FAC(NFA,1).NE.0) GOTO 200

* Die Überprüfung der Bedingung erfolgt im Unterprogramm CLEAR.
Da eine Transaction im Unterprogramm CLEAR die Facility freigibt,
kann an dieser Stelle sofort die nächste Transaction zur Aktivie-

rung angemeldet werden. Das heißt, daß die Überprüfung der Bedingung und der Aufruf des Unterprogrammes DBLOCK nicht vom Benutzer vorzunehmen ist, sondern im Unterprogramm CLEAR erledigt wird. Die entsprechende Anweisung im Unterprogramm CLEAR lautet:
IF(BHEAD(NFA).GT.O) CALL DBLOCK(1,NFA,O,1)

* Um den korrekten Ablauf der Simulation sicherzustellen, muß eine ehemals blockierte Transaction, die zur Aktivierung angemeldet ist, sofort bearbeitet werden. Es dürfen keine anderen Aktivierungen erfolgen. Das wird erreicht, indem die Transaction in der Zeitkette an den ersten Platz gestellt wird. Hier wird sie von der Ablaufkontrolle durch das Unterprogramm FLOWC vor allen anderen gefunden und sofort aktiviert.

3.1.5 Die Wiederholung des Simulationslaufes

Die bisherige Beschreibung bezieht sich auf den einmaligen Durchlauf des Modells. Die Aufgabenstellung verlangt jedoch die 100-fache Wiederholung.
Hierzu wird im Rahmen um die drei Abschnitte

5. Festlegen der Anfangsbedingungen
6. Modell
7. Endabrechnung

eine DO-Schleife mit I=1,100 gelegt.

Bei der Anlage der DO-Schleife sind die folgenden fünf Punkte zu beachten:

* Vor jedem neuen Simulationslauf müssen alle Datenbereiche neu besetzt werden. D.h., der Aufruf des Unterprogrammes RESET und PRESET muß zusätzlich noch einmal innerhalb der DO-Schleife stehen.

* Da PRESET und RESET auch innerhalb der DO-Schleife aufgerufen werden und damit hinter dem Aufruf von INPUT stehen, werden alle eingelesenen Werte mit der Vorbesetzung wieder überschrieben.

* Durch den Aufruf von PRESET wird für jede Source in der Sourceliste die Anzahl der zu erzeugenden Transactions vorbesetzt. Daher ist für die Source NSC=1 die Zuweisung
SOURCL(1,3) = 10.
bei jedem Durchlauf erneut erforderlich.

* Die Zufallszahlengeneratoren dürfen nicht neu initialisiert werden. Anderenfalls würde jeder Simulationslauf eine identische Folge von Zufallszahlen und daher identische Ergebnisse erzielen. D.h., der Aufruf des Unterprogrammes INIT1X darf nicht innerhalb der DO-Schleife stehen.

* Die Anzahl der Nüsse, die für jeden Durchgang geknackt wurden und die Zeit, die hierfür erforderlich war, werden in den Vektoren SUM und TIM abgelegt. Beide Datenbereiche sind im Rahmen im Abschnitt 1 "Allgemeine Fortran-Definitionen" mit

```
DIMENSION SUM(100), TIM(100)
```
zu dimensionieren.

Die Mittelwerte für die Werte in SUM und TIM werden zusammen mit
den dazugehörigen Konfidenzintervallen mit Hilfe des Unterprogrammes ANAR berechnet.

Ausgegeben wurden die beiden Mittelwerte SUMM und TIMM mit der
Breite der Konfidenzintervalle HALFS und HALFT.

Die Abschnitte 5-8 des Rahmens haben damit die folgende Form:

```
        DO 7500 I=1,100
C
        CALL RESET
        CALL PRESET
        SOURCL(1,3) = 10.
C
C       5. Festlegen der Anfangsbedingungen
C       ===================================
C       Source-Start
C       ============
        CALL START(1,0.,1,*7000)
        CALL START(2,6.,2,*7000)
C
C       6. Modell
C       =========
6000    CALL FLOWC(*7000)
C
C       7. Endabrechnung
C       ================
7000    CONTINUE
C
C       Endabrechnung der Bins und Bestimmen der Konf.-Intervalle
C
C       =========================================================
        CALL ENDBIN
C
C       Endabrechnung privater Grössen
C       ==============================
        SUM(I) = BIN(1,3)
        TIM(I) = BIN(1,8)
7500    CONTINUE
C
C       Bestimmung der Mittelwerte und der Konfidenzintervalle
C       ======================================================
        CALL ANAR(SUM,100,1,0.95,SUMM,HALFS,JMIN,KMIN,IP,0,*8001)
8001    CALL ANAR(TIM,100,2,0.95,TIMM,HALFT,JMIN,KMIN,IP,0,*8005)
C
C       8. Ausgabe der Ergebnisse
C       =========================
        CALL ENDPLO
C
C       Ausgabe privater Grössen
C       ========================
8005    CONTINUE
```

```
         WRITE(UNIT2,8010)
8010     FORMAT(/////16X,47(1H*),2(/16X,1H*,45X,1H*))
         WRITE(UNIT2,8020) SUMM,TIMM
8020     FORMAT(16X,1H*,2X,25HDAS EICHHOERNCHEN KNACKT ,
        +16HDURCHSCHNITTLICH,2X,1H*,/16X,1H*,2X,F5.2,
        +11H NUESSE IN ,F6.2,15H ZEITEINHEITEN.,6X,1H*,/16X,1H*,
        +45X,1H*)
         WRITE(UNIT2,8030) HALFS,HALFT
8030     FORMAT(16X,1H*,2X,19HKONFIDENZINTERVALL ,
        +17HFUER NUESSE:(+/- ,F4.1,2H ),1X,1H*,/16X,
        +1H*,2X,36HKONFIDENZINTERVALL FUER ZEIT:   (+/- ,
        +F4.1,2H ),1X,1H*)
         WRITE(UNIT2,8040)
8040     FORMAT(2(16X,1H*,45X,1H*/),16X,47(1H*))
         WRITE(UNIT2,8050)
8050     FORMAT(1H1)
C
```

3.1.6 Ergebnisse

Das Modell Eichhörnchen liefert die folgenden Ergebnisse:

```
**************************************************
*                                                *
*                                                *
* DAS EICHHOERNCHEN KNACKT DURCHSCHNITTLICH      *
*  48.87 NUESSE IN 194.88 ZEITEINHEITEN.         *
*                                                *
*  KONFIDENZINTERVALL FUER NUESSE:(+/-    .8 )   *
*  KONFIDENZINTERVALL FUER ZEIT  :(+/- 21.4 )    *
*                                                *
*                                                *
**************************************************
```

3.1.7 Übungen

Die Übungen zeigen drei mögliche Modifikationen des Modells Eichhörnchen.

* Übung 1

Es sollen sich zu Beginn 15 Nüsse auf dem Boden befinden.

Hinweis:
Im Rahmen ist die Anweisung zu ändern, die festlegt, wieviel
Nüsse von der Source SCR=1 erzeugt werden sollen:
SOURCL(1,3) = 15.

Weitere Änderungen sind nicht erforderlich.

* Übung 2

Wenn das Eichhörnchen nach 250 ZE noch immer neue Nüsse vorfindet, verliert es die Lust und wendet sich vorzeitig einer anderen
Beschäftigung zu.

Hinweis:
Das Endekriterium ist zu modifizieren. Es lautet jetzt:

IF(T.GE.250) GOTO 9999
IF(BIN(1,1).LE.EPS) CALL START(2,-1.,2,*9999)

Es ist bei der Interpretation der Ergebnisse darauf zu achten,
daß HALFW.LT.0 gesetzt wird, wenn ANAR nicht in der Lage ist, ein
Konfidenzintervall zu bestimmen (siehe Bd.2 Kap. 5.1.6 "Die Berechnung des Konfidenzintervalls und die Bestimmung der Einschwingphase").

* Übung 3

In der Übung 2 darf das Eichhörnchen eine angefangene Nuß auf jeden Fall fertig bearbeiten. Erst wenn die Bearbeitung abgeschlossen ist, erfolgt die Überprüfung des Endekriteriums.

Die Übung 3 verlangt, daß das Eichhörnchen genau zum Zeitpunkt
T=250. alles stehen und liegen läßt und sich entfernt. Das bedeutet, daß eine bereits angefangene Nuß nicht fertig bearbeitet
wird.

Hinweis:
Es wird ein zeitabhängiges Ereignis benötigt, das zur Zeit T=250.
in die Ablaufkontrolle eingreift und das Ende der Bearbeitungszeit auf den Stand der Simulationsuhr T setzt:

```
1       LTX1 = FAC(1,1)
        CALL NCHAIN(3,LTX1,*9999)
        ACTIVL(LTX1,1) = T
        CALL TCHAIN(3,LTX1,*9999)
```

```
RETURN
END
```

3.2 Das Modell Reparaturwerkstatt

In GPSS-F kann jede Warteschlange nach einer eigenen, für die
entsprechenden Warteschlangen charakteristischen Policy abgearbeitet werden. Das vorliegende Beispiel behandelt eine Bedienstation, deren Warteschlange nach der Policy PFIFO behandelt wird.
Die für die Verdrängung erforderliche Umrüstzeit soll berücksichtigt werden.

3.2.1 Modellbeschreibung

Eine Reparaturwerkstatt bearbeitet alle Aufträge hoher Priorität
vorrangig. Trifft ein Auftrag ein, dessen Priorität höher ist als
die Priorität des Auftrages, der sich gerade in Arbeit befindet,
so wird letzterer unterbrochen und durch den neuen Auftrag ersetzt.
Die Aufträge treffen exponentiell verteilt mit einem Mittelwert
von MEAN=3.0 in der Werkstatt ein. Von den eintreffenden Aufträgen sollen 20% hohe Priorität PR=2 haben; den restlichen Aufträgen wird die Priorität PR=1 zugewiesen.

Die Bearbeitungszeit der Aufträge ist Gauss-verteilt mit Mittelwert 1.8 und Standardabweichung 0.6

Die folgenden beiden Fragen sollen mit Hilfe der Simulation beantwortet werden:

* Wie hoch ist die mittlere Wartezeit und die mittlere Warteschlangenlänge vor der Reparaturwerkstatt? Hierbei sollen die
Mittelwerte für die Aufträge höher und niederer Priorität getrennt bestimmt werden.

* Welcher Anteil geht durch den Verwaltungsaufwand aufgrund des
Umrüstens verloren (Verwaltungsaufwand = Gesamtzeit für Umrüsten
* 100/Gesamtbearbeitungszeit)?

Es sollen insgesamt 10000 Aufträge bearbeitet werden.

3.2.2 Implementierung

Zunächst werden die Transactions erzeugt. Durch das Unterprogramm
TRANSF werden 20% der Transactions zufallsbedingt herausgesucht
und zur Anweisung mit der Anweisungsnummer 10 geschickt. Dort
wird ihnen die hohe Priorität PRIO=2 zugewiesen.
Für alle Transactions wird die Bearbeitungszeit bestimmt und in
dem privaten Parameter TX(LTX,9) abgelegt.

```
C       Erzeugen der Transactions
C       =========================
1       CALL ERLANG(3.0,1,0.1,15.,1,RAND1,*9999)
        CALL GENERA(RAND1,1.,*9999)
        CALL TRANSF(0.2,3,*10)
        TX(LTX,4)= 1.
        GOTO 11
10      TX(LTX,4)= 2.
11      CALL GAUSS(1.8,0.6,0.2,3.4,2,RAND2)
```

```
        TX(LTX,9)=RAND2
```

Nach der Erzeugung beginnt die Bearbeitung der Transactions.
Zunächst wird statistische Information über das Verhalten der
Transactions in der Warteschlange gesammelt. Das geschieht durch
den Aufruf der Unterprogramme ARRIVE und DEPART.

Hinweise:

* Das Verhalten der Transactions wird mit Hilfe von zwei Bins
NBN=1 und NBN=2 überwacht. Die Nummer der Bin ist hierbei identisch mit der Priorität der Transactions.
Obwohl die Transactions geordnet in der Warteschlange stehen,
werden sie getrennt nach Prioritäten in zwei verschiedenen Bins
registriert.

* Da die Nummer der angesprochenen Bin in der Parameterliste der
Unterprogramme ARRIVE und DEPART steht, genügt es, die Programm-
zeile
CALL ARRIVE(IFIX(TX(LTX,4)+0.5),1)   bzw.
CALL DEPART(IFIX(TX(LTX,4)+0.5),1,0,*9999)
nur einmal zu schreiben.
Hierzu siehe Kap. 8.2 Parametrisierung der Modellkomponenten

* Es ist zu beachten, daß sich eine verdrängte Transaction wieder
in die Warteschlange einreiht. Um die Sammlung statistischen Materials korrekt zu behandeln, muß jede verdränte Transaction nach
Verlassen der Facility erneut ein Token in die Bin werfen. Das
geschieht durch den Aufruf von

        CALL ARRIVE(IFIX(TX(LTX,4)+0.5),1)

im Abschnitt "Zählen der Verdrängungen".

Die Belegung der Bedienstation erfolgt durch die folgenden Unterprogrammaufrufe:

```
C       Bearbeiten der Transactions
C       ============================
        CALL ARRIVE(IFIX(TX(LTX,4)+0.5),1)
2       CALL PREEMP(1,2,*9000)
        CALL DEPART(IFIX(TX(LTX,4)+0.5),1,0,*9999)
        CALL SETUP(1,0.4,3,*9000,*9999)
3       CALL WORK(1,TX(LTX,9),0,4,*9000,*9999)
4       CALL KNOCKD(1,0.4,5,*9000,*9999)
5       CALL CLEAR(1,*50,*9999)
        GOTO 100

C       Zählen der Verdrängungen
C       =========================
50      ICOUNT=ICOUNT + 1
        CALL ARRIVE(IFIX(TX(LTX,4)+0.5),1)
        GOTO 9000
```

```
C       Vernichten der Transaction
C       ============================
100     CALL TERMIN(*9000)
```

Wenn eine Transaction die Facility freigegeben hat, verläßt sie
das Unterprogramm CLEAR über den normalen RETURN-Ausgang und
fährt mit der nächsten Anweisung fort. Im vorliegenden Fall handelt es sich um den Aufruf des Unterprogrammes TERMIN, das die
Transaction vernichtet.
Ist die Transaction verdrängt worden, so wird sie im Unterprogramm CLEAR blockiert. In diesem Fall wird das Unterprogramm über
den Adreßausgang verlassen. Es muß anschließend direkt oder über
einen Umweg zur Ablaufkontrolle zurückgesprungen werden, damit
die nächstfolgende Transaction aktiviert werden kann.
Im Modell Reparaturwerkstatt wird im Falle der Verdrängung die
Anweisung mit der Anweisungsnummer 50 aufgerufen, die in der Variablen ICOUNT die Anzahl der Verdrängungen zählt. Als nächstes
wird die Ablaufkontrolle aufgerufen.

Die Variable ICOUNT wird im Rahmen im Abschnitt 3 "Setzen privater Größen" mit ICOUNT=0 vorbesetzt. Sie wird im Block COMMON/
PRIV/ an das Unterprogramm ACTIV übergeben.

Die Auswertung der Ergebnisse erfolgt im Rahmen im Abschnitt 7
"Endabrechnung".
Durch das Unterprogramm ENDBIN werden die beiden Bins NBN=1 und
NBN=2 ausgewertet. Hierdurch wird die mittlere Warteschlangen-
länge und die mittlere Wartezeit für Aufträge niederer und hoher
Priorität bestimmt.
Der Anteil des Verwaltungsaufwandes wird durch die folgende Be-
ziehung berechnet.
OVERH = FLOAT(ICOUNT)* 0.8 * 100./ T

3.2.3 Ergebnisse

Die Ergebnisse des Modells Reparaturwerkstatt werden im folgenden
dargestellt.

Die Angaben über das Verhalten der Warteschlange entnimmt man
wieder dem Ausdruck für die Bin NBN=1

Als Verwaltungsaufwand gehen verloren: 3.9%

T = 27216.8550   RT = 27216.8550

BIN-MATRIX
==========

NBN	ANZ	MAX	SUMZ	SUMA	ARRIVE	DEPART	WZGES	LT
1	0	172	9339	9339	9339	9339	.2154E+07	.2722E+05
2	0	3	1993	1993	1993	1993	1403.	.2722E+05

BINSTA-MATRIX
=============

NBN	VERWZ	TOKZ	INTV-PROZ	AEND-PROZ	EINSCHW.END
1	230.7	79.19	131.3	41.43	.1776E+05
2	.7041	.5173E-01	7.408	-1.164	160.0

3.2.4 Übungen

Die Übungen zeigen den Ablauf des Verdrängungsvorganges.

* Übung 1

Es soll gezählt werden, wie häufig eine Verdrängung unterblieben
ist, weil sich die zu verdrängende Transaction bereits in der Abrüstphase befindet.

Hinweis:
Wenn eine Verdrängung nicht erfolgen kann, wird die ankommende
Transaction blockiert. Anschließend wird das Unterprogramm PREEMP
über den Adreßausgang verlassen, der zur Anweisung mit der Anweisungsnummer 9000 führt.
Unter den blockierten Transactions werden diejenigen herausgesucht, die eine hohe Priorität PR=2. hatten, jedoch nicht ver-
drängen durften, da sich die belegende Transaction bereits in der
Abrüstphase befindet. Das geschieht durch die folgenden Anweisungen:

```
9000    LTX1 = FAC(1,1)
        IF(FAC(1,3).EQ.3.AND.
       +TX(LTX,4).GT.TX(LTX1,4)) IKNOCK = IKNOCK + 1
        RETURN
```

* Übung 2

Es soll gezählt werden, wie häufig eine sofortige Verdrängung unterbleibt, weil sich die zu verdrängende Transaction in der Zu-
rüstphase befindet.

3.3 Das Modell Auftragsverwaltung

In GPSS-F besteht die Möglichkeit, Prioritäten dynamisch zu vergeben. Eine Neubewertung der Transactions in Abhängigkeit des Systemzustandes erfolgt durch das Unterprogramm DYNVAL.

3.3.1 Modellbeschreibung

Die Fertigungsaufträge, die eine Firma erhält, werden von der
Auftragsverwaltung nach organisatorischen Gesichtspunkten in 6
Prioritätsklassen eingeteilt.
Die Ankunftsabstände und die Bearbeitungszeit der Aufträge sind
jeweils exponentiell verteilt mit MEAN1=50. ZE und MEAN2=40. ZE.

Die Prioritätenvergabe erfolgt so, daß die Wahrscheinlichkeit
eines Auftrages in eine Prioritätenklasse zu fallen, für alle
Prioritätenklassen gleich ist.

Um die mittlere Wartezeit für die Aufträge mit niedriger Priorität zu verbessern, soll dynamische Prioritätenvergabe nach WTL
(Waiting Time Limit) erfolgen. Die Neubewertung soll hierbei nach
der Beziehung

$$P = P(0) + WZ / 100.$$

vorgenommen werden. Die Variablen haben die folgende Bedeutung:

P   Priorität aufgrund der Neubewertung

P(0)   Anfangspriorität des Auftrages beim Eintreffen in das
        System

WZ   Wartezeit des Auftrages in ZE

Das heißt, daß ein Auftrag nach einer Wartezeit von 100 Zeiteinheiten in die nächsthöhere Prioritätenklasse aufrückt. Die Auf-
tragspriorität P(0) wird berücksichtigt.
Die dynamische Neubewertung erfolgt immer dann, wenn die Bedienstation frei wird und ein neuer Auftrag ausgewählt werden muß.
Die dynamische Prioritätenvergabe selbst soll hierbei zeitlos ab-
laufen.

Die folgenden beiden Fragen sollen mit Hilfe der Simulation untersucht werden:

* Wie hoch ist die mittlere Wartezeit für die Aufträge in Abhängigkeit ihrer Anfangspriorität P(0) bei statischer Prioritätenvergabe ?

* Wie hoch ist die mittlere Wartezeit für die Aufträge in Abhängigkeit ihrer Anfangspriorität P(0) bei dynamischer Prioritätenvergabe nach WTL ?

Die mittlere Wartezeit in Abhängigkeit der Anfangspriorität P(0)
soll graphisch dargestellt werden.

Der Simulationslauf soll abgebrochen werden, wenn die letzten 20
Werte für die mittlere Wartezeit der Aufträge mit der Anfangspriorität P(0)=1 in dem Intervall Mittelwert - 10% und Mittelwert
+ 10% liegen. Als Anzahl der Transactions zwischen zwei Überprüfungen soll hierbei NE=100 gesetzt werden.

3.3.2 Implementierung

Zunächst werden die Transactions erzeugt und mit ihrer Anfangspriorität versehen. Die Anfangspriorität P(0) wird in TX(LTX,9)
abgelegt. In TX(LTX,4) steht die aktuelle Priorität, die für den
Fall der dynamischen Prioritätenvergabe im Unterprogramm DYNVAL
jeweils neu bestimmt wird. Bei statischer Prioritätenvergabe ist
TX(LTX,9) = TX(LTX,4).

Eine Transaction belegt die Facility, behandelt ihre Bearbeitungszeit und gibt die Facility wieder frei. Falls IPRIOR.EQ.1,
soll mit dynamischer Prioritätenvergabe gearbeitet werden. Es erfolgt dann eine Neubewertung der Prioritäten nach der Freigabe
und vor der Neubelegung der Facility.

Zur Sammlung und Darstellung des statistischen Materials werden
zunächst 7 Bins benötigt. Die Bins mit NBN=1...6 behandeln die
Transactions mit der Anfangspriorität P(0)=1...6. Daher gilt:
NBN=TX(LTX,9).
In der Queue mit NQU=7 werden alle Transactions ohne Berücksichtigung ihrer Priorität registriert.
Die Anordnung der Unterprogramme ARRIVE und DEPART zeigen, daß
die Transactions während ihres Aufenthaltes in der Warteschlange
überwacht werden.

Um die Abhängigkeit der mittleren Wartezeit von der Anfangspriorität graphisch darstellen zu können, wird eine Häufigkeitstabelle TAB1 verwendet. In X wird die Anfangspriorität übergeben. Y
ist die zugeordnete Variable, die den Wert für die individuelle
Wartezeit einer Transaction enthält.
Um das Abbruchkriterium zu überprüfen, wird das Unterprogramm SI-
MEND verwendet. Für die Queue, die die Transactions mit der Anfangspriorität P(0)=1 überprüft, gilt NBN=1.

Die Ausgabe der Ergebnisse zeigt zunächst die 7 Queues.
Die unmittelbare Auswertung und Darstellung der Häufigkeitstabelle TAB1 würde die Anzahl der beobachteten Transactions in Abhängigkeit der Anfangspriorität P(0) zeigen. Nach Voraussetzung
muß sich als Ergebnis eine Gleichverteilung ergeben.
Soll die mittlere Wartezeit in Abhängigkeit der Priorität dargestellt werden, so muß diese bestimmt und in die Elemente TAB2(I,
2) einer weiteren Häufigkeitstabelle übertragen werden. Die Häufigkeitstabelle TAB2 wird durch das Unterprogramm ENDTAB ausgewertet und durch das Unterprogramm GRAPH graphisch dargestellt.

Die Eintrittszeit in die Warteschlange wird in den privaten Parameter TX(LTX,10) eingetragen. Die Wartezeit jeder Transaction ergibt sich dann wie folgt:
Y = T - TX(LTX,10)

Das Unterprogramm ACTIV hat damit die folgende Form:

```
C       Erzeugen der Transactions
C       ==============================
1       CALL ERLANG(50.,1,1.7,250.,1,RAND1,*9999)
        CALL GENERA(RAND1,1.,*9999)
C
C       Bestimmen der Anfangspriorität
C       ===================================
        CALL UNIFRM(1.0,6.999,2,RAND2)
        TX(LTX,4) = AINT(RAND2)
        TX(LTX,9) = TX(LTX,4)
        TX(LTX,10) = T
C
C       Belegen und Freigeben der Facility
C       ======================================
        CALL ARRIVE(IFIX(TX(LTX,9)+0.5),1)
        CALL ARRIVE(7,1)
2       CALL SEIZE(1,2,*9000)
        CALL DEPART(7,1,0.,*9999)
        CALL DEPART(IFIX(TX(LTX,9)+0.5),1,0.,*9999)
        X = TX(LTX,9)
        Y = T - TX(LTX,10)
        CALL TABULA(1,6,X,Y,1.,1.)
        CALL ERLANG(40.,1,1.4,200.,3,RAND3,*9999)
        CALL WORK(1,RAND3,0,3,*9000,*9999)
3       CALL CLEAR(1,*9000,*9999)
C
C       Dynamische Prioritätenvergabe
C       =============================
        IF(IPRIOR.EQ.1) CALL DYNVAL(1,1,0,ICOUNT)
C
C       Vernichten der Transactions
C       ===========================
        CALL SIMEND(1,100,10.)
        CALL TERMIN(*9000)
```

3.3.3 Der Rahmen

Die Variable IPRIOR wird im Rahmen eingelesen und im Block COM-
MON/ PRIV/ an das Unterprogramm ACTIV übergeben.
IPRIOR = 0   Keine dynamische Prioritätenvergabe
IPRIOR = 1   Dynamische Prioritätenvergabe

Die Auswertung der Ergebnisse erfolgt im Rahmen im Abschnitt 7
"Endabrechnung". Hier wird auch das Umspeichern der Häufigkeitstabellen vorgenommen.

```
        CALL ENDTAB(1,2,0.,0.)
        DO 8100 I=1,6
        VFUNC(1,I)= FLOAT(I)
        IF(TAB(I+1,2,1).LT.EPS) GOTO 8100
        VFUNC(2,I)= TAB(I+1,4,1)/ TAB(I+1,2,1)
```

```
8100   CONTINUE
       CALL GRAPH(VFUNC,6,0., 0.,TEXT)
```

Dem Ausdruck der Tabelle 1 entnimmt man in der 6. Spalte unter der Überschrift CUMY die gesammelten Wartezeiten der Transactions nach Prioritäten geordnet. Diese Werte stehen in der Matrix TAB in der 4. Spalte.

Hinweis:

* In der Tabelle 1 steht unter der Unterschrift X die Obergrenze eines Intervalles. Eine Transaction mit der Priorität 1 wird demnach in das Intervall mit der Obergrenze 1 einsortiert (siehe Bd.2 Kap. 5.2 "Anlegen von Häufigkeitstabellen").

Aus der Gesamtwartezeit aller Transactions mit gleicher Priorität muß die mittlere Wartezeit berechnet werden. Das geschieht, indem man die Gesamtwartezeit durch die Anzahl der Transactions teilt, die in ein Intervall gefallen sind.
Die Mittelwerte werden in der Tabelle in der 7. Spalte unter der Überschrift E(Y) ausgedruckt.
Um diese Mittelwerte graphisch darzustellen, werden die Prioritäten und die mittlere Wartezeiten in die Matrix VFUNC übertragen.

Hinweise:

* Die Matrix VFUNC und das Feld TEXT für die Tabellenüberschrift müssen durch

CHARACTER * 4, TEXT

DIMENSION VFUNC(2,6), TEXT(8)

dimensioniert werden.

* Die Tabellenüberschrift wird durch eine Zuweisung in das Feld TEXT übertragen (siehe Bd.2 Kap. 7.3 "Graphische Darstellung von Diagrammen durch GRAPH"):

```
TEXT(1) = 'WART'
TEXT(2) = 'EZEI'
TEXT(3) = 'T   '
```

* Es empfiehlt sich, die Matrix VFUNC im Rahmen in Abschnitt "Setzen privater Größen" mit Null vorzubesetzen.

Das Unterprogramm GRAPH übernimmt den Ausdruck von VFUNC in Form eines Histogramms. VFUNC(1,I) enthält die X-Werte, während die Y-Werte in VFUNC(2,I) stehen.

Hinweis:

* Das Endekriterium wird durch das Unterprogramm SIMEND bestimmt. Es wird von jeder Transaction vor der Vernichtung aufgerufen.

Ist das Endekriterium erfüllt, wird das Unterprogramm SIMEND über den Adreßausgang *9999 verlassen, der zur Endabrechnung im Rahmen führt.

3.3.4 Das Unterprogramm DYNVAL

Die dynamische Prioritätenvergabe übernimmt das Unterprogramm DYNVAL. Es wird aufgerufen, wenn eine Transaction die Facility freigegeben hat und eine Neubelegung erfolgen soll.
Die Priorität einer Transaction wird in der Funktion DYNPR berechnet. Die Beziehung zur Berechnung der Priorität ist vom Benutzer in DYNPR einzutragen.
Die Funktion DYNPR hat damit die folgende Form:

```
C       Bestimmung der Priorität
C       =========================
        IF(TX(LTX1,4).GT.6.-EPS) GOTO 10
        PR = TX(LTX1,9)+(T-TX(LTX1,10))/100.
        IF(PR.LT.6.) GOTO 20
10      PR = 6.
20      DYNPR = PR
        RETURN
        END
```

Die Berechnung der Priorität erfolgt nach der Beziehung:

$$P = P(0) + WZ / 100.$$

Die bisherige Wartezeit WZ einer Transaction ergibt sich aus der Differenz zwischen Generierungszeitpunkt und Aktivierungszeitpunkt. Beide Zeiten werden im Unterprogramm ACTIV in die Transactionmatrix eingetragen.

TX(LTX,9) Anfangspriorität
TX(LTX,10) Generierungszeitpunkt

Hinweis:

* Das Unterprogramm DYNVAL geht die Warteschlange durch und bestimmt die neue Priorität für jede einzelne Transaction. Die Zeile LTX1 für die Transaction, für die eine Neuberechnung der Priorität erfolgt, wird in DYNVAL bestimmt und in der Parameterliste an die Funktion DYNPR weitergegeben.

* Die Funktion DYNPR gehört in GPSS-FORTRAN Version 3 zu den Benutzerprogrammen (siehe Anhang A 6).

3.3.5 Ergebnisse

Die Ergebnisse des Modells Auftragsverwaltung sind im folgenden dargestellt:

Die folgenden beiden Balkendiagramme zeigen die mittlere Wartezeit in Abhängigkeit der Anfangspriorität P(0) für eine Policy
mit bzw. ohne dynamischer Prioritätenvergabe.

Man sieht, daß bei dynamischer Prioritätenvergabe die Aufträge
mit niedriger Anfangspriorität weniger stark benachteiligt werden
als im Fall mit statischer Prioritätenvergabe. Dafür müssen allerdings bei dynamischer Prioritätenvergabe die Aufträge mit hoher Anfangspriorität entsprechend länger warten.

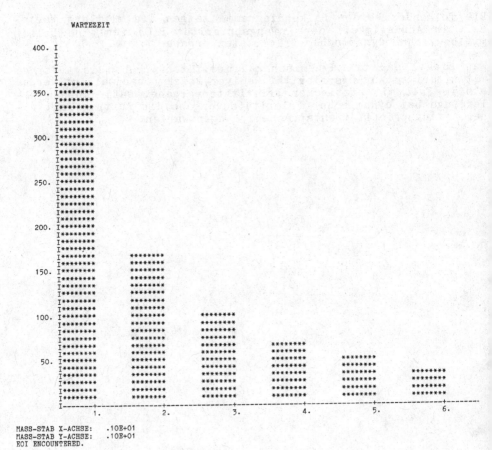

WARTEZEIT

MASS-STAB X-ACHSE: .10E+01
MASS-STAB Y-ACHSE: .10E+01
EOI ENCOUNTERED.

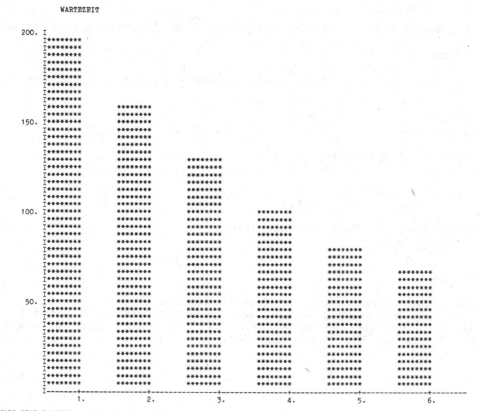

3.3.6 Übungen

Die Übungen zeigen Modifikationen des Modells Auftragsverwaltung

* Übung 1

Die Anzahl der möglichen Prioritätsklassen soll auf 8 erhöht werden.

Hinweis:
Es sind Änderungen nur in den folgenden Anweisungen erforderlich:

Festlegen der Auftragsklasse
CALL UNIFRM (1.0,8.999,2,RAND2)

Einsortieren der Wartezeit
CALL TABULA (1,8,X,Y,1.,1.)

Umspeichern der Häufigkeitstabelle
DO 8100 I = 1,8

* Übung 2

Das Endekriterium soll modifiziert werden. Es soll der Simulationslauf abgebrochen werden, wenn sich die letzten 20 Werte für die Aufträge mit der Anfangspriorität $P(0)=1$ in einem Intervall mit 20% um den Mittelwert befinden.

3.4 Das Modell Gemeinschaftspraxis

Eine Multifacility besteht aus mehreren Service-Elementen, die parallel angeordnet sind und auf eine gemeinsame Warteschlange zugreifen. GPSS-F stellt fertige Unterprogramme zur Verfügung, die die Service-Elemente einer Multifacility belegen und freigeben.

3.4.1 Modellbeschreibung

4 Ärzte betreiben zusammen eine Gemeinschaftspraxis. Die Praxis besteht aus 4 voneinander unabhängigen Behandlungszimmern und drei getrennten Wartezimmern für Kassen- bzw. Privatpatienten und Notfälle.
Die Ankunft der Patienten wird durch eine Exponentialverteilung mit MEAN = 30. ZE wiedergegeben. Der Anteil der Privatpatienten beträgt 20%. Sie werden vorrangig behandelt.
Innerhalb eines Wartezimmers werden die Patienten jeweils nach der Policy FIFO aufgerufen. Die Patienten haben bei den Ärzten keine Wahlmöglichkeit. Sobald ein Behandlungszimmer frei wird, wird zunächst das Wartezimmer für Privatpatienten überprüft. Ist dieses leer, wird der am längsten wartende Patient aus dem Wartezimmer für Kassenpatienten ausgewählt. Die Behandlungszeit entspricht einer Gauss-Verteilung mit MEAN2 = 100 ZE und SIGMA = 5. Zusätzlich werden für die Zurüstzeit und die Abrüstzeit jeweils 3 ZE benötigt.
Sind mehrere Behandlungszimmer frei, so erfolgt die Zuteilung eines neu ankommenden Patienten nach dem Plan LFIRST . Eine Sonderregelung gilt für Notfallpatienten, deren Anteil 1% ausmacht. Sie werden sofort berücksichtigt: Sind alle Behandlungszimmer belegt, muß eine bereits laufende Untersuchung unterbrochen werden. Hierbei wird zunächst versucht, die Verdrängung bei einem Kassenpatienten vorzunehmen. Ein Patient, dessen Behandlung unterbrochen wurde, kann von einem beliebigen Arzt fertig behandelt werden.

Eine Darstellung des Systems gibt Bild 1.

Mit Hilfe der Simulation soll die folgende Frage untersucht werden:

* Wie lang ist die mittlere Wartezeit für Notfallpatienten, Privatpatienten und Kassenpatienten ?

Der Simulationslauf soll abgebrochen werden, wenn die letzten 20 Werte für die mittlere Wartezeit der Notfallpatienten in dem Intervall Mittelwert - 10% und Mittelwert + 10% liegt. Die Anzahl der Transactions zwischen zwei Überprüfungen sei NE = 5.

3.4.2 Implementierung

Die Behandlungszimmer lassen sich als Service-Elemente einer Multifacility darstellen. Die drei Wartezimmer entsprechen drei Warteschlangen. Die Prioritäten werden wie folgt festgelegt:

Kassenpatient	Priorität TX(LTX,4) = 1.
Privatpatient	Priorität TX(LTX,4) = 2.
Notfall	Priorität TX(LTX,4) = 3.

Zunächst werden die Transactions erzeugt. Mit den entsprechenden Wahrscheinlichkeiten werden die Notfälle und Privatpatienten herausgesucht. Die Bearbeitungszeit wird in den privaten Parameter TX(LTX,9) eingetragen.
Die Privatpatienten laufen mit den Kassenpatienten auf den Unterprogrammaufruf CALL MSEIZE. Die Umrüstzeit übernehmen die beiden Unterprogramme MSETUP und MKNOCK. Die Freigabe erfolgt durch den Unterprogrammaufruf CALL MCLEAR bei Anweisungsnummer 6.
Die Notfälle durchlaufen einen eigenen Bearbeitungszweig, der bei der Anweisungsnummer 2 beginnt und die Verdrängung berücksichtigt.
Es muß sowohl für MSEIZE wie für MPREEM NFA=1 sein. Im Gegensatz zu Bild 1 treffen sich die Transactions beider Bearbeitungszweige bereits vor dem Aufruf des Unterprogrammes MWORK.

Zur Überwachung der Wartezeiten dienen die folgenden Bins:

Wartezeit Kassenpatient	NBN = 1
Wartezeit Privatpatient	NBN = 2
Wartezeit Notfall	NBN = 3

3.4.3 Rahmen

Es ist zu beachten, daß im Abschnitt 4 des Rahmens die Plan-Matrix PLAMA vom Benutzer besetzt werden muß.
Der Plan-I LFIRST trägt als Kennzeichnung die Nummer 1. Durch die Anweisung
      PLAMA(1,1) = 1
wird der Multifacility MFA = 1 daher LFIRST als Plan-I zugewiesen.
In gleicher Weise erhält die Multifacility MFA = 1 den Plan-O PRIOR durch die Anweisung
      PLAMA(1,2) = 1

Ebenfalls in Abschnitt 4 des Rahmens muß angegeben werden, wieviele Service-Elemente die Multifacility besitzen soll. Das geschieht durch die Anweisung
      MFAC(1,2) = 4

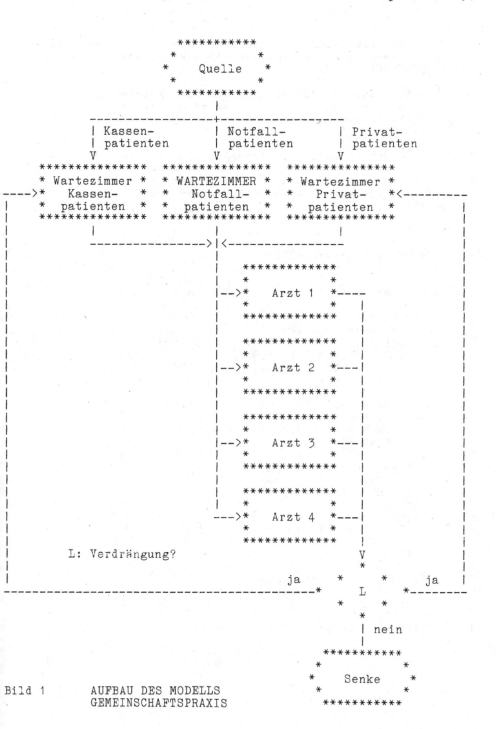

Bild 1   AUFBAU DES MODELLS
            GEMEINSCHAFTSPRAXIS

```
C
C         4. Wertzuweisung von konstanten Steuer- und Anfangswerten
C         =============================================================
4000      CONTINUE
C
C         Setzen Policy-, Strategie- und PLAN-Matrix
C         ==========================================
          PLAMA(1,1)=1
          PLAMA(1,2)=1
C
C         Ende Setzen Policy-, Strategie- und PLAN-Matrix
C         ===============================================
C         Setzen Kapazitäten der Multifacilities
C         ======================================
          MFAC(1,2) = 4
```

3.4.4 Das Unterprogramm ACTIV

Das Unterprogramm ACTIV hat die folgende Form:

```
C         Erzeugen der Aufträge
C         =====================
1         CALL ERLANG(30.,1,1.,150.,1,RAND1,*9999)
          CALL GENERA(RAND1,1.,*9999)
          CALL GAUSS(100.,5.,50.,150.,2,RAND2)
          TX(LTX,9) = RAND2
C
C         Festlegen der Prioritäten
C         =========================
          CALL TRANSF(0.01,3,*21)
          CALL TRANSF(0.2,4,*11)
C
C         Belegen ohne Verdrängung
C         ========================
          CALL ARRIVE(1,1)
          GOTO 2
11        TX(LTX,4)=2.
          CALL ARRIVE(2,1)
2         CALL MSEIZE(1,2,*9000)
          GOTO 31
C
C         Belegen mit Verdrängung
C         =======================
21        CALL ARRIVE(3,1)
          TX(LTX,4)=3.
3         CALL MPREEM(1,3,*9000)
```

```
C         Bearbeitungszeit
C         ================
31        CALL DEPART(IFIX(TX(LTX,4)+0.5),1,0.,*9999)
          CALL MSETUP(1,3.,4,*9000,*9999)
4         CALL MWORK(1,TX(LTX,9),0,5,*9000,*9999)
5         CALL MKNOCK(1,3.,6,*9000,*9999)
C
C         Freigeben
C         =========
6         CALL MCLEAR(1,*100,*9999)
C
C         Vernichten der Transactions
C         ===========================
          CALL SIMEND(3,5,10.,*9999)
          CALL TERMIN(*9000)
C
C         Wiedereintritt der verdrängten Transactions in die Bin
C         ======================================================
100       CALL ARRIVE(IFIX(TX(LTX,4)+0.5),1)
          GOTO 9000
```

3.4.5 Die Ergebnisse

Der Simulationslauf liefert für das Modell Arztpraxis die folgenden Ergebnisse:

T = 541092.4526   RT = 541092.4526

BIN-MATRIX
==========

BNR	ANZ	MAX	SUMZ	SUMA	ARRIVE	DEPART	WZGES	LT
1	1	19	14449	14448	14449	14448	.1120E+07	.5411E+06
2	0	4	3672	3672	3672	3672	.5810E+05	.5411E+06
3	0	1	175	175	175	175	346.4	.5411E+06

BINSTA-MATRIX
=============

BNR	VERWZ	TOKZ	INTV-PROZ	AEND-PROZ	EINSCHW.END
1	77.51	2.071	9.438	3.682	3200.
2	15.82	.1073	6.505	3.227	.1116E+06
3	1.980	.6399E-03	13.24	.1084E-11	7000.

3.4.6 Übungen

Die Übungen zeigen Modifikationen des Modells Gemeinschaftspraxis. Der Anwender des Simulators GPSS-FORTRAN sollte an dieser
Stelle in der Lage sein, die Übungen ohne Hinweise zu bearbeiten.

* Übung 1

Die Anzahl der Notfallpatienten soll von 1% auf 4% erhöht werden.

* Übung 2

Es soll gezählt werden, wie häufig Kassenpatienten und wie häufig
Privatpatienten verdrängt worden sind.

4 Pools und Storages

GPSS-FORTRAN unterstützt die Modellerstellung für die Lager- und
Speicherverwaltung durch geeignete Unterprogramme. Als Stationstyp wird zunächst der Pool angeboten. Eine Erweiterung bedeuten
die Storages, für die Ein- und Auslagerungsstrategien angegeben
werden können; außerdem ist über den Belegungszustand Buchführung
möglich.

Das Modell Rechenanlage zeigt den Einsatz von Pools und Storages:

Modell Rechenanlage I   Zum Modellaufbau werden Pools und die
                                    dazugehörigen Unterprogramme verwen-
                                    det.

Modell Rechenanlage II   Durch eine erweiterte Aufgabenstellung
                                    wird der Einsatz von Storages erfor-
                                    derlich.

4.1 Das Modell Rechenanlage I

Das Modell Rechenanlage I zeigt den Einsatz von Pools. Pools haben keine Möglichkeit, über die Speicherbelegung Buch zu führen.
Für einfache Untersuchungen, für die die Buchführung über die
Speicherbelegung nicht erforderlich ist, sind Pools jedoch ausreichend.

4.1.1 Modellbeschreibung

Eine Rechenanlage besteht aus einem Prozessor, einem Arbeitsspeicher mit einer Kapazität von 32 K und einem peripheren Speicher
mit einer Kapazität von 128 K.
Die Zwischenankunftszeit und die Bearbeitungszeit eines Auftrages
gehorchen der Exponentialverteilung. Die Speicherplatzanforderungen sind gleichverteilt. Die Mittelwerte und die Unter- bzw.
Obergrenzen sind in der Tabelle 1 angegeben.

Ein Auftrag, der in der Rechenanlage aufgenommen werden soll, be-
wirbt sich zuerst um Arbeitsspeicher. Ist der Arbeitsspeicher besetzt, so wird der Auftrag auf dem peripheren Speicher abgelegt.

Die Speichervergabe soll ohne Inanspruchnahme des Prozessors und
ohne Zeitverbrauch erfolgen.
Der Prozessor wählt aus den Aufträgen, die sich im Arbeitsspeicher befinden, nach Round Robin den nächsten zur Bearbeitung aus.
Die Länge der Zeitscheibe beträgt 1 Zeiteinheit (ZE).

Nach Abschluß der Bearbeitungszeit gibt der Auftrag seinen Arbeitsspeicher frei. Gleichzeitig wird geprüft, ob durch diese
Freigabe weitere Aufträge vom peripheren Speicher in den Arbeitsspeicher nachgeladen werden können. Das Nachladen erfolgt nach
FIFO.

TABELLE 1   PARAMETER FUER DAS MODELL RECHENANLAGE

PARAMETER	MITTELWERT	UNTERGRENZE	OBERGRENZE
ZWISCHENAN- KUNFTSZEIT	5 ZE	0.17 ZE	25 ZE
BEARBEITUNGSZEIT	4.8 ZE	0.17 ZE	24 ZE
SPEICHERBEDARF	5 K	2 K	8 K

Mit Hilfe der Simulation sollen die folgenden beiden Fragen beantwortet werden:

* Wie hoch ist die mittlere Belegung der beiden Speicher ?

* Wie groß ist die mittlere Wartezeit der Aufträge in Abhängigkeit des Speicherbedarfes (Wartezeit = Zeit vom Eintritt des Auftrages in die Rechenanlage bis zum Beginn der Bearbeitung)? Die
Abhängigkeit soll graphisch dargestellt werden.

Der Simulationslauf soll abgebrochen werden, wenn die letzten 20
Werte für die Verweilzeit aller Aufträge im System in dem Inter-
vall Mittelwert-10% und Mittelwert+10% liegen. Die Anzahl der
Transactions zwischen zwei Überprüfungen sei NE = 100.

4.1.2 Implementierung

Zunächst werden die Aufträge mit den charakteristischen Eigenschaften erzeugt. Für den vorliegenden Fall wird ihre Bearbeitungszeit und der Speicherbedarf festgelegt.
Nach Eintritt in das System wird geprüft, ob der Auftrag sofort
in den Arbeitsspeicher eingelagert werden kann oder erst im peripheren Speicher abgelegt werden muß. Diese Entscheidung wird
durch die folgende Abfrage getroffen:

```
CONTEN = POOL(1,2)-POOL(1,1)
IF(TX(LTX,10).LE.CONTEN) GOTO 4
```

Wenn die Anforderung kleiner als der zur Verfügung stehende freie
Speicher ist, kann die Belegung des Arbeitsspeichers durch das
Unterprogramm ENTER bei Programmadresse 4 erfolgen. Gleichzeitig
reiht sich der Auftrag in die Warteschlange vor dem Prozessor
ein. Er wartet zusammen mit den anderen Aufträgen, die ebenfalls
bereits den Arbeitsspeicher belegt haben, auf Bearbeitung.

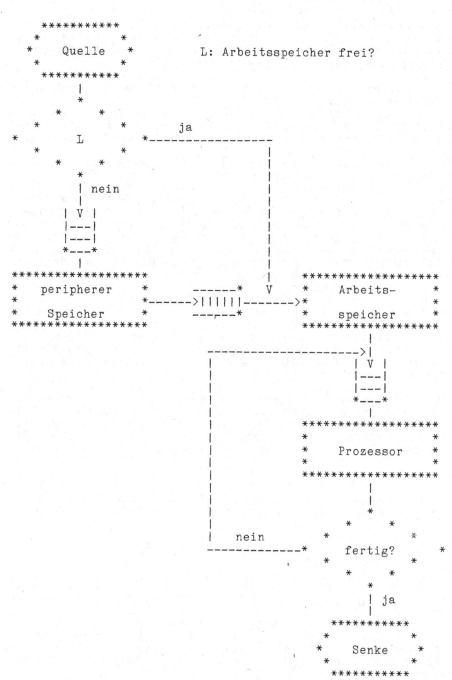

BILD 2   AUFBAU DES MODELLS RECHENANLAGE

Findet der neu ins System gekommene Auftrag im Arbeitsspeicher keinen Platz, so wird er zunächst im peripheren Speicher abgelegt. Die Belegung des peripheren Speichers erfolgt dann durch das Unterprogramm ENTER bei Programmadresse 3.

Wenn ein Auftrag den Arbeitsspeicher belegt, müssen zwei Fälle unterschieden werden:
a) Der Auftrag hat direkt Zugang zum Arbeitsspeicher; er hat sich vorher nicht im peripheren Speicher aufgehalten. In diesem Fall kann er sich sofort in die Warteschlange vor dem Prozessor einreihen.
b) Der Auftrag befand sich vorher im peripheren Speicher und wurde in den Arbeitsspeicher umgeladen. Für diesen Fall muß der Bereich, den der Auftrag im peripheren Speicher inne hatte, freigegeben werden. Gleichzeitig müssen Aufträge, die vor dem peripheren Speicher warten, prüfen können, ob durch diese Freigabe ihre eigene Speicherplatzanforderung erfüllbar geworden ist. Das heißt, nach Belegung des Arbeitsspeichers muß das Unterprogramm LEAVE aufgerufen werden, das den peripheren Speicher freigibt. Im Anschluß ermöglicht der Unterprogrammaufruf CALL DBLOCK den Aufträgen, die vor dem peripheren Speicher warten, die Prüfung ihrer Speicherplatzanforderungen.

Der Prozessor wird als Bedienstation aufgefaßt, die durch das Unterprogramm SEIZE belegt und durch das Unterprogramm CLEAR wieder freigegeben wird. Die Bedienzeit entspricht der Länge der Zeitscheibe. Wenn die Restbearbeitungszeit eines Auftrages kleiner ist als die Zeitscheibe, wird die Bedienzeit gleich der Restbearbeitungszeit gesetzt.

Wenn der Aufrag fertig bearbeitet worden ist, gibt er seinen Arbeitsspeicher frei. Gleichzeitig ermöglicht er den Aufträgen, die sich im peripheren Speicher aufhalten und auf Arbeitsspeicher warten, die Prüfung ihrer Anforderungen. Anschließend verläßt der Auftrag das Modell, indem er das Unterprogramm TERMIN aufruft.

Hinweis:

* Es muß die Kapazität der beiden Pools durch den Eintrag in die Pool-Matrix bestimmt werden. Das geschieht im Rahmen im Abschnitt 4.

4.1.3 Der Einschwingvorgang

Um den Einschwingvorgang zu umgehen, wird das Modell zunächst in einen Zustand gebracht, der dem eingeschwungenen Zustand nahe kommen soll.
Die Warteschlangentheorie zeigt, daß das Modell Rechenanlage einen stationären Zustand erreicht, da die mittlere Bearbeitungszeit kleiner ist als die mittlere Ankunftszeit.
Eine Abschätzung für die mittlere Anzahl der Aufträge im System ergibt /7/:

$$MEAN = ALPHA / (1 - ALPHA)$$

\ wobei

ALPHA = mittlere Bearbeitungszeit / mittlerer Ankunfts-
abstand

Für die vorliegenden Werte ergibt sich demnach:

MEAN = 24

Diese 24 Aufträge sind im Mittel jeweils zur Hälfte bearbeitet.
Das entspricht 12 neu angekommenen, noch unbearbeiteten Aufträ-
gen. Aus diesem Grund werden als erstes zum Zeitpunkt T=0. 12
Aufträge erzeugt und auf die beiden Speicher verteilt.

Die Belegung der beiden Speicher wird festgehalten, indem durch
die Unterprogramme ARRIVE und DEPART die Zu- und Abgänge registriert werden. Die Anzahl der Einheiten für jeden Zu- und Abgang entspricht der Anzahl der Speicherplätze. Aus den auf diese
Weise bestimmten Daten kann die mittlere Speicherbelegung berechnet werden.
Um festzustellen, in welcher Weise die mittlere Wartezeit eines
Auftrages von seinem Speicherbedarf abhängt, werden die Unterprogramme TABULA und ENDTAB herangezogen. Zunächst wird bestimmt,
wie häufig ein Auftrag mit einer bestimmten Speicherplatzanforderung auftritt. Das geschieht, indem der Speicherbedarf als statistische Variable in die Häufigkeitstabelle einsortiert wird. Die
mittlere Wartezeit wird als zugeordnete Variable betrachtet. Auf
diese Weise kann der Mittelwert der Wartezeit in Abhängigkeit des
Speicherbedarfes berechnet werden.

4.1.4 Das Unterprogramm ACTIV

Das Unterprogramm ACTIV hat für das Modell Rechenanlage I die
folgende Form:

```
C
C       Erzeugen der ersten 12 Aufträge
C       ================================
1       CALL GENERA(0.,1.,*9999)
        CALL ARRIVE(1,1)
        GOTO 201
C
C       Erzeugen der folgenden Aufträge
C       ================================
2       CALL ERLANG(5.,1,0.17,25.,1,RAND1,*9999)
        CALL GENERA(RAND1,1.,*9999)
        CALL ARRIVE(1,1)
201     CALL ERLANG(4.8,1,0.17,24.,2,RAND2,*9999)
        TX(LTX,9) = RAND2
        CALL UNIFRM(2.,8.999,3,RAND3)
        TX(LTX,10) = AINT(RAND3)
        TX(LTX,11) = T
C
C       Überprüfen des Arbeitsspeichers
C       ================================
        CONTEN = POOL(1,2) - POOL(1,1)
        IF(TX(LTX,10).LE.CONTEN) GOTO 4
```

```
C
C
C      Belegen des peripheren Speichers
C      ==================================
3      CALL ENTER(2,IFIX(TX(LTX,10)+0.5),0,3,*9000)
       CALL ARRIVE(2,IFIX(TX(LTX,10)+0.5))
       TX(LTX,12)= 1.

C      Belegen des Arbeitsspeichers
C      ============================
4      CALL ENTER(1,IFIX(TX(LTX,10)+0.5),0,4,*9000)
       CALL ARRIVE(3,IFIX(TX(LTX,10)+0.5))
       IF(TX(LTX,12).LT.1.) GOTO 5

C
C      Freigeben des peripheren Speichers
C      ==================================
       CALL LEAVE(2,IFIX(TX(LTX,10)+0.5),*9999)
       CALL DEPART(2,IFIX(TX(LTX,10)+0.5),0.,*9999)
       CALL DBLOCK(3,2,0,0)

C
C      Belegen und Freigeben des Prozessors
C      ====================================
5      CALL SEIZE(1,5,*9000)
       IF(IFIX(TX(LTX,13)+0.5).EQ.1) GOTO 501
       X = TX(LTX,10)
       Y = T-TX(LTX,11)
       CALL TABULA(1,8,X,Y,2.,1.)
       TX(LTX,13) = 1.
501    WT = RZT
       IF(TX(LTX,9).LT.RZT) WT = TX(LTX,9)
       CALL WORK(1,WT,1,6,*9000,*9999)
6      CALL CLEAR(1,*9000,*9999)
       TX(LTX,9) = TX(LTX,9)- WT
       IF(TX(LTX,9).GT.EPS) GOTO 5
C
C      Freigeben des Arbeitsspeichers
C      ==============================
       CALL LEAVE(1,IFIX(TX(LTX,10)+0.5),*9999)
       CALL DEPART(3,IFIX(TX(LTX,10)+0.5),0.,*9999)
       CALL DBLOCK(3,1,0,0)
C
C      Vernichten der Transactions
C      ===========================
       CALL DEPART(1,1,0.,*9999)
       CALL TERMIN(*9000)
```

4.1.5 Rahmen

Es ist darauf zu achten, daß die Starts der beiden Sources NSC=1
und NSC=2 im Rahmen zum Zeitpunkt T=0. angemeldet werden. Für die
Source NSC=1 muß weiterhin die Anzahl der zu erzeugenden Transactions durch die Anweisung
```
       SOURCL(1,3) = 12.
```
angegeben werden.

Die Kapazität der beiden Pools NPL=1 und NPL=2 muß im Rahmen im Abschnitt 3 "Wertzuweisung von konstanten Steuer- und Anfangswerten" angegeben werden.

```
POOL(1,2)= 32.
POOL(2,2)= 128.
```

Das Abbruchkriterium wird nach jeder Deaktivierung überprüft:

```
9000    CALL SIMEND(1,100,10.,*9999)
        RETURN
```

Der Ausdruck der Häufigkeitstabelle erfolgt im Rahmen im Abschnitt 7 "Endabrechnung". Hier wird auch das Umspeichern der Häufigkeitstabelle vorgenommen.

```
C       Endabrechnung privater Grössen
C       ================================
        CALL ENDTAB(1,1,0.,0.)
        DO 8100 I=2,8
        VFUNC(1,I-1)= FLOAT(I)
        IF(TAB(I,2,1).LT.EPS) GOTO 8100
        VFUNC(2,I-1)=TAB(I,4,1)/TAB(I,2,1)
8100    CONTINUE
        CALL GRAPH(VFUNC,7,0.,120.,TEXT)
```

Weiterhin müssen die Variablen VFUNC und TEXT dimensioniert werden. Der Text für die Tabellenüberschrift wird in TEXT übergeben.

```
        DIMENSION VFUNC(2,7)
        CHARACTER * 4, TEXT
        DIMENSION TEXT(8)

        TEXT(1) = ´WART´
        TEXT(2) = ´EZEI´
        TEXT(3) = ´T ´
```

Im Rahmen muß die Größe der Zeitscheibe für den Prozessor RZT=1. gesetzt werden. RZT wird im COMMON/PRIV/ an das Unterprogramm AC-TIV übergeben.

4.1.6 Die Ergebnisse

Der Simulationslauf liefert für das Modell Rechenanlage I die folgenden Ergebnisse:

Die mittlere Anzahl der belegten Plätze im Arbeitsspeicher und im peripheren Speicher entnimmt man den beiden Bins NBN=3 und NBN=2.

Die Wartezeit eines Auftrages in Abhängigkeit des Speicherbedarfs zeigt das nachfolgende Balkendiagramm.

T = 25269.2086   RT = 25269.2086

BIN-MATRIX
==========

NBN	ANZ	MAX	SUMZ	SUMA	ARRIVE	DEPART	WZGES	LT
1	27	61	5127	5100	5127	5100	.3976E+06	.2527E+05
2	128	128	19609	19481	3757	3738	.1367E+07	.2527E+05
3	29	32	25565	25536	5105	5100	.6873E+06	.2527E+05

BINSTA-MATRIX
=============

NBN	VERWZ	TOKZ	INTV-PROZ	AEND-PROZ	EINSCHW.FND
1	77.75	15.71	27.87	1.776	1280.
2	69.94	53.94	25.41	-7.498	1152.
3	26.90	27.19	5.493	-.1412	320.0

WARTEZEIT

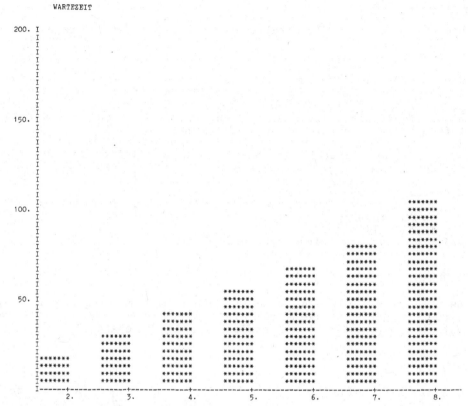

MASS-STAB X-ACHSE: .10E+01
MASS-STAB Y-ACHSE: .10E+01
EOI ENCOUNTERED.

4.1.7 Übungen

Die Übungen zeigen Modifikationen des Modells Rechenanlage I.

* Übung 1

Wenn ein Auftrag fertig bearbeitet worden ist, wird der Arbeitsspeicher freigegeben. Anschließend dürfen Aufträge, die sich im
peripheren Speicher befinden, überprüfen, ob sie ihre Speicherplatzanforderungen erfüllen können. Die Reihenfolge, in der die
Aufträge die Überprüfung vornehmen können, ist FIFO.
Es soll geprüft werden, wie sich die Speicherauslastung und die
Wartezeit der Aufträge verändert, wenn die Policy die Aufträge
mit dem höchsten Speicherplatzbedarf vorrangig behandelt.

Hinweis:
Die Priorität des Auftrages wird im Abschnitt "Erzeugen der fol-
genden Aufträge" gleich dem Speicherbedarf gesetzt:
TX(LTX,4) = TX(LTX,10)
Weitere Änderungen sind nicht erforderlich.

* Übung 2

Es soll geprüft werden, wie sich die Speicherauslastung und die
Wartezeit der Aufträge verändern, wenn die Policy die Aufträge
mit dem niedrigsten Speicherbedarf vorrangig behandelt.

* Übung 3

Der Simulationslauf soll wiederholt werden, ohne daß das Modell
am Anfang mit 12 Aufträgen vorbesetzt wird. Es ist zu prüfen,
welche Veränderungen sich hierdurch in der Bestimmung des Endes
der Einschwingphase ergeben.
Das Ende der Einschwingphase findet man in der BINSTA-Matrix, die
durch das Unterprogramm REPRT4 ausgedruckt werden kann.

4.2 Das Modell Rechenanlage II

Im Vergleich zum Modell Rechenanlage I soll im Modell Rechenanlage II die Belegung des Speichers unmittelbar nachgebildet werden. Auf diese Weise ist es möglich, den Speicherverschnitt aufgrund von Restlücken zu bestimmen oder den Einfluß von Strategien zu untersuchen.

4.2.1 Veränderungen im Vergleich zum Modell Rechenanlage I

Im Modell Rechenanlage II soll die Belegung der beiden Speicher nach der Strategie First-Fit erfolgen. Ansonsten bleiben die Angaben für das Modell Rechenanlage I gültig.

Im Unterprogramm ACTIV sind zunächst die Unterprogramme ENTER und LEAVE durch die Unterprogramme ALLOC und FREE zu ersetzen. So lautet z.B. der Abschnitt "Belegen des Arbeitsspeichers":

```
4       CALL ALLOC(1,IFIX(TX(LTX,10)+0.5),1,0,LINE,4,*9000)
        TX(LTX,14) = FLOAT(LINE)
        CALL ARRIVE(3,IFIX(TX(LTX,10)+0.5))
        IF(TX(LTX,12).LT.1.) GOTO 5
```

Im Parameter LINE wird die Anfangsadresse des belegten Speicherplatzes zurückgegeben. Sie wird für die Freigabe benötigt.
Der Parameter MARK ermöglicht die individuelle Kennzeichnung der belegten Speicherbereiche. Im Modell Rechenanlage II wird hiervon kein Gebrauch gemacht. Es gilt für alle Transactions:
    MARK = 1

Der Abschnitt "Freigeben des Arbeitsspeichers" hat die folgende Form:

```
        CALL FREE(1,IFIX(TX(LTX,10)+0.5),
        +IFIX(TX(LTX,14)+0.5),LINE,*9999)
        CALL DEPART(3,IFIX(TX(LTX,10)+0.5),0.,*9999)
        CALL DBLOCK(4,1,0,0)
```

Im Parameter KEY wird die Anfangsadresse des freizugebenden Speicherbereiches angegeben. Die Anfangsadresse wurde beim Belegen im privaten Parameter TX(LTX,14) abgelegt.
Der Parameter LINE gibt die Anfangsadresse des Restbereiches bei teilweiser Freigabe zurück. Er wird im Modell Rechenanlage II nicht benötigt. Da der belegte Bereich als Ganzes wieder freigegeben wird, ist im Modell Rechenanlage II für jede Transaction LINE=0.

In der gleichen Weise wie der Arbeitsspeicher ist auch der periphere Speicher zu behandeln.

Im Modell Rechenanlage II ist weiterhin der Abschnitt "Überprüfen des Arbeitsspeichers" zu modifizieren. Es genügt nicht mehr, zu prüfen, ob der Auftrag noch genügend freien Speicher vorfindet. Es muß jetzt sichergestellt sein, daß sich eine genügend große, freie Restlücke im Speicher befindet. Um festzustellen, ob eine

freie Restlücke vorhanden ist, kann man das Unterprogramm STRATA
aufrufen. Das Unterprogramm STRATA hat zunächst die Aufgabe, eine
ausreichend große Restlücke zu finden und die Anfangsadresse im
Parameter LSM zurückzugeben. Falls sich keine derartige Lücke
findet, gilt:
        LSM = 0

In diesem Fall ist die Belegung des Arbeitsspeichers nicht möglich.

Hinweis:

* Der Parameter LSM befindet sich im Block COMMON/STO/. Er wird
nicht in der Parameterliste des Unterprogrammes STRATA übergeben.

Der Abschnitt "Überprüfen des Arbeitsspeichers" hat jetzt die
folgende Form:

```
        CALL STRATA(1,IFIX(TX(LTX,10)+0.5))
        IF(LSM.NE.0) GOTO 4
```

Als weitere Änderung muß im Rahmen im Abschnitt 4 "Wertzuweisung
von konstanten Steuer- und Anfangswerten" die Strategie angegeben
werden, nach der die beiden Storages belegt werden sollen. Für
die Strategien existiert keine Vorbesetzung. Die Matrix STRAMA
ist daher auf jeden Fall zu besetzen. Aus dem Unterprogramm
STRATA ist ersichtlich, daß für First-Fit gilt:

```
C
C       Setzen Policy- Strategie- und PLAN-Matrix
C       ======================================
        STRAMA(1,1) = 1.
        STRAMA(2,1) = 1.
```

Es ist zu beachten, daß im Modell Rechenanlage II mit Storages
vom Statustyp NT=4 gearbeitet wird. Dementsprechend muß in den
beiden Aufrufen des Unterprogrammes DBLOCK der Statustyp NT=4 gesetzt werden. Außerdem muß im Rahmen die Kapazität der Storages
durch die folgenden beiden Anweisungen festgelegt werden:

```
SBM(1,2) = 32.
SBM(2,2) = 128.
```

4.2.2 Die Ergebnisse

Der Simulationslauf liefert für das Modell Rechenanlage II die folgenden Ergebnisse.

Die mittlere Anzahl der belegten Speicherplätze entnimmt man wieder den beiden Bins NBN=3 und NBN=2.

Das nachfolgende Balkendiagramm zeigt die Abhängigkeit der Wartezeit vom Speicherbedarf.

T = 25274.4913   RT = 25274.4913

BIN-MATRIX
==========

NBN	ANZ	MAX	SUMZ	SUMA	ARRIVE	DEPART	WZGES	LT
1	28	63	5128	5100	5128	5100	.3953E+06	.2527E+05
2	120	128	19309	19189	3548	3529	.1404E+07	.2527E+05
3	32	32	25572	25540	5106	5100	.6497E+06	.2527E+05

BINSTA-MATRIX
=============

NBN	VERWZ	TOKZ	INTV-PROZ	AEND-PROZ	EINSCHW.END
1	77.29	15.61	30.53	1.670	1280.
2	72.94	55.43	24.13	-7.594	960.0
3	25.42	25.69	5.506	-.1961E-01	160.0

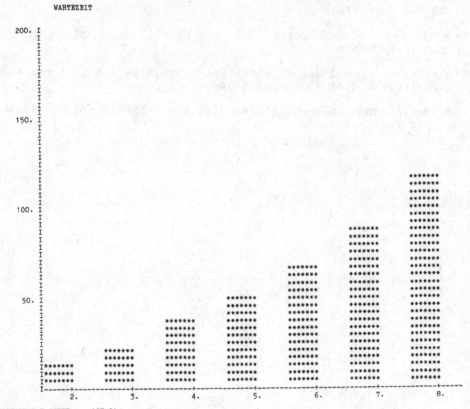

MASS-STAB X-ACHSE: .10E+01
MASS-STAB Y-ACHSE: .10E+01
EOI ENCOUNTERED.

4.2.3 Übungen

Die Übungen zeigen den Aufbau der Storages.

* Übung 1

Anstelle der Strategie First-Fit soll die Strategie Best-Fit eingesetzt werden.

Hinweis:
Im Rahmen ist die Besetzung der Strategie-Matrix STRAMA zu modifizieren.

* Übung 2

Es soll die Verteilung der Restlückenlänge aufgenommen und graphisch dargestellt werden.

Hinweis:
Es wird ein Event NE=1 eingeführt, das im regelmäßigen Abstand von 10 Zeiteinheiten die Segment-Matrix SM für die Storage NST=1 und NST=2 durchgeht und die freien Bereiche heraussucht. Die Länge der freien Bereiche wird in eine Häufigkeitstabelle eingetragen und am Ende des Simulationslaufes ausgegeben.
Das Unterprogramm EVENT hat die folgende Form:

```
1          CONTINUE
C
C          Bestimmen der Restlücken für den Arbeitsspeicher
C          ================================================
           NST = 1
           I = SBM(NST,1)
           IE = I+SBM(NST,2)-1
10         IF(SM(I,2).NE.-1) GOTO 20
           XSM = FLOAT(SM(I,1))
           CALL TABULA(3,100,XSM,0.,0.,1.)
20         I = I + SM(I,1)
           IF(I.LE.IE) GOTO 10
C
C          Bestimmen der Restlücken für den peripheren Speicher
C          ====================================================
           NST = 2
           I = SBM(NST,1)
           IE = I+SBM(NST,2)-1
30         IF(SM(I,2).NE.-1) GOTO 40
           XSM = FLOAT(SM(I,1))
           CALL TABULA(4,100,XSM,0.,0.,1.)
40         I = I+SM(I,1)
           IF(I.LE.IE) GOTO 30
C
C          Anmelden des nächsten Ereignisses
C          =================================
           CALL ANNOUN(1,T+10.,*9999)
```

Der erste Aufruf des Ereignisses muß im Rahmen angemeldet werden.

Das soll zur Zeit T=1. geschehen, da hier die ersten 12 Aufträge
die beiden Speicher bereits belegen.
Die beiden Häufigkeitstabellen NTAB=3 und NTAB=4 müssen im Rahmen
durch zweimalige Aufrufe des Unterprogrammes ENDTAB ausgewertet
werden.

Hinweise:

* Zum Verständnis des Event NE=1 ist es ratsam, die Programmbe-
schreibung für das Unterprogramm FFIT durchzusehen. Weiterhin
sollte der Aufbau der Segment-Matrix SM und die Storagebasis-
Matrix SBM bekannt sein.

* Die Übung 2 ist für das Verständnis der Storages unerläßlich.

5 Die Koordination von Transactions

Zur Koordination von Transactions bietet GPSS-FORTRAN fertige Unterprogramme an, die für häufig vorkommende Fälle eingesetzt werden können. Die folgenden Beispielmodelle zeigen, was die entsprechenden Unterprogramme zu leisten vermögen.

Modell Paketbeförderung   Koordination von Transactions
                                 in einem Bearbeitungszweig.

Modell Fahrstuhl   Koordination von Transaction in
                                 parallelen Bearbeitungszweigen

Modell Autotelefon   Koordination zeitgleicher
                                 Transactions

5.1 Das Modell Paketbeförderung

Das Modell Paketbeförderung zeigt die Koordination von Transactions in einem Bearbeitungszweig.

5.1.1 Modellbeschreibung

In einer Firma müssen Pakete auf einen Wagen geladen werden. Die Zwischenankunftszeiten der Pakete sei exponential verteilt mit Mittelwert 10.0 ZE. Der Wagen faßt 12 Pakete; wenn er gefüllt ist, fährt er ab.
Für die Weiterbehandlung der Wagen soll es für die Aufgabenstellung von Bedeutung sein, in welchen zeitlichen Abständen die Wagen fertig beladen sind. Für die Zwischenabfahrtszeiten soll daher der Mittelwert und die Verteilung bestimmt werden.
Der Simulationslauf soll 2000 Wagenfahrten untersuchen.

5.1.2 Implementierung

Zunächst werden die Transactions in der gewohnten Weise erzeugt. Die Transactionobergrenze wird TXMAX = 2.4E04 gesetzt. Das entspricht 2000 Wagen. Das Aufbauen und das Auflösen des Staus übernimmt das Unterprogramm GATHR1.
Zur Bestimmung der Zeit zwischen zwei Wagenfahrten wird die Benutzeruhr RT eingesetzt. RT wird bei der Abfahrt eines Wagens auf RT=0. zurückgestellt.
Sind 12 Pakete zusammengekommen, wird der Stau aufgelöst. Die blockierten Transactions können anschließend vernichtet werden. Die erste Transaction des Staus erhält eine besondere Aufgabe. Sie veranlaßt die Registrierung der Wartezeit und setzt die Benutzeruhr auf RT=0. zurück.

Hinweis:

* Es ist für den Benutzer nicht zulässig, die Simulationsuhr T zu
verändern. Es besteht dann die Gefahr, daß die Ablaufkontrolle
gestört wird. Für Zeitmessungen des Benutzers steht nur die Benutzeruhr RT zur Verfügung. Sie kann beliebig modifiziert werden.
Die Benutzeruhr läuft mit der Simulationsuhr T synchron.

Das Unterprogramm ACTIV hat die folgende Form:

```
C
C        Adressverteiler
C        ===============
         GOTO(1,2),NADDR
C
C
C        Erzeugen der Transactions
C        =========================
1        CALL ERLANG(10.0,1,0.32,50.,1,RANDOM,*9999)
         CALL GENERA(RANDOM,1.,*9999)
C
C        Anlegen und Auflösen des Staus
C        ==============================
2        CALL GATHR1(1,12,2,*9000)
         IF(RT.LT.EPS) GOTO 20
         CALL TABULA(1,24,RT,0.,48.,8.)
         RT = 0.
C
C        Vernichten der Transactions
C        ===========================
20       CALL TERMIN(*9000)
```

Die Häufigkeitstabelle muß im Rahmen durch das Unterprogramm END-
TAB ausgewertet werden.

5.1.3 Die Ergebnisse

Das Modell Paketbeförderung liefert die folgenden Ergebnisse:

Die graphische Darstellung der Häufigkeitsverteilung für die Zwischenabfahrtszeiten zeigt die Form einer Erlang-Verteilung mit
K=12 und Mittelwert 120.0 ZE.

TABELLE 1: ABSOLUT

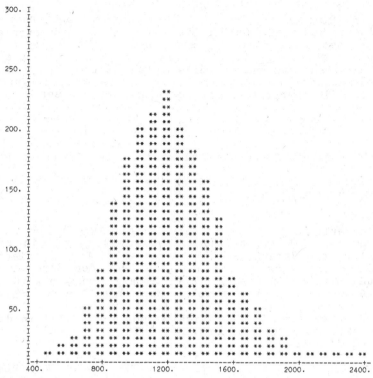

MASS-STAB X-ACHSE: .10E+00
MASS-STAB Y-ACHSE: .10E+01
EOI ENCOUNTERED.

5.1.4 Übungen

Es soll noch einmal herausgestellt werden, daß das Gate der allgemeine Stationstyp ist. Alle anderen Stationstypen wie z.B. Facilities, Storages, Gather-Stationen usw. sind Spezialfälle, die eine bestimmte, fest eingestellte logische Bedingung enthalten. Es ist möglich, alle Statustypen mit Hilfe von Gates aufzubauen. Der Benutzer muß in diesem Fall die erforderlichen Zustandsvariablen selbst bestimmen, die logische Bedingung formulieren und die Überprüfung der Bedingung veranlassen.

* Übung 1

Das Modell Paketbeförderung soll mit Hilfe von Gates aufgebaut werden.
Der Ablauf soll für 500 Zeiteinheiten mit Hilfe der Protokollsteuerung überwacht werden.

Hinweis:
Die erforderliche Zustandsvariable ist die Anzahl der Pakete, die sich bereits im Wagen befinden. Jedes Mal, wenn ein Paket ankommt, wird die Varable IPAKET hochgezählt. Das geschieht, indem nach der Blockierung der Transaction über den Adreßausgang die Anweisung mit der Anweisungsnummer 21 angesprungen wird. Erst im Anschluß daran wird wie gewohnt zur Ablaufkontrolle zurückgekehrt.
Die Bedingung, die eine Aktivität ermöglicht, wird in der logischen Funktion CHECK definiert. Sie lautet:
      CHECK = IPAKET.EQ.12

Die Bedingung wird im Unterprogramm TEST jedes Mal überprüft, wenn eine Transaction blockiert worden ist. Das geschieht durch das Setzen des Testindikators TTEST. Die Überprüfung der Bedingung im Unterprogramm TEST hat die folgende Form:

      IF(CHECK(1)) CALL DBLOCK(5,1,0,0)

Das Unterprogramm ACTIV hat die folgende Form:

```
C
C        Erzeugen der Transactions
C        =========================
1        CALL ERLANG(10.0,1,0.32,50.,1,RANDOM,*9999)
         CALL GENERA(RANDOM,1.,*9999)
C
C        Anlegen und Auflösen des Staus
C        ==============================
2        CALL GATE(1,1,1,1,2,*21)
         IF(RT.LT.EPS) GOTO 20
         CALL TABULA(1,24,RT,0.,48.,8.)
         RT=0.
C
C        Vernichten der Transactions
C        ===========================
20       CALL TERMIN(*9000)
```

```
C
C       Rücksprung zur Ablaufkontrolle
C       ==============================
21      IPAKET = IPAKET + 1
        TTEST = T
9000    RETURN
```

Es ist darauf zu achten, daß die Variable IPAKET vorbesetzt wird.
Außerdem muß sie in den Block COMMON/PRIV/ übernommen werden.

Zur Überwachung des Ablaufes wird IPRINT=1 gesetzt. Zum Zeitpunkt
T=500. sorgt ein zeitabhängiges Ereignis NE=1 dafür, daß IPRINT=0
wird.

* Übung 2

Die Kapazität der Wagen ist unterschiedlich; sie unterliegt der
Gleichverteilung mit Untergrenze MIN=5. und Obergrenze MAX=15.

Hinweis:
Der Parameter ICAP in der Parameterliste des Unter programmes
GATHR1 ist eine Zufallsvariable mit Gleichverteilung.
Nach jeder Wagenabfahrt wird die Variable ICAP neu bestimmt. Die
Vorbesetzung von ICAP erfolgt im Rahmen mit ICAP=10; damit wird
die Kapazität des ersten Wagens festgelegt.
Es muß zunächst die Anweisung mit der Anweisungsnummer 2 geändert
werden.
Weiterhin muß nach jeder Abfahrt die Kapa zität des nächsten Wa-
gens neu bestimmt werden. Der Abschnitt "Anlegen und Auflösen des
Staus" hat demnach die folgende Form:

```
C
C       Anlegen und Auflösen des Staus
C       ==============================
2       CALL GATHR(1,ICAP,2,*9000)
        IF(RT.LT.EPS) GOTO 20
        CALL TABULA(1,24,RT,0.48.,8.)
        RT = 0.
        CALL UNIFRM(5.,15.999,1,RANDOM)
        ICAP = AINT(RANDOM)
```

5.2 Das Modell Fahrstuhl

Die Koordination von Aufträgen in zwei parallelen Bearbeitungszweigen wird am Modell Fahrstuhl gezeigt. Hierfür werden zunächst
die von GPSS-FORTRAN angebotenen User-Chains und Trigger-Stationen eingesetzt.
In der Übung 2 wird gezeigt, daß das Modell Fahrstuhl mit dem
allgemeinen Stationstyp GATE aufgebaut werden kann.

5.2.1 Modellbeschreibung

Die Besucher eines Fernsehturmes müssen einen Fahrstuhl benützen.
Die Ankunftszeit der Besucher ist exponentiell verteilt mit einem
Mittelwert von MEAN1=6.
Der Fahrstuhl hat eine Kapazität von 8 Personen. Er fährt, wenn
mindestens 3 Personen befördert werden sollen. Die Fahrzeit ein-
schließlich der Zeit zum Ein- bzw. Aussteigen beträgt 15 Minuten.
Die Aufenthaltszeit der Besucher auf dem Turm ist Gauss-verteilt
mit MEAN2=40. und SIGMA=10. Die folgenden beiden Fragen sollen
mit Hilfe der Simulation beantwortet werden:

* Wie groß ist die mittlere Wartezeit vor dem Fahrstuhl für den
Auf- bzw. Abstieg

* Es soll die Besetzungswahrscheinlichkeit für den Fahrstuhl graphisch dargestellt werden.

Der Simulationslauf soll abgebrochen werden, wenn die letzten 20
Werte für die mittlere Wartezeit (Auffahrt) in dem Intervall Mit-
telwert +/-10% liegen. Die Anzahl der Transactions zwischen zwei
Überprüfungen sei NE=100.

5.2.2 Implementierung

Der Fahrstuhl wird durch eine Transaction dargestellt, die zu Beginn des Simulationslaufes erzeugt wird und dann ständig im Modell kreist.
Der Abholvorgang wird durch den Aufruf des Unterprogrammes UNLIN1
angestoßen. Für die Fahrt aufwärts und die Fahrt abwärts ist jeweils eine eigene User-Chain vorgesehen.

Die Besucher des Fernsehturms betreten die Warteschlangen vor den
Trigger-Stationen und warten, daß der Fahrstuhl den Stau auflöst.

Die Anzahl der Fahrgäste für jede Fahrt aufwärts bzw. abwärts
wird in den Variablen ICOUNT gezählt und durch den Aufruf des Unterprogrammes TABULA in die Haufigkeitstabelle eingeordnet.
Das Modell Fahrstuhl hat die folgende Form:

```
C
C      Erzeugen des Fahrstuhls
C      =======================
1      CALL GENERA(0.,0.,*9999)
       CALL START(1,-1.,1,*9999)
C
C      Fahrt aufwärts
C      ==============
2      CALL UNLIN1(1,3,8,2,*9000)
       CALL ADVANC(15.,3,*9000)
C
C      Fahrt abwärts
C      =============
3      CALL UNLIN1(2,3,8,3,*9000)  .
       CALL ADVANC(15.,2,*9000)
C
C      Erzeugen der Fahrgäste
C      ======================
4      CALL ERLANG(6.,1,0.21,30.,1,RAND1,*9999)
       CALL GENERA(RAND1,1.,*9999)
C
C      Warten auf den Fahrstuhl (unten)
C      ================================
       CALL ARRIVE(1,1)
5      CALL LINK1(1,5,*9000)
C
C      Fahrt der Fahrgäste (aufwärts)
C      ==============================
       CALL DEPART(1,1,0.,*9999)
       ICOUNT=ICOUNT+1
       CALL ADVANC(15.,6,*9000)
C
C      Aussteigen (oben)
C      =================
6      IF(ICOUNT.EQ.0) GOTO 65
       COUNT=FLOAT(ICOUNT)
       CALL TABULA(1,6,COUNT,0.,3.,1.)
       ICOUNT=0
C
C      Aufenthalt auf dem Turm
C      =======================
65     CALL GAUSS(40.,10.,0.,80.,2,RAND2)
       CALL ADVANC(RAND2,7,*9000)
C
C      Warten auf den Fahrstuhl (oben)
C      ===============================
7      CALL ARRIVE(2,1)
8      CALL LINK1(2,8,*9000)
C
C      Fahrt der Fahrgäste (abwärts)
C      =============================
       CALL DEPART(2,1,0.,*9999)
       ICOUNT=ICOUNT+1
       CALL ADVANC(15.,9,*9000)
C
```

```
C       Aussteigen (unten)
C       ==================
9       IF(ICOUNT.EQ.0) GOTO 95
        COUNT=FLOAT(ICOUNT)
        CALL TABULA(1,6,COUNT,0.,3.,1.)
        ICOUNT=0
C
C       Vernichten der Transactions
C       ===========================
95      CALL SIMEND(1,100,10.)
        CALL TERMIN(*9000)
```

Hinweise:

* Es ist zu beachten, daß die beiden Sources im Rahmen gestartet werden müssen. Das geschieht durch die folgenden beiden Anweisungen:

```
        CALL START(1,0.,1,*7000)
        CALL START(2,0.,4,*7000)
```

* Die Tabelle muß durch den Aufruf von ENDTAB im Rahmen im Abschnitt 7 "Endabrechnung" ausgewertet und ausgedruckt werden.

Das Modell Fahrstuhl liefert die folgenden Ergebnisse.

Die mittlere Wartezeit vor dem Fahrstuhl für die Auf- und Abfahrt entnimmt man dem Ausdruck der BINSTA-Matrix für die Bins NBN=1 und NBN=2.

Auf der nachfolgenden Seite ist die Verteilungsfunktion für die Fahrstuhlbesetzung angegeben.

TABELLE 1: ABSOLUT

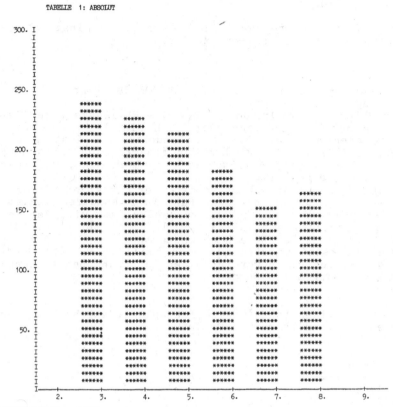

MASS-STAB X-ACHSE: .10E+01
MASS-STAB Y-ACHSE: .10E+01
EOI ENCOUNTERED.

5.2.3 Übungen

Die Übungen zeigen weitere Möglichkeiten zur Koordination von
Aufträgen in parallelen Bearbeitungszweigen.

* Übung 1

Auf dem Turm angekommen, entschließen sich 20% der Fahrgäste, zum
Abstieg die Treppe zu benutzen.
Es ist zu beachten, daß die neue Aufgabe die Möglichkeit der Sy-
stemverklemmung enthält. Es kann sein, daß ein Fahrstuhl mit 3
Personen nach oben fährt. Falls ein Besucher zum Abstieg die
Treppe wählt, bleiben nur 2 Besucher für die Fahrstuhlfahrt nach
unten. Da für eine Fahrt 3 Besucher erforderlich sind, wäre der
Fahrstuhl für immer blockiert.
Es muß ein Zähler IVISIT eingebaut werden, der die Anzahl der Be-
sucher auf dem Turm zählt, die den Fahrstuhl benutzen wollen.
Falls keine ausreichende Besucherahl vorhanden ist, wird der Parameter MIN im Unterprogramm UNLIN1 auf die Zahl zurückgesetzt,
die tatsächlich auf die Fahrt nach unten wartet.
Ist der Fahrstuhl oben und sind nur noch Besucher auf dem Turm,
die laufen wollen, muß einer von ihnen den Fahrstuhl benutzen und
den Fahrstuhl mit nach unten nehmen.

Hinweis:
Im Abschnitt "Aussteigen (oben)" wird festgelegt, welche Besucher
nach dem Aufenthalt den Fahrstuhl wählen.

```
C
C       Aussteigen (oben)
C       =================
6       CALL TRANSF(0.2,2,*61)
        TX(LTX,9)=1.
        IVISIT = IVISIT + 1
61      IF(ICOUNT.EQ.0) GOTO 65
        COUNT=FLOAT(ICOUNT)
        CALL TABULA(1,6,COUNT,0.,3.,1.)
        ICOUNT=0
```

Nach dem Abschnitt "Aufenthalt auf dem Turm" werden die Besucher
aussortiert, die die Treppe benutzen. Der Abschnitt "Warten auf
den Fahrstuhl (oben)" hat damit die folgende Form:

```
C
C       Warten auf den Fahrstuhl (oben)
C       ===============================
7       IF(TX(LTX,9).GT.EPS.OR.IVISIT.GT.0) GOTO 71
        TX(LTX,9) = 1.
        IVISIT = IVISIT + 1
71      IF(TX(LTX,9).LT.EPS) GOTO 95
        IF(IVISIT.LT.3) MIN=IVISIT
        CALL ARRIVE (2,1)
8       CALL LINK1(2,8,*9000)
        IVISIT = IVISIT - 1
```

Für den Fahrstuhl wird die Anzahl der Besucher, die abwärts fah-
ren wollen, in der Variablen MIN übergeben. Der Abschnitt "Fahrt
abwärts" hat die folgende Form:

```
C
C       Fahrt abwärts
C       =============
3       CALL UNLIN1(2,MIN,8,3,*9000)
        MIN = 3
        CALL ADVANC(15.,2,*9000)
```

* Übung 2

Das Modell Fahrstuhl ist mit Gates aufzubauen.

Hinweis:
Es sind die folgenden Zustandsvariablen einzuführen:

LIFT = 0   Der Fahrstuhl befindet sich unten
     = 1   Der Fahrstuhl ist in Fahrt
     = 2   Der Fahrstuhl befindet sich oben

Die Zustandsänderung wird jeweils von der letzten Transaction,
die den Fahrstuhl betritt, bzw. verläßt, vorgenommen. Es ist
nicht erforderlich, den Fahrstuhl durch eine eigene Transaction
darzustellen.
Das Festlegen der Bedingungen und die Überprüfung der Bedingungen
hat der Benutzer zu übernehmen.

Beispiel:
Der Abschnitt "Warten auf den Fahrstuhl (unten)" hat jetzt die
folgende Form:

```
C
C       Warten auf den Fahrstuhl (unten)
C       ================================
        CALL ARRIVE(1,1)
5       CALL GATE(1,1,1,1,5,*9000)
```

Die Bedingung NCOND=1 in der logischen Funktion CHECK hat die
folgende Form:
CHECK=ILIFT.EQ.O.AND.BIN(1,1).GE.3.

In diesem Fall dürfen bis zu 8 Transactions das Gate verlassen
und die Fahrt nach oben antreten. Die letzte Transaction, die das
Gate verläßt, setzt ILIFT=1.

5.3 Die Koordination zeitgleicher Transactions

Der Simulator GPSS-FORTRAN schenkt der Behandlung zeitgleicher
Aktivitäten besonderes Augenmerk. Zunächst wird die Reihenfolge
zeitgleicher Aktivitäten festgelegt:

1. Bearbeiten von Ereignissen
2. Starten von Sources
3. Aktivieren von Transactions
4. Sammeln von Information für Bins
5. Sammeln von Information für Plots
6. Integrieren von Sets

Beispiel:
* Wenn zur gleichen Zeit die Bearbeitung eines Ereignisses und
die Erzeugung einer Transaction durch einen Source-Start ansteht,
wird das Ereignis zuerst bearbeitet.

Im transactionorientierten Teil des Simulators GPSS-FORTRAN entspricht die Bearbeitungsreihenfolge bei Zeitgleichheit zunächst
der Typnummer:

1. Facilities
2. Multifacilities
3. Pools
4. Storages
5. Gates
6. Gather Stationen
7. Gather Stationen für Families
8. User Chains (Typ1)
9. Trigger Stationen
10. User Chains (Typ2)
11. Trigger Stationen für Families
12. Match-Stationen

Innerhalb eines Stationstyps entspricht die Bearbeitung der Stationsnummer.

Beispiel:
* Eine Transaction, die von einer Facility bearbeitet werden
soll, wird bei Zeitgleichzeit einer Transaction vorgezogen, die
vor einer Storage steht.
Stehen vor den Facilities mehrere Transaktionen zur Bearbeitung
an, so wird die Transaction mit der kleinsten Stationsnummer NFA
aufgegriffen.

Sollten diese Verfahren zur Behandlung von Transactions bei Zeitgleichheit nicht ausreichen, so stellt GPSS-FORTRAN den Stationstyp MATCH zur Verfügung. Die Match-Station sammelt alle zur gleichen Zeit T aktiven Transactions auf und schickt sie entsprechend
einer vorgebbaren Reihenfolge weiter.

5.3.1 Das Modell Autotelefon

Es wird angenommen, daß sich 10 Personenkraftwagen im Modell befinden.
Die in Personenkraftwagen installierten Autotelefone senden Signale an die Empfangsstation. Signale, die innerhalb eines Zeitschlitzes ankommen, werden vor der Empfangsstation als gleichzeitig aufgefaßt. Bei gleichzeitigen Signalen wird nur das Signal mit der höchsten Intensität weiterbearbeitet. Die anderen Signale werden verworfen.
Die Zwischenankunftszeiten der Signale für jeden Personenkraftwagen sind exponential-verteilt mit Mittelwert 42 ZE. Die Intensitäten der Signale genügen der Gauß-Verteilung mit:

MEAN=120.0
SIGMA=20.0
MIN=10.0
MAX = 1000.0.

Es soll angegeben werden, wieviel Prozent der Signale in Abhängigkeit der Breite des Zeitschlitzes nicht bearbeitet werden, da sie gleichzeitig eintreffen.
Die Breite des Zeitschlitzes wird dabei von 5.0 ZE bis 10. ZE in Schritten von 1.0 ZE variiert. Für jeden Simulationslauf mit einer Schlitzbreite sollen 10000 Signale erzeugt werden.

5.3.2 Der Aufbau des Modells Autotelefon

Die Tatsache, daß alle Signale innerhalb des Zeitschlitzes als gleichzeitig zu behandeln sind, wird im Modell dadurch dargestellt, daß alle Signale, die innerhalb eines Zeitschlitzes ankommen, von den Sources zur gleichen Zeit erzeugt werden.
Die Transactions, die die Signale repräsentieren, laufen anschließend auf die Match-Station. Die erste Transaction, die die Match-Station wieder verläßt, wird weiterbearbeitet. Die restlichen Transactions werden registriert und vernichtet.
Die Intensität, mit der ein Signal bei der Empfangsstation eintrifft, entspricht der Priorität. Die Transaction mit der höchsten Priorität hat demnach die höchste Intensität und darf daher die Match-Station als erste verlassen. Das bedeutet, daß die Warteschlange, in der vor der Match-Station alle gleichzeitigen Transactions stehen, nach der Policy PFIFO abgearbeitet werden kann.

Das Unterprogramm ACTIV hat damit die folgende Form:

```
C
C       Erzeugen der Signale
C       ====================
1       CALL ERLANG(42.,1,1.3,210.,1,RAND1,*9999)
        RAND2 = FLOAT(IFIX(RAND1/SLOTX))* SLOTX
        CALL GAUSS(120.,20.,10.,1000.,2,RAND3)
        CALL GENERA(RAND2,RAND3,*9999)
```

```
C
C       Registrieren zeitgleicher Signale
C       ===================================
2       CALL MATCH(1,2,*9000)
        IF(TMATCH.NE.T) GOTO 20
        ICOUNT = ICOUNT + 1
        CALL TERMIN(*9000)
C
C       Registrierung des Signals höchster Intensität
C       =================================================
20      TMATCH = T
        CALL TERMIN(*9000)
```

Die Variable SLOTX enthält die Breite des Schlitzes. In der Variablen ICOUNT wird die Anzahl der nicht registrierten Signale an den Rahmen zurückgegeben. Im Abschnitt "Endabrechnung" des Rahmens wird diese Zahl in Prozent umgerechnet und in der Variablen RESULT abgespeichert.
Nachdem die Ergebnisse für alle Schlitzbreiten vorliegen, werden die Werte der Variablen RESULT durch das Unterprogramm GRAPH dargestellt.

Hinweise:

* Der Simulationslauf muß für jede Schlitzbreite wiederholt werden. Es wird dafür im Rahmen eine DO-Schleife angelegt, die 6 mal durchlaufen wird und die die Werte für SLOTX von 5.0 bis 10.0 in Schritten von 1.0 hochsetzt.

* Es ist zu beachten, daß die Unterprogramme RESET und PRESET noch einmal im Inneren der DO-Schleife vorkommen.

* Jedes Auto wird durch eine eigene Source dargestellt. Das bedeutet, daß im Rahmen jede einzelne Source gestartet werden muß:

```
        DO 7200 J=1,10
        CALL START(J,0.,1,*7000)
7200    CONTINUE
```

* Das Unterprogramm GENERA erzeugt Transactions für jede Source. Es ist nicht erforderlich, für jede Source im Unterprogramm ACTIV einen eigenen Aufruf von GENERA zu schreiben. Alle Sources haben daher als Anweisungsnummer eine Eins.

* Die Ergebnisse jedes Simulationslaufes für eine Schlitzbreite werden in der Matrix RESULT abgelegt. Der Abschnitt 7 "Endabrechnung" im Rahmen hat die folgende Form:

```
C
C       Endabrechnung privater Grössen
C       ================================
        RESULT(1,I) = SLOTX
        RESULT(2,I) = FLOAT(ICOUNT)*100. / TXMAX
        SLOTX = SLOTX + 1.
7500    CONTINUE
```

Nach Ablauf der 6 Simulationsläufe wird das Ergebnis graphisch dargestellt.

```
        CALL GRAPH(RESULT,6,0.,0.,TEXT)
```

5.3.3 Die Ergebnisse

Das nachfolgende Balkendiagramm zeigt die Abhängigkeit der Anzahl der abgelehnten Signale von der Schlitzbreite.

ABGEWIESENE SIGNALE IN PROZENT

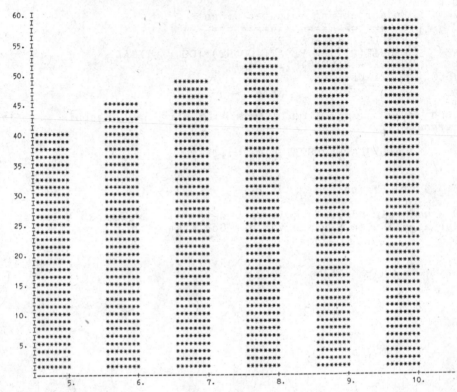

MASS-STAB X-ACHSE: .10E+01
MASS-STAB Y-ACHSE: .10E+01
EOI ENCOUNTERED.

5.3.4 Übungen

Die Übungen zeigen weitere Möglichkeiten für den Einsatz der Match-Station.

* Übung 1

Die Anzahl der Personenkraftwagen soll bei sonst gleichen Bedingungen um 8 erniedrigt werden.

* Übung 2

Die Signale, die wegen ihrer schwachen Intensität nicht bearbeitet werden konnten, werden im nachfolgenden Zeitschlitz noch einmal ausgesandt. Werden sie beim zweiten Versuch wieder abgewiesen, müssen sie wie bisher vernichtet werden.

Hinweis:
Im Abschnitt "Registrieren zeitgleicher Signale" werden die Transactions nicht vernichtet, sondern durch das Unterprogramm ADVANC um SLOTX verzögert, bevor sie erneut auf die Match-Station geschickt werden. Es ist darauf zu achten, daß auch die abgewiesenen Transactions mit den Neubewerbern zu Beginn des Zeitschlitzes vor der Match-Station auftauchen.
Erstmalig abgewiesene Transactions erhalten eine Kennung, auf Grund deren sie beim zweiten vergeblichen Versuch vernichtet werden.

6 Das Modell Tankerflotte

Auf dem Gebiet der kombinierten Simulationsmodelle gibt es in der
Zwischenzeit einige Standardbeispiele, die in der Literatur immer
wiederkehren. Hierzu gehört das Modell Tankerflotte. Es wurde von
A.A.B. Pritsker in The GASP IV Simulation Language, John Wiley,
1974 erstmals vorgestellt.
Das Modell Tankerflotte ist einfach genug, um noch überschaubar
zu sein. Es ist jedoch auch komplex genug, um die Leistungsfähig-
keit eines Simulators daran zu erproben.
Das Modell Tankerflotte entspricht vom Aufbau dem Modell Brauerei
III aus Kap. 2.4. Es besteht aus einem Warteschlangensystem mit
einem kontinuierlichen Anteil.

Hinweis:

* Da GASP IV keine gesonderten Sprachelemente für Warteschlangensysteme anbietet, ist in GASP IV der transactionorientierte Teil
mit Hilfe von Ereignissen nachgebildet worden. Das bedeutet im
Vergleich zu GPSS-FORTRAN Version 3 eine geringfügige Erhöhung
des Aufwandes. Abgesehen davon ergeben sich weitgehende Ähnlich-
keiten.

* Auf dem Gebiet der kontinuierlichen Modelle bedeutet das Set-
Konzept von GPSS-FORTRAN Version 3 einen deutlichen Schritt über
GASP IV hinaus. Das Set-Konzept wird am Beispiel des Wirte-Para-
siten Modell V in Kap.7 dargestellt.

6.1 Die Aufgabenstellung für das Modell Tankerflotte

Eine Flotte von 15 Tankern transportiert Öl von Valdez, Alaska zu
einem Entladedock in Seattle, Washington. Die Ladekapazität eines
Tankers beträgt 150 tb (thousand barrels). Es wird angenommen,
daß das Beladen der Tanker in Valdez bei Bedarf gleichzeitig vor
sich gehen kann. Im Gegensatz dazu gibt es in Seattle nur ein
Dock, das die Tanker nur nacheinander entladen kann.
Das entladene Öl wird in einen Lagertank mit der Kapazität von
2000 tb gepumpt. Dies geschieht mit einer konstanten Rate von
RIN=300 tb/Tag.
Ein Schiff gilt als entladen und kann den Hafen in Seattle wieder
verlassen, wenn der Restinhalt des Tankers kleiner als 7.5 tb
ist.
Der Lagertank ist mit einer Raffinerie verbunden, die dem Tank
ständig Öl mit einer Rate von ROUT=150 tb/Tag entnimmt.
Das Dock in Seattle ist von morgens 6.oo Uhr bis nachts 24.oo Uhr
geöffnet. Während das Dock geschlossen ist, dürfen Tanker nicht
entladen werden. Ein bereits begonnener Entladevorgang wird unterbrochen und am nächsten Tag fortgesetzt.
Der Entladevorgang wird ebenfalls unterbrochen, wenn der Tank
seine Kapazität von 2000 tb erreicht hat. Das Entladen des Tankers im Dock wird erst wieder fortgesetzt, wenn der Füllstand im

Lagertank auf 1600 tb abgesunken ist.
Die Ölentnahme aus dem Lagertank durch die Raffinerie muß eingestellt werden, wenn der Lagertank leer ist. Sie kann wieder aufgenommen werden, wenn der Tankinhalt mindestens 50 tb beträgt.

Die Fahrzeiten für die Tanker sind die folgenden:

Fahrt beladen von Valdez nach Seattle:
Gauss-Verteilung
mit MEAN = 5.0 Tage und SIGMA = 1.5

Fahrt leer von Seattle nach Valdez:
Gauss-Verteilung
mit MEAN = 4.0 Tage und SIGMA = 1.0

Ladezeit in Valdez:
Gleichverteilung mit Unter- und Obergrenzen
A = 2.9 bzw. B = 3.1 Tagen

Die Anfangsbedingungen werden wie folgt festgelegt:

* Der Tankinhalt beträgt zur Zeit T=0. 1000. tb.

* Der erste Tanker erreicht den Hafen von Valdez zur Zeit T=0.
Die übrigen Tanker folgen im Abstand von einem halben Tag.

Die folgenden Größen sollen mit Hilfe der Simulation bestimmt
werden:

* Die mittlere Warteschlangenlänge vor dem Dock
* Die mittlere Wartezeit vor dem Dock
* Der mittlere Tankinhalt
* Der Tankinhalt soll für 360 Tage in Abhängigkeit der Zeit dar-
  gestellt werden.

* Die Entladung eines Schiffes soll von T=9.25 bis T=10.307 graphisch dargestellt werden.

Das Modellverhalten soll 360 Tage lang beobachtet werden.

6.2   Der Modellaufbau

Das Modell Tankerflotte besteht aus einem Warteschlangensystem
mit einem ereignisorientierten und einem kontinuierlichen Anteil,
die über Bedingungen miteinander verbunden sind.

6.2 Der Modellaufbau

Zur Beschreibung des Systems werden die folgenden Zustandsvariablen benötigt:

SV(1,1)   Füllstand des Tanks
SV(1,2)   Inhalt des jeweiligen Tankers im Dock
DV(1,1)   Änderungsrate des Füllstandes (Tank)
DV(1,2)   Änderungsrate des Inhaltes (Tanker)
RIN   Entladerate des Schiffes
            Mit dieser Rate wird das Öl vom Schiff in den Tank ge-
            pumpt.
            RIN=300. tb Entladevorgang
            RIN=0.   kein Entladevorgang
ROUT   Entladerate des Tanks
            Mit dieser Rate wird das Öl aus dem Tank in die Raffi-
            nerie gepumpt.

            ROUT=150. tb Entladevorgang
            ROUT=0.   kein Entladevorgang

Es gilt:
DV(1,1) = RIN - ROUT
DV(1,2) = - RIN

Weiterhin werden noch Variablen benötigt, die die Modellbeschreibung erleichtern.

IOPEN   Zustand des Docks
            IOPEN = 0 Das Dock ist von 24.00 bis 6.00 Uhr geschlossen
            IOPEN = 1 Das Dock ist von 6.oo bis 24.oo Uhr geöffnet.

ISHIP   Belegung des Docks
            ISHIP = 0 Es befindet sich kein Schiff im Dock
            ISHIP = 1 Es befindet sich ein Schiff im Dock

IFULL   Entladesperre
            Es ist der seltene Fall zu berücksichtigen, daß ein
            Schiff dann leer wird, wenn der Tank die Obergrenze 2000
            tb erreicht. In diesem Fall darf ein neuer Tanker nicht
            sofort mit dem Entladen beginnen, sondern muß im Dock
            warten, bis der Tank auf 1600 tb abgesunken ist.
            IFULL = 0 Entladung möglich
            IFULL = 1 Entladesperre gesetzt

6.2.2 Die Ereignisse

Im Unterprogramm EVENT werden die Ereignisse zusammengestellt, die für das Modell Tankerflotte benötigt werden.

Ereignis 1   Entladen unterbrechen (Tank voll)
Der Entladevorgang wird unterbrochen, weil der Tank voll ist.

Ereignis 2   Tankinhalt unter 1600 tb
Im allgemeinen kann die Entladung des Tanks wieder aufgenommen
werden. Es ist der gesonderte Fall zu behandeln, daß das Entladen
unterbrochen wurde, weil der Tank voll war und gleichzeitig das
Schiff leer war und das Dock verlassen konnte. Dieser Fall wird
durch IFULL=1 gekennzeichnet.

Ereignis 3   Raffinerie zuschalten
Die Raffinerie beginnt den Tank zu entleeren, wenn der Tankinhalt
den Wert 50 tb wieder erreicht hat.

Ereignis 4   Raffinerie abschalten
Die Ölentnahme aus dem Tank wird unterbrochen, wenn der Tank leer
ist.

Ereignis 5   Entladen beenden
Der Entladevorgang wird beendet, da der Tanker leer ist. Gleichzeitig muß der Tanker, der im Unterprogramm ACTIV vor dem Gate
wartet, deblockiert werden.

Ereignis 6   Entladen starten
Der Entladevorgang wird gestartet, wenn ein Schiff im Dock liegt,
der Hafen offen ist und die Entladesperre nicht gesetzt ist.

Ereignis 7   Entladen unterbrechen (Hafen schließt)
Der Entladevorgang wird unterbrochen, da der Hafen um 24.oo Uhr
schließt.

Ereignis 8   Tanker belegt Dock
Der Tanker belegt das Dock. Die Menge des Öls, die entladen werden muß, wird in die Zustandsvariable Tankerinhalt SV(1,2) übertragen.

Ereignis 9   Öffnen des Hafens
Der Hafen wird um 6.oo Uhr geöffnet (IOPEN = 1)

Ereignis 10   Schließen des Hafens
Der Hafen wird um 24.oo Uhr geschlossen (IOPEN = 0)

Ereignis 11   Setzen der Anfangsbedingungen

Die Ereignisse NE=1-8 sind bedingte Ereignisse, die ausgeführt
werden, wenn die dazugehörigen Bedingungen wahr geworden sind.
Die Bedingungen werden in der logischen Funktion CHECK zusammengestellt. Hierbei entsprechen sich die Numerierung der Ereignisse
und ihrer Bedingungen.
Die Ereignisse 9-11 sind zeitabhängige Ereignisse. Alle drei
Ereignisse müssen erstmalig im Rahmen im Abschnitt 5 "Festlegen
der Anfangsbedingungen" angemeldet werden. Die beiden Ereignisse
NE=9 und NE=10 melden sich selbst für den folgenden Tag wieder
an.

Das Unterprogramm EVENT hat damit die folgende Form:

```
C        Adressverteiler
C        ================
100      CONTINUE
         GOTO(1,2,3,4,5,6,7,8,9,10,11), NE


C
C        Bearbeiten der Ereignisse
C        =========================
C
C        Entladen unterbrechen (Tank voll)
C        =================================
1        RIN = 0.
         IFULL = 1
         CALL BEGIN(1,*9999)
         CALL MONITR(1)
         RETURN


C
C        Tankinhalt unter 1600 tb
C        ========================
2        IFULL = 0
         TTEST = T
         CALL BEGIN(1,*9999)
         CALL MONITR(1)
         RETURN


C
C        Raffinerie zuschalten
C        =====================
3        ROUT=150.
         CALL BEGIN(1,*9999)
         CALL MONITR(1)
         RETURN

C
C        Raffinierie abschalten
C        ======================
4        ROUT = 0.
         CALL BEGIN(1,*9999)
         CALL MONITR(1)
         RETURN


C
C        Entladen beenden
C        ================
5        CALL MONITR(1)
         ISHIP = 0
         RIN=0.
         SV(1,2)=0.
         CALL DBLOCK(5,1,0,1)
         CALL BEGIN(1,*9999)
         CALL MONITR(1)
         RETURN
```

```
C
C       Entladen starten
C       ================
6       RIN=300.
        CALL BEGIN(1,*9999)
        CALL MONITR(1)
        RETURN


C
C       Entladen unterbrechen (Hafen schließt)
C       ======================================
7       RIN=0.
        CALL BEGIN(1,*9999)
        CALL MONITR(1)
        RETURN


C
C       Tanker belegt Dock
C       ==================
8       SV(1,2)= TX(FAC(1,1),10)
        CALL BEGIN(1,*9999)
        CALL MONITR(1)
        RETURN


C
C       Öffnen des Hafens
C       =================
9       IOPEN=1
        TTEST=T
        CALL ANNOUN(9,T+1.,*9999)
        CALL MONITR(1)
        RETURN


C
C       Schließen des Hafens
C       ====================
10      IOPEN=0
        TTEST=T
        CALL ANNOUN(10,T+1.,*9999)
        CALL MONITR(1)
        RETURN


C
C       Setzen der Anfangsbedingungen
C       =============================
11      SV(1,1)=1000.
        SV(1,2)=0.
        RIN=0.
        ROUT=150.
        IFULL=0
        IOPEN=0
        CALL BEGIN(1,*9999)
        RETURN
```

6.2.3 Das Setzen der Flags

Um die Bedingungen für die Ausführung der bedingten Ereignisse formulieren zu können, müssen zunächst die Flags eingeführt werden, die gesetzt werden, wenn eine Zustandsvariable SV oder DV den angegebenen Grenzwert erreicht hat.

IFLAG(1,1) Tankinhalt SV(1,1) erreicht Hochstand von 2000 tb

IFLAG(1,2) Tankinhalt SV(1,1) ist auf 1600 tb abgesunken.

IFLAG(1,3) Tankinhalt SV(1,1) ist wieder auf 50 tb angestiegen

IFLAG(1,4) Tank ist leer, d.h. SV(1,1)=0.

IFLAG(1,5) Tanker ist leer, d.h. SV(1,2).LE.7.5 tb

Die Flags werden im Unterprogramm DETECT durch den Aufruf der Unterprogramme CROSS gesetzt. Das Unterprogramm DETECT hat damit die folgende Form:

```
C
C        FLAG1: Tank voll
C        ================
         CALL CROSS(1,1,1,0,0.,2000.,+1,1.,*977,*988)
C
C        FLAG2: TANK.LE.1600 TB
C        ======================
         CALL CROSS(1,2,1,0,0.,1600.,-1,1.,*977,*988)
C
C        FLAG3: TANK.GE.50 TB
C        ====================
         CALL CROSS(1,3,1,0,0.,50.,+1,0.5,*977,*988)
C
C        FLAG4: TANK LEER
C        ================
         CALL CROSS(1,4,1,0,0.,5.,-1,0.1,*977,*988)
C
C        FLAG5: SCHIFF LEER
C        ==================
         CALL CROSS(1,5,2,0,0.,7.5,-1,0.1,*977,*988)
C
C        RUECKSPRUNG
C        ===========
         RETURN
C
C        RUECKSPRUNG NACH EQUAT
C        ======================
977      RETURN1
C
C        FEHLERAUSGANG
C        =============
988      RETURN2
         END
```

6.2.4 Die Bedingungen

Die bedingten Ereignisse NE=1-7 im Unterprogramm EVENT werden ausgeführt, wenn die entsprechenden Bedingungen in der logischen Funktion CHECK wahr geworden sind.
Die logische Funktion CHECK enthält die folgenden Bedingungen:

NCOND 1   Tank voll
          Folge: Ereignis NE=1
                 Entladen unterbrechen (Tank voll)
NCOND 2   Tankinhalt auf 1600 tb abgesunken
          Folge: Ereignis NE=2
                 Entladen erneut starten
NCOND 3   Tankinhalt auf 50 tb angestiegen
          Folge: Ereignis NE=3
                 Raffinerie zuschalten
NCOND 4   Tank leer
          Folge: Ereignis NE=4
                 Raffinerie abschalten
NCOND 5   Tanker leer
          Folge: Ereignis NE=5
                 Entladen beenden
NCOND 6   Entladen möglich
          Folge: Ereignis NE=6
                 Entladen starten
NCOND 7   Unterbrechung, weil der Hafen geschlossen wird
          Folge: Ereignis NE=7
                 Entladen unterbrechen (Hafen schließt)

Die logische Funktion CHECK hat die folgende Form:

```
C
          CHECK = .FALSE.
C
C         Adressverteiler
C         ===============
          GOTO(1,2,3,4,5,6,7), NCOND
C
C         Bedingungen
C         ===========
C         TANK VOLL
C         =========
1         IF(IFLAG(1,1).EQ.1) CHECK=.TRUE.
          GOTO 100
C
C         TANK.LE.1600 TB
C         ===============
2         IF(IFLAG(1,2).EQ.1.) CHECK=.TRUE.
          GOTO 100
C
C         TANK.GE.50 TB
C         =============
3         IF(IFLAG(1,3).EQ.1.AND.ROUT.LT.0.01)
         +CHECK=.TRUE.
          GOTO 100
```

```
C
C       TANK LEER
C       =========
4       IF(IFLAG(1,4).EQ.1.) CHECK=.TRUE.
        GOTO 100
C
C       TANKER LEER
C       ===========
5       IF(IFLAG(1,5).EQ.1.) CHECK=.TRUE.
        GOTO 100
C
C       Entladen möglich
C       ================
6       IF(IOPEN.EQ.1.AND.ISHIP.EQ.1.AND.IFULL=0) CHECK=.TRUE.
        GOTO 100
C
C       Hafen schließt und Schiff im Dock
C       =================================
7       IF(IOPEN.EQ.O.AND.ISHIP.EQ.1.AND.JFLAG(1,5).EQ.1)
       +CHECK=.TRUE.
        GOTO 100
```

Hinweise:

* Die Bedingung NCOND=6 muß erfüllt sein, damit ein Schiff, das
neu in den Hafen gekommen ist, mit dem Entladen beginnen kann.
Weiterhin wird aufgrund dieser Bedingung das Entladen fortgesetzt, wenn es unterbrochen worden war, weil der Tank seine Obergrenze 2000 tb erreicht hatte.

* Die Bedingung NCOND=7 ist erforderlich, um das Entladen des
Schiffes zu unterbrechen, wenn der Hafen nachts geschlossen wird.

6.2.5 Die Überprüfung der Bedingungen

Die Überprüfung der Bedingungen, in denen zeitdiskrete Variable
vorkommen, obliegt dem Benutzer. Die Überprüfung der Bedingungen
muß in diesem Fall vom Benutzer durch Setzen des Testindikators
TTEST=T immer dann veranlaßt werden, wenn sich eine zeitdiskrete
Variable in der geforderten Weise ändert.
Wenn für eine zeitkontinuierliche Variable ein Crossing lokalili-
siert wurde, wird der Testindikator im Unterprogramm EQUAT selbständig gesetzt. Es ist für den Benutzer ein Eingreifen nicht erforderlich.
Zeitdiskrete Variable kommen in den beiden Bedingungen NCOND=6
und NCOND=7 vor.

Bedingung NCOND=6
In der Bedingung NCOND=6 sind die Variablen IOPEN, ISHIP und
IFULL enthalten. Wenn diesen Variablen der Wert zugewiesen wird,
der in der Bedingung verlangt wird, ist eine Überprüfung durch
die Anweisung
TTEST=T

erforderlich.
IOPEN wird im Event NE=9 (Öffnen des Hafens) auf IOPEN=1 gesetzt.

ISHIP wird im Unterprogramm ACTIV nach der Belegung des Docks auf ISHIP=1 gesetzt.
IFULL wird im Event NE=2 (Tankinhalt unter 1600 tb) auf IFULL=0 gesetzt.

Ist die Bedingung erfüllt, muß das Ereignis NE=6 im Unterprogramm TEST bearbeitet werden:
IF(CHECK(6)) CALL EVENT(6,*9999)

Bedingung NCOND=7
In der Bedingung NCOND=7 wird überprüft, ob für die Variablen gilt: IOPEN=0, ISHIP=1 und IFLAG(1,5)=0.
Wenn diesen Variablen der erforderliche Wert zugewiesen wird, ist die Überprüfung der Bedingung erforderlich. Das geschieht durch Setzen des Testindikators TTEST=T.
Ist die Bedingung erfüllt, muß das Ereignis NE=7 im Unterprogramm TEST (Entladen unterbrechen, Hafen schließt) bearbeitet werden. Dies geschieht durch die Anweisung:
IF(CHECK(7)) CALL EVENT(7,*9999)
IOPEN wird im Event NE=10 (Schließen des Hafens) auf IOPEN=0 gesetzt.
ISHIP wird im Unterprogramm ACTIV nach der Belegung des Docks auf ISHIP=1 gesetzt. Eine Überprüfung der Bedingung NCOND=7 ist an dieser Stelle nicht unbedingt erforderlich, da vor Belegen des Docks der Entladevorgang auf jeden Fall unterbrochen ist.
IFLAG(1,5) wird im Unterprogramm DETECT auf IFLAG(1,5)=1 gesetzt, wenn ein Crossing entdeckt worden ist.

Die Bedingungen 1 bis 5 enthalten nur Flags. Der Testindikator wird in diesem Fall in EQUAT gesetzt.

Das Unterprogramm TEST hat daher die folgende Form:

```
C
C         Tank voll
C         =========
          IF(CHECK(1)) CALL EVENT(1,*9999)
C
C         Tank.LE.1600 tb
C         ===============
          IF(CHECK(2)) CALL EVENT(2,*9999)
C
C
C         Tank.GE.50 tb
C         =============
          IF(CHECK3)) CALL EVENT(3,*9999)
C
C         Tank leer
C         =========
          IF(CHECK(4)) CALL EVENT(4,*9999)
C
C         Tanker leer
C         ===========
```

```
        IF(CHECK(5)) CALL EVENT(5,*9999)
C
C
C       Entladen möglich
C       =================
        IF(CHECK(6)) CALL EVENT(6,*9999)

C       Hafen schließt und Schiff im Dock
C       =================================
        IF(CHECK(7)) CALL EVENT(7,*9999)

C
C       Rücksprung
C       ==========
        RETURN

C
C       Ausgang zur Endabrechnung
C       =========================
9999    RETURN 1
        END
```

6.2.6 Das Unterprogramm ACTIV

Die Erzeugung und die Bewegung der Tanker wird im Unterprogramm ACTIV beschrieben.
Die Kapazität der Tanker wird in den privaten Parameter TX(LTX,10)=150. eingetragen. Dieser Wert wird im Event NE=8 (Tanker belegt Dock) in die Zustandsvariable SV(1,2) übertragen.

Das Dock wird durch eine Facility dargestellt. Ein Schiff, das das Dock belegt hat, läuft auf das Gate NG=1. Dort wird es solange blockiert, bis die Bedingung NCOND=5 (Tanker leer) erfüllt ist. In diesem Fall wird das Event NE=5 aufgerufen, das das Beladen beendet und die blockierte Transaction deblockiert und damit ihre Wiederbearbeitung im Unterprogramm ACTIV ermöglicht.

Das Unterprogramm ACTIV hat damit die folgende Form:

```
C       Adressverteiler
C       ===============
        GOTO(1,2,3,4,5,6), NADDR

C
C       Modell
C       ======
C
C       Erzeugen der Tanker
C       ===================
1       CALL GENERA(0.5,1.,*9999)
        TX(LTX,10)=150.

C
C       Beladen in Valdez
C       =================
2       CALL UNIFRM(2.9,3.1,1,TLOAD)
        CALL ADVANC(TLOAD,3,*9000)
```

```
C          Fahrt nach Seattle
C          ==================
3          CALL GAUSS(5.,1.5,3.,7.,2,TTOS)
           CALL ADVANC(TTOS,4,*9000)
C
C          Entladen in Seattle
C          ===================
4          CALL ARRIVE(1,1)
5          CALL SEIZE(1,5,*9000)
           CALL DEPART(1,1,0.,*9999)
           CALL EVENT(8,*9999)
           ISHIP=1
           TTEST = T
6          CALL GATE(1,5,1,1,6,*9000)
           CALL CLEAR(1,*9999,*9999)
           ISHIP=0
C          Fahrt nach Valdez
C          =================
           CALL GAUSS(4.,1.,2.5,5.5,3,TTOV)
           CALL ADVANC(TTOV,2,*9000)
C
C          Rücksprung zur Ablaufkontrolle
C          ==============================
9000       RETURN
C
C          Adreßausgang zur Endabrechnung
C          ==============================
9999       RETURN 1
           END
```

6.2.7 Das Unterprogramm STATE

Im Unterprogramm STATE werden die Differentialgleichungen festgelegt, die das Verhalten der beiden Zustandsvariablen $SV(1,1)$ und
$SV(1,2)$ beschreiben. Die beiden Gleichungen sind denkbar einfach.
Das Unterprogramm STATE hat damit die folgende Form:

```
C
C          Differentialgleichungen für das Tanker-Modell
C          =============================================
1          DV(1,1)=RIN-ROUT
           DV(1,2)=-RIN
           RETURN
C
9999       RETURN1
           END
```

6.2.8 Rahmen

Wie üblich werden im Rahmen zunächst die Eingabedaten eingelesen.

Der Eingabedatensatz hat die folgende Form:

```
TEXT;TANKER-MODELL/
VARI;IPRINT;0/
VARI;ICONT;1/
VARI;SVIN;0/
VARI;TEND;365./
VARI;TXMAX;15./
INTI;1;1;0.01;2;2;1.E-4;1.;1.E-4;100000/
PL01;1;0.;365.;1.;21,001001/
PL02;1;0;2;1;0.;0./
PL03;1;*A;TANK1/
PL01;2;9.25;10.307;0.01;22;001001;001002/
PL03;2;*A;TANK1;*B;SCHIFF1/
END/
```

Die privaten Variablen werden im Block

COMMON/PRIV/IOPEN,IFULL,ISHIP,RIN,ROUT

vereinbart. Der Block COMMON/PRIV/ muß in alle 7 Benutzerprogramme aufgenommen werden.

Im Abschnitt 5 des Rahmens werden die ersten Ereignisse angemeldet:

```
C
C       Anmelden der ersten Ereignisse
C       ==============================
        CALL ANNOUN(11,0.,*9999)
        CALL ANNOUN(9,0.25,*9999)
        CALL ANNOUN(10,1.,*9999)
```

Weiterhin muß die Source zur Erzeugung des ersten Tankers gestartet werden:

```
C
C       Source-Start
C       ============
        CALL START(1,0.,1,*9999)
```

Zur Ausgabe der Ergebnisse werden die REPORT-Programme herangezogen:

```
C       Ausgabe der Ergebnisse
C       ======================
C
C       Ausgabe der Plots
C       =================
        IF(ICONT.NE.0) CALL ENDPLO(1)
C
C       Ausgabe privater Größen
C       =======================
        CALL REPRT1(1)
        CALL REPRT1(5)
        CALL REPRT2
        CALL REPRT3
```

```
CALL REPRT4
CALL REPRT5(1,0,0,0,0,0)
CALL REPRT6
```

Hinweis:

* Die Komplexität des Modells erlaubt zahlreiche Modifikationen
für die Implementierung. Vereinfachungen, die insbesondere die
Bedingungsüberprüfung beschleunigen, sind möglich.

6.2.9   Die Ergebnisse für das Modell Tankerflotte

Zunächst werden die beiden Plots für den Tankinhalt und den Entladevorgang des Tankers ausgegeben. Dem Plot 1 entnimmt man den
mittleren Tankinhalt von 1589.0 tb .
Die nachfolgende Darstellung zeigt einen Ausschnitt aus dem Plot1
für die ersten 100 Tage.
Der Plot 2 zeigt den Entladevorgang des 2.Schiffes. Man beobachtet die Unterbrechung des Entladevorgangs während der Nacht.
Den Ausdrucken des Unterprogrammes REPRT4 entnimmt man die Werte
für die mittlere Warteschlangenlänge und die mittlere Wartezeit
mit Konfidenzintervallen:

Mittlere Wartezeit: 1.06 Tage +/- 13%
Mittlere Warteschlangenlänge: 1.16 +/- 13%

PLOT NR 1
==============

VARIABLE	MINIMUM	MAXIMUM	MITTELWERT	95%-KONFIDENZ INTERVALL	ENDE EINSCHW. VORGANG	MITTELWERT VERSCHIEBUNG	MW.-VERSCH. IN PROZENT
A = TANK1	4.9349E+00	1.7700E+03	965.6		– BESTIMMUNG DER EINSCHWINGPHASE NICHT MOEGLICH –		

A= TANK1   4.9349E+00   3.5795E+02   7.1096E+02   1.0640E+03   1.4170E+03   1.7700E+03

ZEIT	0	10	20	30	40	50	60	70	80	90	100 DUPLIKATE EVENT

```
 ZEIT   0    10    20    30    40    50    60    70    80    90   100 DUPLIKATE EVENT
  0.    I    .     .     .     .     .     A     .     .     .     .   I                     .
  1.000 I    .     .     .     .    A A    .     .     .     .     .   I                     .
  2.000 I    .     .     .     . A A .     .     .     .     .     .   I                     .
  3.000 I    .     .     .  A.A  .     .     .     .     .     .       I                     .
  4.000 I    .     .  A A  .     .     .     .     .     .     .       I                     .
  5.000 I    .   A A  .     .     .     .     .     .     .     .      I                     .
  6.000 I  A A .     .     .     .     .     .     .     .     .       I                     .
  7.000 A    .     .     .     .     .     .     .     .     .     .   I                     .
  8.000 A A A .     .     .     .     .     .     .     .     .       I                     .
  9.000 A    .     .     .     .     .     .     .     .     .     .   I                     .
 10.000 A A  .     .     .     .     .     .     .     .     .     .   I                     .
 11.000 I  A A..     .     .     .     .     .     .     .     .      I                     .
 12.000 I   A.A A   .     .     .     .     .     .     .     .       I                     .
 13.000 I    . A AA  .     .     .     .     .     .     .     .      I                     .
 14.000 I    .   AAA  .     .     .     .     .     .     .     .     I                     .
 15.000 I    .    AAAA .     .     .     .     .     .     .     .    I                     .
 16.000 I    .     AAA .     .     .     .     .     .     .     .    I                     .
 17.000 I    .     .AAA A    .     .     .     .     .     .     .    I                     .
 18.000 I    .     . A A .  A A   .     .     .     .     .     .     I                     .
 19.000 I    .     . A A   .     .     .     .     .     .     .      I                     .
 20.000 I    .     .   A A  .     .     .     .     .     .     .     I                     .
 21.000 I    .     . A A  .     .     .     .     .     .     .       I                     .
 22.000 I    .     . A A A .     .     .     .     .     .     .      I                     .
 23.000 I    .     .AA  A A .     .     .     .     .     .     .     I                     .
 24.000 I    .     . A AA  .     .     .     .     .     .     .      I                     .
 25.000 I    .     .     .     .     .     .     .     .     .     .  I                     .
 26.000 I    .     .   .AAA  .     .     .     .     .     .     .    I                     .
 27.000 I    .     .    AAAA .     .     .     .     .     .     .    I                     .
 28.000 I    .     .     A  AA .     .     .     .     .     .     .  I                     .
 29.000 I    .     .   A A A. .     .     .     .     .     .     .   I                     .
 30.000 I    .     .     .AA  .     .     .     .     .     .     .   I                     .
 31.000 I    .     .     .A AA .     .     .     .     .     .     .  I                     .
 32.000 I    .     .     . AA  .     .     .     .     .     .     .  I                     .
 33.000 I    .     .   AA A  .     .     .     .     .     .     .    I                     .
 34.000 I    .     .    A A  .     .     .     .     .     .     .    I                     .
 35.000 I    .     .  AAA A. .     .     .     .     .     .     .    I                     .
 36.000 I    .     .     AAA  .     .     .     .     .     .     .   I                     .
 37.000 I    .     .     . AAA .     .     .     .     .     .     .  I                     .
 38.000 I    .     .     AAA A .     .     .     .     .     .     .  I                     .
 39.000 I    .     .     . AAA  .     .     .     .     .     .     . I                     .
 40.000 I    .     .    A.A  A  .     .     .     .     .     .     . I                     .
 41.000 I    .     .     . AAA  .     .     .     .     .     .     . I                     .
 42.000 I    .     .     .   AAA  .     .     .     .     .     .     I                     .
 43.000 I    .     .     .   .AAAA .     .     .     .     .     .    I                     .
 44.000 I    .     .     .     . AA A. .     .     .     .     .     .I                     .
 45.000 I    .     .     .     . A A A. .     .     .     .     .     I                     .
 46.000 I    .     .     .   AA A  .     .     .     .     .     .    I                     .
 47.000 I    .     .     .   AA A A .     .     .     .     .     .   I                     .
 48.000 I    .     .     .   AA A  .     .     .     .     .     .    I                     .
 49.000 I    .     .     .    A A A .     .     .     .     .     .   I                     .
 50.000 I    .     .     .    A A A .     .     .     .     .     .   I                     .
 51.000 I    .     .     .    A.A A .     .     .     .     .     .   I                     .
 52.000 I    .     .     .     . A A .     .     .     .     .     .  I                     .
 53.000 I    .     .     .     A A A. .     .     .     .     .     . I                     .
 54.000 I    .     .     .     .  .A A  .     .     .     .     .     I                     .
 55.000 I    .     .     .     .   A A A .     .     .     .     .    I                     .
 56.000 I    .     .     .     .   A.A  .     .     .     .     .     I                     .
 57.000 I    .     .     .     .     A A  .     .     .     .     .   I                     .
 58.000 I    .     .     .     A A A. .     .     .     .     .     . I                     .
 59.000 I    .     .     .     A A A A .     .     .     .     .     .I                     .
 60.000 I    .     .     .     .   A A  .     .     .     .     .     I                     .
 61.000 I    .     .     .     .    A A A .     .     .     .     .   I                     .
 62.000 I    .     .     .     .    A A A .     .     .     .     .   I                     .
 63.000 I    .     .     .     AA A  .     .     .     .     .     .  I                     .
 64.000 I    .     .     .     .  A A A .     .     .     .     .     I                     .
 65.000 I    .     .     .     .  .A A  .     .     .     .     .     I                     .
 66.000 I    .     .     .     A.A A  .     .     .     .     .     . I                     .
 67.000 I    .     .     .     .   A A  .     .     .     .     .     I                     .
 68.000 I    .     .     .     .     .A A  .     .     .     .     .  I                     .
 69.000 I    .     .     .     .     . AAA  .     .     .     .     . I                     .
 70.000 I    .     .     .     .     . AAA  .     .     .     .     . I                     .
 71.000 I    .     .     .     .     A A A  .     .     .     .     . I                     .
 72.000 I    .     .     .     .     A A A. .     .     .     .     . I                     .
 73.000 I    .     .     .     .     A A AA. .     .     .     .     .I                     .
 74.000 I    .     .     .     .     AA A. .     .     .     .     .  I                     .
 75.000 I    .     .     .     .     . AA A. .     .     .     .     .I                     .
 76.000 I    .     .     .     .     A AA  .     .     .     .     .  I                     .
 77.000 I    .     .     .     .     AAAA  .     .     .     .     .  I                     .
 78.000 I    .     .     .     .     AAA  .     .     .     .     .   I                     .
 79.000 I    .     .     .     .     . A A  .     .     .     .     . I                     .
 80.000 I    .     .     .     .     .  A A A .     .     .     .     I                     .
 81.000 I    .     .     .     .     .   A.AA  .     .     .     .    I                     .
 82.000 I    .     .     .     .     .    AAA  .   A A  .     .     . I                     .
 83.000 I    .     .     .     .     .     .     .     .     .     .  I                     .
 84.000 I    .     .     .     .     .    AA A  .     .     .     .   I                     .
 85.000 I    .     .     .     .     .    A A.A  .     .     .     .  I                     .
 86.000 I    .     .     .     A A  .     .     .     .     .     .   I                     .
 87.000 I    .     .     .     .   A A A  .     .     .     .     .   I                     .
 88.000 I    .     .     .     .     .   AAA  .     .     .     .     I                     .
 89.000 I    .     .     .     .     .   .A A A .     .     .     .   I                     .
 90.000 I    .     .     .     .     .     A A A .     .     .     .  I                     .
 91.000 I    .     .     .     .     .     A AA  .     .     .     .  I                     .
 92.000 I    .     .     .     .     .     A A A .     .     .     .  I                     .
 93.000 I    .     .     .     .     .     .  A A  .     .     .     .I                     .
 94.000 I    .     .     .     .     .     .   A AA  .     .     .   .I                     .
 95.000 I    .     .     .     .     .     .  AAA A  .     .     .    I                     .
 96.000 I    .     .     .     .     .     .     A A  .     .     .   I                     .
 97.000 I    .     .     .     .     .     .     . AA AAI  .     .    I                     .
 98.000 I    .     .     .     .     .     .     AA AAI .     .     . I                     .
 99.000 I    .     .     .     .     .     .     AA A AI .     .     .I                     .
100.00  I    .     .     .     .     .     .     .    AA  .     .     I
```

ZEIT	0	10	20	30	40	50	60	70	80	90	100 DUPLIKATE EVENT

A= TANK1   4.9349E+00   3.5795E+02   7.1096E+02   1.0640E+03   1.4170E+03   1.7700E+03

VARIABLE	MINIMUM	MAXIMUM	MITTELWERT	95%-KONFIDENZ INTERVALL	ENDE EINSCHW. VORGANG	MITTELWERT VERSCHIEBUNG	MW.-VERSCH. IN PROZENT
A = TANK1	4.9345E+00	9.0291E+01	43.70				
B = SCHIFF1	0.	1.5000E+02	41.92	33.96	.2500	11.70	27.91

– BESTIMMUNG DER EINSCHWINGPHASE NICHT MOEGLICH –

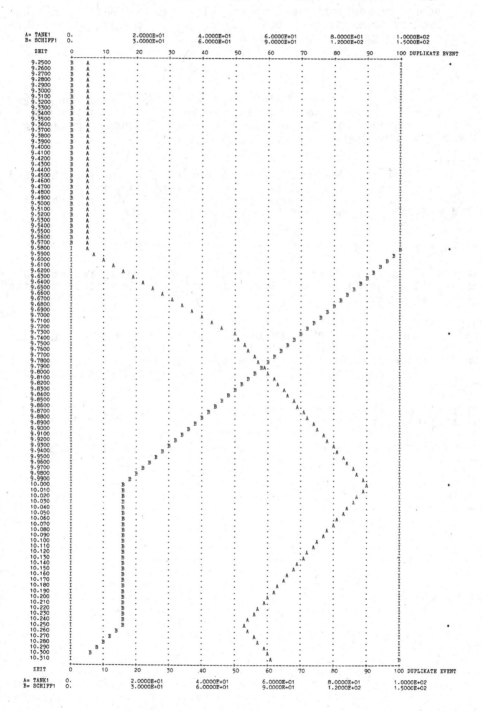

6.2.10   Übungen zum Modell Tankerflotte

Das Modell Tankerflotte erläutert, wie komplexe Bedingungen den
Modellablauf beeinflussen. Die Übungen sollen zeigen, welche Einflüsse Änderungen in den Annahmen haben.

* Übung 1

Der Plot 1 zeigt, daß das Modell erst von T=100. ab in den eingeschwungenen Zustand übergeht. Es sollen die Voraussetzungen so
geändert werden, daß das Modell mit einem Zustand beginnt, der
dem eingeschwungenen Zustand möglichst nahe kommt.

Hinweis:
Es gibt zahlreiche Möglichkeiten, um den eingeschwungenen Zustand
möglichst schnell zu erreichen. Der geringste Aufwand ist erforderlich, wenn die Raffinerie erst zur Zeit T=10. zugeschaltet
wird und der Tankstand mit 1800 tb vorbesetzt wird.

* Übung 2

Wenn ein Tanker weniger als 15 tb Öl enthält, wird die Entladung
noch zu Ende geführt, auch wenn der Hafen in der Nacht bereits
geschlossen ist.

Hinweis:
Es muß ein weiteres Flag IFLAG(1,6) eingeführt werden, das an-
zeigt, daß der Tankerinhalt 15 tb unterschritten hat.
Das Unterbrechen des Entladevorgangs im EVENT NE=7 darf nur erfolgen, wenn IFLAG(1,6)=0 ist. Die Bedingung NCOND=7 hat dann die
folgende Form:

IF(IOPEN.EQ.0.AND.ISHIP.EQ.1.AND.JFLAG(1,5).EQ.1.AND.
JFLAG(1,6).EQ.1) CHECK=.TRUE.

Man überprüfe den korrekten Ablauf des modifizierten Modells.

7 Das Set-Konzept in GPSS-FORTRAN

Das Set-Konzept in GPSS-FORTRAN erleichtert die Beschreibung und Behandlung von Systemen, die sich aus lose gekoppelten Teilsystemen zusammensetzen.
Die Teilsysteme werden jeweils durch voneinander unabhängige Sets von Differentialgleichungen beschrieben. Die Kopplung wird über Ereignisse vorgenommen, die aufgrund beliebiger, vom Benutzer angebbaren Bedingungen aktiviert werden.

Das Set-Konzept bietet die folgenden Vorteile:

* Für lose gekoppelte Systeme ergibt sich eine übersichtliche und modulare Modellstruktur.

* Es ergibt sich eine deutliche Rechenzeitersparnis, da die Ablaufkontrolle des Simulators GPSS-FORTRAN die Sets jeweils gesondert behandelt. Das bedeutet, daß Crossings nur innerhalb eines Sets gesucht werden müssen und daß jedes Set für sich integriert wird. Die unabhängige Integration der Sets ist besonders dann wesentlich, wenn sich das dynamische Verhalten der Sets stark unterscheidet und damit die Integrationsschrittweiten stark voneinander abweichen.

An dem sehr einfachen Wirte-Parasiten Modell IV wird der Einsatz des Set-Konzeptes verdeutlicht. Die Vorteile des Set-Konzeptes zeigen sich allerdings in vollem Umfang erst bei komplexeren Modellen.

7.1 Das Wirte-Parasiten Modell V

Das Wirte-Parasiten Modell V ist eine Erweiterung des Wirte-Parasiten Modells I, das in Kap.1.1 beschrieben wurde.
Es gibt im Wirte-Parasiten Modell V zwei getrennte Wirte-Parasiten Populationen. Beide Populationen werden durch die folgenden beiden Differentialgleichungen beschrieben:

$$dx/at = a * x - c * x * y$$
$$dy/dt = c * x * y - b * y$$

a = 0.005
b = 0.05
c = 6.E-06

x = Anzahl der Wirte
y = Anzahl der Parasiten

Auch die Anfangsbedingungen sollen für beide Populationen gleich sein:

x(0) = 10000.

$y(0) = 1000.$

Wenn die Zahl der Wirte der Population 1 den Wert XMIN=7500. unterschreitet, wird die Anzahl der Parasiten um 10% reduziert. Die
entfernten Parasiten werden der Population 2 hinzugefügt.
Die Untersuchung soll abgebrochen werden, wenn die Anzahl der
Wirte in der Population 2 den Wert 6200. unterschritten hat.

Aufgabe:
Es soll die zeitliche Entwicklung der beiden Populationen von
T=0. bis zum Ende der Untersuchung in zwei getrennten Plots gra-
phisch dargestellt werden.

7.2 Der Modellaufbau

Das Gesamtsystem besteht aus den beiden Populationen, die als
lose gekoppelte Teilsysteme aufgefaßt werden können. Die beiden
Teilsysteme stehen über ein Ereignis miteinander in Verbindung.
Dieses Ereignis erniedrigt bzw. erhöht die Parasitenzahl. Das
Ereignis wird aufgrund einer Bedingung aktiviert.

7.2.1 Das Unterprogramm STATE

Die beiden Sets werden im Unterprogramm STATE beschrieben. Das
Unterprogramm STATE hat damit die folgende Form:

```
C
C       Adressverteiler
C       ===============
        GOTO(1,2),NSET
C
C       Gleichungen für NSET=1
C       ======================
1       DV(1,1)=0.005*SV(1,1)-0.000006*SV(1,2)*SV(1,1)
        DV(1,2)=-0.05*SV(1,2)+0.000006*SV(1,2)*SV(1,1)
        RETURN
C
C       Gleichungen für NSET=2
C       ======================
2       DV(2,1)=0.005*SV(2,1)-0.000006*SV(2,2)*SV(2,1)
        DV(2,2)=-0.05*SV(2,2)+0.000006*SV(2,2)*SV(2,1)
   /    RETURN
```

Hinweis:

* Im vorliegenden Fall sind die Differentialgleichungen für die
beiden Sets identisch. Das wird natürlich in der Regel nicht so
sein.

7.2.2 Die Ereignisse im Unterprogramm EVENT

Es sind die folgenden drei Ereignisse erforderlich:

```
C
C       Verändern der Parasitenzahl
C       ===========================
1       CALL MONITR(1)
        CALL MONITR(2)
        DIFF = SV(1,2)/10.
        SV(1,2) = SV(1,2)-DIFF
        SV(2,2) = SV(2,2)+DIFF
        CALL BEGIN(1,*9999)
        CALL BEGIN(2,*9999)
        CALL MONITR(1)
        CALL MONITR(2)
        RETURN
```

```
C
C       Endekriterium
C       =============
2       TEND = T
        RETURN
C
C       Setzen der Anfangsbedingungen
C       =============================
3       SV(1,1) = 10000.
        SV(1,2) = 1000.
        CALL BEGIN(1,*9999)
        SV(2,1) = 10000.
        SV(2,2) = 1000.
        CALL BEGIN(2,*9999)
        RETURN
```

Die Ereignisse NE=1 und NE=2 sind bedingte Ereignisse, die im Unterprogramm TEST bearbeitet werden.
Das Ereignis NE=3 setzt die Anfangsbedingungen. Es muß im Rahmen in Abschnitt 5 "Anmelden der ersten Ereignisse" durch

```
        CALL ANNOUN(3,0.,*9999)
```

angemeldet werden.

7.2.3 Das Setzen der Flags

Es sind die folgenden Flags erforderlich:

IFLAG(1,1) = 1   Die Anzahl der Wirte in der Population 1
                 ist unter 7500. gesunken.

IFLAG(2,1) = 1   Die Anzahl der Wirte in der Population 2
                 ist unter den Wert 6200. gesunken.

Die Flags werden im Unterprogramm DETECT mit Hilfe des Unterprogrammes CROSS gesetzt. Das Unterprogramm DETECT hat damit die folgende Form:

```
C
C       Adressverteiler
C       ===============
        GOTO(1,2,3), NSET
C
C       Aufruf des UP CROSS für Set 1
C       =============================
1       CALL CROSS(1,1,1,0,0.,7500.,-1,10.,*977,*9999)
        RETURN
C
C       Aufruf des UP CROSS für Set 2
C       =============================
2       CALL CROSS(2,1,1,0,0.,6200.,-1,10.,*977,*9999)
        RETURN
C
```

```
C       Rücksprünge nach EQUAT
C       ======================
977     RETURN1
9999    RETURN2
        END
```

7.2.4 Die Bedingungen und ihre Überprüfung

Die Bedingungen wurden in der logischen Funktion CHECK festgehalten. Die logische Funktion CHECK hat damit die folgende Form:

```
C
C       Adressverteiler
C       ===============
        GOTO(1,2), NCOND
C
C       Verändern der Wirtezahl
C       =======================
1       IF(IFLAG(1,1).EQ.1)CHECK=.TRUE.
        GOTO 100
C
C       Endekriterium
C       =============
2       IF(IFLAG(2,1).EQ.1) CHECK=.TRUE.
        GOTO 100
```

Das Unterprogramm TEST hat damit die folgende Form:

```
C
C       Überprüfen der Bedingungen
C       ==========================
        IF(CHECK(1)) CALL EVENT(1,*9999)
        IF(CHECK(2)) CALL EVENT(2,*9999)
        RETURN
        END
```

7.2.5 Der Eingabedatensatz

Der Eingabedatensatz hat für das Wirte-Parasiten Modell V die folgende Form:

```
TEXT; WIRTE-PARASITEN MODELL V /
VARI; ICONT; 1/
INTI; 1;1;0.1;2;2;0.01;;5.;1.E-04;10000/
INTI; 2;1;1.;2;2;0.01;10.;1.E-03;10000/
PL01; 1;0.;1000.;10.,21;001001;001002/
PL03; 1;*W;WIRTE1;*P;PARASIT1/
PL01; 2;0.;1000.;10.;22;002001;002002/
PL03; 2;*W;WIRTE2;*P;PARASIT2/
END/
```

Da zwei Sets integriert werden, sind auch zwei INTI-Karten erforderlich. Für das Wirte-Parasiten Modell wurde angenommen, daß das Set NSET=2 mit geringerer Genauigkeit integriert werden kann.

Der Plot 1 stellt die Zustandsvariablen SV(1,1) und SV(1,2) graphisch dar. In der Plotkarte PL01 sind diese beiden Variablen aus Set 1 mit 001001 und 001002 bezeichnet.
Entsprechend lautet die Kennzeichnung der beiden Variablen SV(2,1) und SV(2,2) aus Set NSET=2 002001 und 002002.

Hinweise:

* Die Daten für die beiden Plots werden in zwei Dateien mit der Nummer 21 und 22 abgelegt. Es sind daher neben der Scratch-Datei zwei weitere Dateien anzumelden.

* Da das Endekriterium durch das Ereignis NE=2 festgelegt wird, ist die Angabe von TEND in der Eingabe nicht erforderlich. Es wird mit der Vorbesetzung TEND=1.E+10 gearbeitet.

7.3 Die Ergebnisse

Die graphische Darstellung der Zustandsvariablen zeigt das folgende Verhalten:

In Plot 1 ist die Anzahl der Wirte und Parasiten in Set 1 dargestellt. Sobald die Anzahl der Wirte die Crossinglinie 7500 unterschritten hat, reduziert ein Event die Anzahl der Parasiten. Das Eintreten eines Events wird durch einen Stern in der Event-Zeile angegeben.
Zur gleichen Zeit wird im Set 2, das in Plot 2 dargestellt ist, die Anzahl der Parasiten um die entsprechende Anzahl erhöht.

Der Integrationsstatistik, die vor den Plots ausgedruckt wird, entnimmt man, daß für das Set 1 ungefähr doppelt soviel Integrationsschritte benötigt werden wie für Set 2. Dieser Sachverhalt ist auf den Unterschied in der geforderten Genauigkeit zurückzuführen (siehe hierzu Bd.3 Kap. 7.2.5 "Der Eingabedatensatz").
Der Integrationsstatistik entnimmt man weiterhin die Anzahl der Crossings und die mittlere Anzahl der Schritte, die zur Lokalisierung eines Crossings zusätzlich erforderlich waren.

PLOT NR 1

VARIABLE	MINIMUM	MAXIMUM	MITTELWERT	95%-KONFIDENZ INTERVALL	ENDE EINSCHW. VORGANG	MITTELWERT VERSCHIEBUNG	MW.-VERSCH. IN PROZENT
W = WIRTE1	7.0281E+03	1.0000E+04	=	=	=	=	=
P = PARASIT1	4.6969E+02	1.4645E+03					

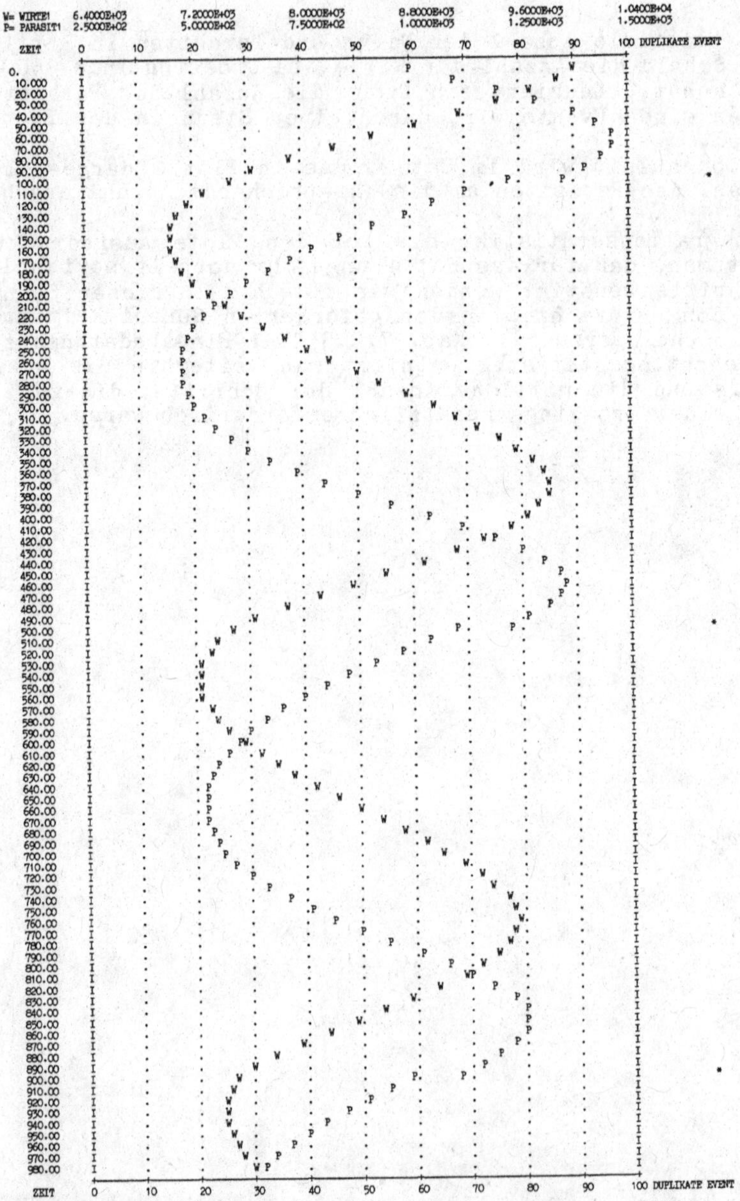

PLOT NR 2

VARIABLE	MINIMUM	MAXIMUM	MITTELWERT	95%-KONFIDENZ INTERVALL	ENDE EINSCHW. VORGANG	MITTELWERT VERSCHIEBUNG	MW.-VERSCH. IN PROZENT
W = WIRTE2	6.1937E+03	1.0665E+04	—	—	—	—	—
P = PARASIT2	3.2554E+02	1.8006E+03	—	—	—	—	—

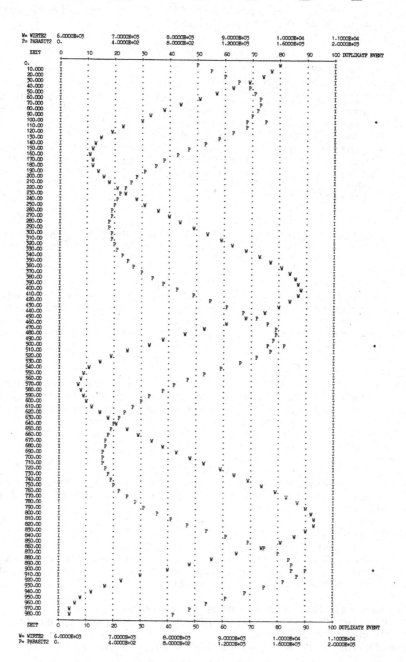

7.4 Übungen

Die Übungen zum Wirte-Parasiten Modell V sollen zeigen, wie das Set-Konzept in GPSS-FORTRAN zu handhaben ist.

* Übung 1

Da der Population 2 fortgesetzt Parasiten zugesetzt werden, besteht die Gefahr, daß in der Population 2 die Wirte zu stark reduziert werden. Um dem zu begegnen, wird in Abständen von 100 Zeiteinheiten geprüft, ob die Anzahl der Parasiten in der Population 2 den Wert 1000. überschritten hat. Ist das der Fall, wird in der Population 2 die Anzahl der Parasiten auf 1000. reduziert. Die entfernten Parasiten werden der Population 3 hinzugefügt. In der Population 3 gibt es nur Parasiten. Die Anzahl der Parasiten wird daher entsprechend der Gleichung:
DV(3,1)=-0.05*SV(3,1)
abnehmen.

In einem dritten Plot ist der Verlauf von SV(3,1) graphisch darzustellen. Der Simulationslauf soll bei TEND=1000. beendet werden.

Hinweis:
Es ist ein zeitabhängiges Ereignis NE=4 einzuführen, das die Anzahl der Parasiten in der Population 2 überprüft und unter Umständen reduziert.
Die Differentialgleichung für das Set NSET=3 muß im Unterprogramm STATE hinzugefügt werden.

Hinweis:
Im Simulator GPSS-FORTRAN sind in der Standardvorbesetzung drei Sets vorgesehen. Werden mehr Sets benötigt, muß der Simulator neu dimensioniert werden (hierzu siehe Anhang A4 "Dimensionsparameter").

* Übung 2

Die Anzahl der Parasiten soll in der Population 1 um 30% verringert werden, wenn für das Wirte-Parasitenverhalten in der Population 2 gilt:

   SV(2,1)/SV(2,2).GE.6

D.h., es soll die Übertragung der Parasiten aus der Population 1 in die Population 2 nur dann vorgenommen werden, wenn die Anzahl der Wirte in der Population 2 genügend groß ist.

Hierzu wird im Set 2 eine neue Zustandsvariable SV(2,3) eingeführt, die das Verhältnis Wirte/Parasiten angibt. Es gilt:
SV(2,3) = SV(2,1) / SV(2,2)
Der Simulationslauf soll bei T=1000. beendet werden.

Es ist zu beachten, daß die Übertragung der Parasiten von der Population 1 in die Population 2 nur erfolgen darf, wenn zu gleicher Zeit in der Population 1 die Anzahl der Wirte den Wert XMIN=7500. unterschritten hat und in der Population 2 das Verhältnis von Wirten zu Parasiten größer als 6 ist.
Es ist möglich, daß in der Population 1 die Anzahl der Wirte bereits unter XMIN=7500. liegt und weiter sinkt, während das Verhältnis der Wirte/Parasiten in der Population erst zu einem späteren Zeitpunkt die Crossinglinie von 6.0 überschreitet.

In gleicher Weise ist es möglich, daß das Verhältnis Wirte/Parasiten in der Population 2 bereits den Wert 6 überschritten hat, die Übertragung der Parasiten jedoch solange warten muß, bis die Anzahl der Wirte in der Population 1 unter 7500. gefallen ist.
Die Bedingung, die zu einer Übertragung der Parasiten führt, darf daher nicht mit IFLAG formuliert werden, da IFLAG nur einmal beim unmittelbaren Überschreiten der Crossinglinie gesetzt wird.

Da eine Aktion erfolgen soll, solange die Wirtezahl in der Population 1 und das Verhältnis Wirte/Parasiten in Population 2 einen beliebigen Wert unterhalb bzw. oberhalb ihrer Crossing-Grenzen annehmen, erscheint in der logischen Bedingung die Anzeigenvariable JFLAG. Es gilt:

JFLAG(1,1) = + 1   Anzahl der Wirte größer als 7500

JFLAG(1,1) = - 1   Anzahl der Wirte kleiner als 7500

JFLAG(2,1) = + 1   Verhältnis Wirte/Parasiten größer als 6

JFLAG(2,1) = - 1   Verhältnis Wirte/Parasiten kleiner als 6

Die Bedingung für die Übertragung der Parasiten von der Population 1 in Population 2 wird in die logische Funktion CHECK eingetragen.
Die logische Funktion CHECK hat die folgende Form:

```
1      IF(JFLAG(1,1).EQ.-1.AND.JFLAG(2,1).EQ.+1) CHECK=.TRUE.
       GOTO 100
```

Im Unterprogramm DETECT muß für jedes Set das erforderliche Crossing definiert werden. Das Unterprogramm DETECT hat demnach die folgende Form:

```
C
C      Aufruf von CROSS für Set 1
C      ============================
1      CALL CROSS(1,1,1,0,0.,7500.,0,10.,*977,*9999)
       RETURN
C
C      Aufruf von CROSS für Set 2
C      ============================
2      CALL CROSS(2,1,3,0,0.,6.,0,0.1;*977,*9999)
       RETURN
```

Hinweise:

* Es ist selbstverständlich möglich, daß in einer Bedingung Flags
aus unterschiedlichen Sets vorkommen.

* Auch beim Einsatz von JFLAG ist die Definition des Crossings
erforderlich. Am Crossingpunkt bei Überschreiten der Crossinglinie wechselt die Anzeigenvariable JFLAG ihr Vorzeichen.

* Falls durch die einmalige Übertragung von Parasiten in die
Population 2 die Bedingung noch immer erfüllt ist, erfolgt nach
dem nächsten Integrationsschritt eine weitere Reduktion von Parasiten in der Population 1.

Die Überprüfung der Bedingung im Unterprogramm TEST hat die folgende Form:

```
C
C       Überprüfen der Bedingungen
C       ============================
        IF(CHECK(1)) CALL EVENT(1,*9999)
```

Die Ereignisse im Unterprogramm EVENT haben die folgende Form:

```
C
C       Verändern der Parasitenzahl
C       ============================
1       CALL MONITR(1)
        CALL MONITR(2)
        DIFF = SV(1,2) *0.3
        SV(1,2) = SV(1,2)-DIFF
        SV(2,2) = SV(2,2)+DIFF
        CALL BEGIN(1,*9999)
        CALL BEGIN(2,*9999)
        CALL MONITR(1)
        CALL MONITR(2)
        RETURN
```

```
C
C       Setzen der Anfangsbedingungen
C       ==============================
2       SV(1,1) = 10000.
        SV(1,2) = 1000.
        SV(2,1) = 10000.
        SV(2,2) = 1000.
        CALL BEGIN(1,*9999)
        CALL BEGIN(2,*9999)
        RETURN
```

Hinweise:

* Die neue Variable für das Verhältnis Wirte/Parasiten muß in das
Unterprogramm STATE in den Abschnitt "Gleichungen für Set 2" aufgenommen werden.

Es gilt:
SV(2,3) = SV(2,1) / SV(2,2)

* Die neue Variable SV(2,3) ist nicht durch eine Differentialgleichung definiert. Sie wurde nur eingeführt, um das Crossing
bequem definieren zu können.

* Um den korrekten Ablauf des Simulationsmodells überprüfen zu
können, ist es sinnvoll, das Verhältnis der Wirte und Parasiten
im Set NSET=2 im Plot auszugeben.

* Es ist daran zu denken, die neue Variable in den INTI-, PLO1-
und PLO3-Datensätzen zu berücksichtigen:

INTI;2;1;1.;3;2;0.01;10.;1.E-03;10000/
PLO1;2;0.;1000.;20.;22;002001;002002;002003/
PLO3;2;*W;WIRTE2;*P;PARASIT2;*R;RATIO/

8 Besondere Möglichkeiten in GPSS-FORTRAN Version 3

Der Simulator GPSS-FORTRAN bietet zahlreiche Verfahren, die den Modellaufbau, den Modellablauf und die Ergebnisdarstellung unterstützen.
An sechs Beispielen soll gezeigt werden, wie durch geschickte Ausnutzung der Möglichkeiten eine Vereinfachung und Verbesserung erreicht werden kann.

Modell Cedar Bog Lake   Variable und ihre graphische
                           Darstellung

Modell Supermarkt   Parametrisierung der Modell-
                           komponenten

Modell Winterreifen-   Die Darstellung von System Dyna-
    bestand   mics Modellen mit GPSS-FORTRAN
                           Version 3

Modell Radaufhängung I   Die Behandlung von Differential-
                           gleichungen höherer Ordnung

Modell Radaufhängung II   Stochastische, kontinuierliche
                           Systeme

Wirte-Parasiten Modell VI Der Einsatz von Delay-Variablen

8.1 Variable und ihre graphische Darstellung

Bei der Modellbeschreibung für zeitkontinuierliche Systeme erscheinen häufig Variablen, die nicht über Differentialgleichungen definiert sind. Das Modell Cedar Bog Lake zeigt, wie diese Variablen in GPSS-FORTRAN Version 3 behandelt werden müssen.

8.1.1 Das Modell Cedar Bog Lake

Das Modell Cedar Bog Lake zeigt die Verlandung eines Sees im Laufe der Zeit. Das Modell wurde erstmalig vorgestellt in R.B. Williams, Computer Simulation of Energy Flow in Cedar Bog Lake, System Analysis and Simulation in Ecology, Academic Press, 1971.

Das Modell geht zunächst von drei Zustandsvariablen aus:

SV(1,1)   Pflanzen
SV(1,2)   Pflanzenfresser
SV(1,3)   Fleischfresser

Die Variablen sind in der Einheit Energiegehalt angegeben. Diese Einheit wurde gewählt, um die Energieaufnahme, den Energieverlust

und den Energieaustausch leichter beschreiben zu können. Der
Energiegehalt ist der Anzahl proportional.
Weiterhin wird die organische Materie eingeführt, die sich als
Sediment am Boden des Sees absetzt.

SV(1,4)   Abgestorbene organische Materie

Die Energiezufuhr durch die Sonneneinstrahlung und der Energieverlust an die Umwelt werden durch die folgenden Variablen berücksichtigt:

SV(1,5)   Energieverlust an die Umwelt
SV(1,6)   Energiezufuhr durch Sonneneinstrahlung

Die Energiezufuhr, der Energieverlust und der Energieaustausch
wird durch die folgenden Differentialgleichungen beschrieben:

DV(1,1) = SV(1,6)-4.03*SV(1,1)
DV(1,2) = 0.48*SV(1,1)-17.87*SV(1,2)
DV(1,3) = 4.85*SV(1,2)-4.65*SV(1,3)
DV(1,4) = 2.55*SV(1,1)+6.12*SV(1,2)+1.95*SV(1,3)
DV(1,5) = 1.0*SV(1,1)+6.90*SV(1,2)+2.7*SV(1,3)
SV(1,6) = 95.9*(1.+0.635*SIN(2.*3.14*T))

Die erste Gleichung bedeutet z.B., daß die in den Pflanzen ent-
haltene Energie zunächst dem exponentiellen Zerfallsgesetz fol-
gernd abnimmt. Der Energiezuwachs erfolgt über die Sonneneinstrahlung, die das Pflanzenwachstum fördert.
In ähnlicher Weise beschreibt die zweite Gleichung die Änderungsrate des Energiegehaltes in pflanzenfressenden Tieren. Die Abnahme der Energie wird aufgefangen durch die Energiezunahme aufgrund der gefressenen Pflanzen.
Der Energiegehalt und daher auch die Menge der abgestorbenen
organischen Materie wird durch die 4. Differentialgleichung beschrieben. Sie besagt, daß die Änderungsrate der Energie, die in
der abgestorbenen organischen Materie enthalten ist dem jeweiligen Energiegehalt und damit der Anzahl der Pflanzen, Pflanzenfresser und Fleischfresser proportional ist.
Das Verhalten der Variablen soll über zwei Jahre graphisch dargestellt werden.

8.1.2 Der Modellaufbau

Das Modell Cedar Bog Lake beschreibt ein kontinuierliches System.
Die Differentialgleichungen werden im Unterprogramm STATE definiert.
Von besonderer Bedeutung ist die Variable SV(1,6). Diese Variable
ist nicht über eine Differentialgleichung definiert. Daher wäre
es zunächst nicht erforderlich, diese Variable mit Hilfe einer
Zustandsvariablen SV zu beschreiben. Man könnte auch schreiben:

SUN = 95.9*(1.+0.635*SIN(2.+3.14*T))
DV(1,1) = SUN - 4.03 * SV(1,1)
Im vorliegenden Fall ist es wünschenswert, den Verlauf der Ener-
giezufuhr aufgrund der Sonneneinstrahlung graphisch darzustellen

um sie mit dem Verlauf der Zustandsvariablen vergleichen zu können.
In GPSS-FORTRAN ist nur der Plot von Zustandsvariablen möglich.
Daher muß die Variable SUN mit der Zustandsvariablen SV(1,6)
gleichgesetzt werden.

Hinweise:

* Es ist zu beachten, daß bei der Numerierung der Zustandsvariablen zunächst die Zustandsvariablen aufgeführt werden müssen, die
über eine Differentialgleichung definiert werden. Die höheren
Nummern werden den Variablen zugewiesen, die nur Zustandsvariable
geworden sind, weil sie geplottet werden sollen. Im Modell Cedar
Bog Lake muß die Variable, die die Energiezufuhr der Sonne beschreibt, die Nummer 6 erhalten.

* In den Eingabedaten wird im INTI-Datensatz die Anzahl der Zustandsvariablen SV von der Anzahl der Ableitungen DV untersschie-
den. Die Differenz SV-DV ergibt die Anzahl der Zustandsvariablen,
die nicht über Differentialgleichungen definiert sind sondern nur
geplottet werden sollen.

Besondere Beachtung verdient die Reihenfolge, in der die Gleichungen im Unterprogramm STATE formuliert werden. Es muß dafür
Sorge getragen werden, daß jede Variable, die auf der rechten
Seite einer Gleichung erscheint, vorher definiert worden ist.
Zunächst sind alle Zustandsvariable SV, die durch Differentialgleichungen definiert sind, beim Aufruf von STATE bereits mit den
richtigen Werten besetzt. Der Aufruf von STATE dient dazu, zum
Zeitpunkt T aus den Zustandsvariablen SV(T) die Ableitung DV(T)
zu bestimmen.

Für das Modell Cedar Bog Lake bedeutet das, daß die Reihenfolge
der Differentialgleichungen ohne Bedeutung ist. Es ist jedoch erforderlich, daß die Variable SV(1,6) im Unterprogramm STATE vor
der Gleichung

$$DV(1,1) = SV(1,6) - 4.03 * SV(1,1)$$

steht.

Eine mögliche Reihenfolge der Gleichungen im Unterprogramm STATE
hat das folgende Aussehen:

```
SV(1,6) = 95.9*(1.+0.635*SIN(2.*3.14*T))
DV(1,1) = SV(1,6)- 4.03*SV(1,1)
DV(1,2) = 0.48*SV(1,1)-17.87*SV(1,2)
DV(1,3) = 4.85*SV(1,2)- 4.65*SV(1,3)
DV(1,4) = 2.55*SV(1,1)+6.12*SV(1,2)+1.95*SV(1,3)
DV(1,5) = 1.0*SV(1,1)+6.90*SV(1,2)+2.7*SV(1,3)
```

Die Anfangsbedingungen müssen wie üblich in einem Ereignis angegeben werden.
Das Unterprogramm hat die folgende Form:

```
C
C       Adressverteiler
C       ===============
        GOTO(1),NE
C
C       Ereignisse
C       ==========
1       SV(1,1) = 0.83
        SV(1,2) = 0.003
        SV(1,3) = 0.0001
        SV(1,4) = 0.0
        SV(1,5) = 0.0
        CALL BEGIN(1,*9999)
        RETURN
```

8.1.3 Die Ergebnisse

Es ist zu beachten, daß für das Modell Cedar Bog Lake die Zeiteinheit 1 Jahr beträgt. Es gilt daher für das Simulationsende:

TEND = 2.

Die Datensätze für das Modell Cedar Bog Lake haben damit die folgende Form:

```
TEXT;CEDAR BOG LAKE/
VARI;ICONT;1/
VARI;IPRINT;0/
VARI;TEND;2./
VARI;EPS;1.E-03/
INTI;1;1;1.E-2;6;5;1.E-3;5.;1.E-03;10000/
PL01;1;0.;2.;0.02;21;001001;001002;001003;001004;001005;001006/
PL03;1;*P;PLANTS;*H;HERBIV;*C;CARNIV;*O;ORGANIC;*E;ENVIRON;*S;
SOLAR /
END/
```

Die Ergebnisse zeigen das periodische Verhalten der Sonneneinstrahlung. Phasenverschoben folgen die Pflanzen, die Pflanzenfresser und die Fleischfresser. Die Gesamtmenge der abgestorbenen
Materie und der an die Umwelt abgegebene Energie steigen stetig
an.

Hinweise:

* Der Ergebnisausdruck zeigt für die Variablen SV(1,1), SV(1,2),
SV(1,3), SV(1,4) und SV(1,5) neben dem Mittelwert auch Konfidenzintervalle. Für diese Variablen wird sogar das Ende der Einschwingphase angegeben.

* Das Konfidenzintervall und das Ende der Einschwingphase werden
nur beberechnet, wenn das im Parameter ISTAT im Unterprogramm
ENDPLO auf 1 gesetzt ist. Für das vorliegende Modell werden daher
diese Werte nicht ausgedruckt.

VARIABLE	MINIMUM	MAXIMUM	MITTELWERT	95%-KONFIDENZ INTERVALL	ENDE EINSCHW. VORGANG	MITTELWERT VERSCHIEBUNG	MW.-VERSCH. IN PROZENT
P = PLANTS	8.3000E-01	3.1889E+01	====	====	====	====	====
H = HERBIV	3.0000E-03	8.4439E-01	====	====	====	====	====
C = CARNIV	1.0000E-04	7.9057E-01	====	====	====	====	====
O = ORGANIC	0.	1.2031E+02	====	====	====	====	====
E = ENVIRON	0.	5.4421E+01	====	====	====	====	====
S = SOLAR	3.5103E+01	1.5669E+02	====	====	====	====	====

P= PLANTS	0.	8.0000E+00	1.6000E+01	2.4000E+01	3.2000E+01	4.0000E+01
H= HERBIV	0.	2.0000E-01	4.0000E-01	6.0000E-01	8.0000E-01	1.0000E+00
C= CARNIV	0.	2.0000E-01	4.0000E-01	6.0000E-01	8.0000E-01	1.0000E+00
O= ORGANIC	0.	2.5000E+01	5.0000E+01	7.5000E+01	1.0000E+02	1.2500E+02
E= ENVIRON	0.	1.5000E+01	3.0000E+01	4.5000E+01	6.0000E+01	7.5000E+01
S= SOLAR	3.0000E+01	6.0000E+01	9.0000E+01	1.2000E+02	1.5000E+02	1.8000E+02

```
ZEIT        0    10   20   30   40   50   60   70   80   90   100 DUPLIKATE EVENT
0.          H P                          S                        I HC HO HE
2.00000E-02 C H  P                         S.                     I CO CE
4.00000E-02 C  H  P                        S                      I CO CE
6.00000E-02 CC   H   P                      S.                    I OE
8.00000E-02 IOC    .H   P                     S                   I OE
1.00000E-01 IO C      H    P                    S                 I OE
.12000      IEO C        H    P                    S              I OE
.14000      I O  C         H    P                    S            I
.16000      I EO  C           H.   P.                   S         I
.18000      I EO   C            H   P.                    S       I
.20000      I EO    C             H   P                    .S     I
.22000      I EO     C  C           H   P                    S    I
.24000      I EO      C              H   P                   S    I
.26000      I  EO      .C              H   P                 S    I
.28000      I  E O.        C            H P                .S     I
.30000      I  E O.         C            H  P               S     I
.32000      I   E O          C            .H  P            .S     I
.34000      I   E O.          C            H P  S                 I
.36000      I    E. O           C           H P S                I
.38000      I    E O             C           HPS                 I
.40000      I     .E O             C          S. P               I PH
.42000      I     E O               C       C      S . P  H      I
.44000      I     E  O.               .C  S. S.     P H          I
.46000      I      E  O.               .C S       C  P H         I
.48000      I      E  .O              S  .S.C   C   .P  H         I
.50000      I      E   O                S      C    .P  H        I
.52000      I      E   .O             S.        C     P  H       I
.54000      I       E    O. S.            .C P      .H           I
.56000      I       E     O  S.           .C P       H           I
.58000      I       E      S O               C  P    .H          I ES
.60000      I       E      S O.              .P C    .H          I
.62000      I        S  .E   O               .P C C  .H          I
.64000      I        S    .E   .O              P   CH            I
.66000      I        S      E    .O             P   CH           I
.68000      I        S       E    .O          P    HC            I
.70000      I S      S        E    .O        P    H C C          I
.72000      I S               E     .O        P   H  C C         I
.74000      I S               E      .O      P    H    C         I
.76000      I  S              E       .O     P    H     C        I
.78000      I  S              E        O .P     H        C       I
.80000      I   S             E        .O .P   H          C      I
.82000      I   S              E        O. .P  H           C     I
.84000      I    S             E        .P. H               C    I/PO
.86000      I     S            E.       P. O H              C.    I
.88000      I      S           E        P O H              C.     I
.90000      I       S         .E       P O.H             C.       I
.92000      I        S        .E       P.OH            C.         I HO
.94000      I          S.E           S.E     P.H      C.          I HO
.96000      I          . ES          P. H       C.              I
.98000      I          .  E   SP HO              C.             I OS
1.0000      I          .   E   . PHO              C.            I HO
1.0200      I          .   E      PH  S.C          C.           I PH PO
1.0400      I          .   E       P  C S          S.           I HO
1.0600      I          .   E       HP.C       S.               I
1.0800      I          .    E    OHP.C                          I
1.1000      I          .    E     O HCP                         I
1.1200      I          .    E     .O.CH P                       I
1.1400      I          .    E     .OC  H.P.                     I
1.1600      I          .    E     .OC   H.P                     I
1.1800      I          .     E    .OC   H  P                    I
1.2000      I          .     E     OC    H P           .S       I
1.2200      I          .     E     OC     H  P          S       I
1.2400      I          .     E      OC     H P          S       I
1.2600      I          .      E     OC      HP         S        I
1.2800      I          .      E      OC      HP        .S       I
1.3000      I          .      E       O C     HP   .S           I
1.3200      I          .      E        O C      HP  .S          I
1.3400      I          .      E        O C      S PH            I PH PS
1.3600      I          .      E.        O C  .S  PH             I
1.3800      I          .       E.        O.SC    P H            I
1.4000      I          .       E         S O.C    P H           I
1.4200      I          .       E        S.    O C  P.  H        I
1.4400      I          .        E S.        O  C  P.  H         I
1.4600      I          .        S.E          .O  C P.  H        I
1.4800      I          .        S .E          .O CP.   H        I
1.5000      I          .       S    E          .O CP.  H        I
1.5200      I          .      S.      E          OPC .H         I
1.5400      I          .     S.        E          P O C .H      I
1.5600      I          .    S.          E         .P  OC.H      I
1.5800      I          .   S.            E        P    CH.      I HC
1.6000      I          .  S              E        P.   H CO     I CO
1.6200      I          . S               E        P    .H  CO   I
1.6400      I          S.                 E      .EP.     H C.O  I
1.6600      I         S.                  P E.       .H    C.O   I
1.6800      I        S.                    P E H       C.  O     I
1.7000      I S     S.                      P  EH      C   O     I
1.7200      I S    .                        P  HE        C    O  I
1.7400      I S   S.                       P    H  E      C    O I
1.7600      I S  S.                        P      H E      C   O I
1.7800      I S S.                        P       H  E   C     O I
1.8000      I S S.                       .P      .H    E C     .O I
1.8200      I  S.                        P    .H       E C     O I
1.8400      I  .S                       P     H       .E C     .O I CE
1.8600      I   .S                     P     H        C E.      .O I
1.8800      I    .S                   P.   H        C  E.        O I
1.9000      I      S                 S  P. H        C    E.      .O I
1.9200      I       .S              S.   P. H       .C    E.     O I
1.9400      I        .S           S.      P. H      C.     .E    O I
1.9600      I          .          S       P H       C.     .E   O I
1.9800      I          .                  S.P H          C.   E  O I HS
2.0000      I          .                  S.P H               E  O I
ZEIT        0    10   20   30   40   50   60   70   80   90   100 DUPLIKATE EVENT
```

P= PLANTS	0.	8.0000E+00	1.6000E+01	2.4000E+01	3.2000E+01	4.0000E+01
H= HERBIV	0.	2.0000E-01	4.0000E-01	6.0000E-01	8.0000E-01	1.0000E+00
C= CARNIV	0.	2.0000E-01	4.0000E-01	6.0000E-01	8.0000E-01	1.0000E+00
O= ORGANIC	0.	2.5000E+01	5.0000E+01	7.5000E+01	1.0000E+02	1.2500E+02
E= ENVIRON	0.	1.5000E+01	3.0000E+01	4.5000E+01	6.0000E+01	7.5000E+01
S= SOLAR	3.0000E+01	6.0000E+01	9.0000E+01	1.2000E+02	1.5000E+02	1.8000E+02

8.1.4 Übungen

Die Übungen sollen zeigen, in welcher Weise der Anwender von
GPSS-FORTRAN die Reihenfolge der Gleichungen im Unterprogramm
STATE zu behandeln hat.

* Übung 1

Der Simulationslauf soll mit der nachfolgenden Reihenfolge der
Gleichungen wiederholt werden.

$$DV(1,2) = 0.48*SV(1,1)-17.87*SV(1,2)$$
$$DV(1,3) = 4.85*SV(1,2)- 4.65*SV(1,3)$$
$$DV(1,4) = 2.55*SV(1,1)+6.12*SV(1,2)+1.95*SV(1,3)$$
$$DV(1,5) = 1.0*SV(1,1)+6.90*SV(1,2)+2.7*SV(1,3)$$
$$SV(1,6) = 95.9*(1.+0.635*SIN(2.*3.14*T))$$
$$DV(1,1) = SV(1,6)-4.03*SV(1,1)$$

Es dürfen in diesem Fall bei den Ergebnissen keine Unterschiede
auftreten.

* Übung 2

Die Gleichung

$$DV(1,4) = 2.55*SV(1,1)+6.12*SV(1,2)+1.95*SV(1,3)$$

beschreibt die Zuwachsrate für die abgestorbene organische Materie. Es wird die Annahme gemacht, daß $DV(1,4)$ zusätzlich noch von
der Geschwindigkeit abhängt, mit der Energie an die Umwelt abge-
geben wird. Die Rate für den Energieverlust an die Umwelt wird
durch den Differentialquotienten $DV(1,5)$ beschrieben.
Für $DV(1,4)$ soll gelten:

$$DV(1,4)=2.55*SV(1,1)+6.12*SV(1,2)+1.95*SV(1,3)+0.1*DV(1,5)$$

Im vorliegenden Fall erscheint auf der rechten Seite der Gleichung für $DV(1,4)$ der Differentialquotient $DV(1,5)$. Um die Gleichung für $DV(1,4)$ berechnen zu können, muß demnach $DV(1,5)$ bereits bekannt sein.
Eine mögliche Reihenfolge für die Gleichungen im Unterprogramm
STATE hat das folgende Aussehen:

$$SV(1,6) = 95.9*(1.+0.635*SIN(2.*3.14*T))$$
$$DV(1,1) = SV(1,6)-4.03 *SV(1,1)$$
$$DV(1,2) = 0.48*SV(1,1)-17.87*SV(1,2)$$
$$DV(1,3) = 4.85*SV(1,2)-4.65*SV(1,3)$$
$$DV(1,5) = 1.0*SV(1,1)+6.90* SV(1,2)+2.7*SV(1,3)$$
$$DV(1,4) = 2.55*SV(1,1)+6.12*SV(1,2)+1.95*SV(1,3)+0.1*DV(1,5)$$

8.2 Parametrisierung der Modellkomponenten

In GPSS-FORTRAN sind es Unterprogramme, die die Modellkomponenten
verändern. Die Nummer der Modellkomponenten wird den Unterprogrammen in der Parameterliste übergeben.

Beispiel:

* Das Unterprogramm SEIZE übernimmt die Belegung einer Facility.
Die Nummer der Facility NFA wird in der Parameterliste übergeben.

Diese Tatsache ermöglicht eine sehr einfache und schnelle Modellerstellung, wenn ein Modell zahlreiche gleichartige Modellkomponenten enthält.

8.2.1 Das Modell Supermarkt

Die Zwischenankunftszeiten der Kunden eines Supermarktes sei
exponentiell verteilt mit dem Mittelwert 1.0 Zeiteinheiten. Die
Aufent haltsdauer eines Kunden betrage im Durchschnitt 25 Zeiteinheiten.
Weiterhin gibt es in dem Supermarkt 10 Kassen mit einer durch-
schnittlichen Bearbeitungszeit von 9.5 Zeiteinheiten.
Beim Verlassen des Supermarktes wählt der Kunde die Kasse mit der
kleinsten Warteschlange aus.
Es soll für jede Kasse die mittlere Warteschlangenlänge und die
mittlere Wartezeit bestimmt werden.
Der Simulationslauf wird abgebrochen, wenn 10000 Kunden erzeugt
worden sind.

8.2.2 Der Modellaufbau

Die Kunden werden zunächst auf die gewohnte Weise erzeugt. Die
Zeit, die ein Kunde im Supermarkt verbringt, wird durch das Unterprogramm ADVANC berücksichtigt.
Die Kassen werden durch eine Facility dargestellt. Der Kunde be-
gibt sich zu der Kasse, deren derzeitige Warteschlangenlänge mi-
nimal ist.
Es ist möglich, alle 10 Facilities durch einen Aufruf von SEIZE
zu behandeln.

Das Unterprogramm ACTIV hat die folgende Form:

```
C
C       Erzeugen der Transactions
C       =========================
1       CALL ERLANG(1.,1,0.032,5.,1,RAND1,*9999)
        CALL GENERA(RAND1,1.,*9999)
C
C       Aufenthalt im Supermarkt
C       =========================
        CALL ERLANG(25.,1,0.8,125.,2,RAND2,*9999)
        CALL ADVANC(RAND2,2,*9000)
C
```

```
C         Auswahl der Kasse
C         =================
2         XBIN=MIN(BIN(1,1),BIN(2,1),BIN(3,1),BIN(4,1),BIN(5,1),
         +BIN(6,1),BIN(7,1),BIN(8,1),BIN(9,1),BIN(10,1))
          IBIN = NINT(XBIN)
          DO 21 I=1,10
          IF(IBIN.EQ.NINT(BIN(I,1))) GOTO 22
21        CONTINUE
          GOTO 9999
22        TX(LTX,9)=FLOAT(I)
C
C         Belegen der Kasse
C         =================
          NFA=IFIX(TX(LTX,9)+0.5)
          CALL ARRIVE(NFA,1)
3         NFA=IFIX(TX(LTX,9)+0.5)
          CALL SEIZE(NFA,3,*9000)
          CALL DEPART(NFA,1,0,*9999)
          CALL ERLANG(9.5,1,0.31,47.5,1,NFA+2,RANDX,*9999)
          CALL WORK(NFA,RANDX,0,4,*9000,*9999)
4         NFA=IFIX(TX(LTX,9)+0.5)
          CALL CLEAR(NFA,*9999,*9999)
C
C         Vernichten der Transactions
C         ===========================
          CALL TERMIN(*9000)
```

Hinweise:

* Es ist zu beachten, daß jede Transaction angeben muß, von welcher Kasse sie bedient wird. Die Nummer der Facility, die einer Transaction im Abschnitt "Auswahl der Kasse" zugeordnet wird, steht im privaten Parameter TX(LTX,9).

* Im Modell Reparaturwerkstatt wurde bereits von der Möglichkeit Gebrauch gemacht, Modellkomponenten über ihre Nummer anzusprechen. Im Abschnitt "Bearbeiten der Transaction" werden die beiden Bins, die für die Transactions unterschiedlicher Priorität zuständig sind, durch einen Aufruf des Unterprogrammes ARRIVE bzw. DEPART bearbeitet.

* Durch die Parametrisierung der Modellkomponenten ist es möglich, dieselbe Station durch unterschiedliche Unterprogramme bearbeiten zu lassen. Diese Möglichkeit wurde bereits in Kap.3.4 ´Das Modell Gemeinschaftspraxis´ eingesetzt. In Abhängigkeit von der Priorität rufen die Transactions entweder das Unterprogramm MSEIZE oder MPREEM auf.

8.2.3 Die Ergebnisse

Die Ergebnisse entnimmt man dem Ausdruck der BIN-Matrix und der BINSTA-Matrix.

T =   9984.6789   RT =   9984.6789

BIN-MATRIX
==========

NBN	ANZ	MAX	SUMZ	SUMA	ARRIVE	DEPART	WZGES	LT
1	0	6	1018	1018	1018	1018	.1904E+05	9985.
2	0	6	1029	1029	1029	1029	.1825E+05	9985.
3	0	6	1102	1102	1102	1102	.1723E+05	9985.
4	0	6	1081	1081	1081	1081	.1632E+05	9985.
5	0	6	1061	1061	1061	1061	.1548E+05	9985.
6	0	6	989	989	989	989	.1473E+05	9985.
7	0	6	998	998	998	998	.1372E+05	9985.
8	0	6	975	975	975	975	.1252E+05 -	9985.
9	0	6	886	886	886	886	.1148E+05	9985.
10	0	5	861	861	861	861	.1043E+05	9985.

BINSTA-MATRIX
=============

NBN	VERWZ	TOKZ	INTV-PROZ	AEND-PROZ	EINSCHW.END
1	18.71	1.911	15.70	1.058	520.0
2	17.73	1.838	16.31	1.283	520.0.
3	15.64	1.736	16.99	1.178	480.0
4	15.09	1.643	17.13	.9124	440.0
5	14.59	1.558	18.07	.9177	480.0
6	14.89	1.484	18.10	-7.442	480.0
7	13.75	1.383	20.89	1.481	520.0
8	12.84	1.267	24.75	-9.720	2840.
9	12.96	1.161	24.51	2.027	560.0
10	12.11	1.054	26.89	2.020	600.0

8.2.4 Übungen

Die Übungen zeigen weitere Möglichkeiten der Parametrisierung von Modellkomponenten.

* Übung 1

Die Anzahl der Kassen soll auf 9 reduziert werden.

* Übung 2

Die Anzahl der Kassen soll auf 9 reduziert werden. Gleichzeitig steigt die Zwischenankunftszeit der Kunden auf 1.1 Zeiteinheiten.

* Übung 3

Im ursprünglichen Modell Supermarkt soll es 2 Eingänge geben, die jeweils durch eine Source dargestellt werden sollen. Die Zwischenankunftszeit für die Kunden jedes Eingangs sei 2 Zeiteinheiten.

Hinweis:
Das Unterprogramm GENERA erzeugt Transactions für jede Source. In der Parameterliste von GENERA ist daher die Nummer der Source nicht enthalten.

Die 2 Eingänge werden im Modell nur durch den Source-Start im Rahmen berücksichtigt:

```
        DO 5000    I = 1,2
        CALL START (I,0.,1,*9000)
5000    CONTINUE
```

Im Modell Autotelefon in Bd.3 Kap.5.3.1 wurde von der Möglichkeit bereits Gebrauch gemacht, daß mehrere Sources nur einen Aufruf von GENERA benötigen.

* Übung 4

Die Übung 4 soll so geändert werden, daß jeder Eingang eine unterschiedliche Zwischenankunftszeit hat.

Hinweis:

* Vor dem Aufruf von GENERA muß die Erzeugung der Zufallszahlen modifiziert werden.
Für jede Source wird entsprechend der Verteilung, die zu dieser Source gehört, die Ankunftszeit für die nächste Transaction bestimmt. Die Nummer einer Source, die eine Transaction erzeugen möchte, ist beim Aufruf von ACTIV bekannt. Sie steht in der Va-

riablen LSL, die im Bereich COMMON/SRC/ übergeben wird.
Der Abschnitt "Erzeugen der Transactions" hat damit die folgende
Form:

```
C
C      Erzeugen der Transactions
C      ==========================
1      CALL ERLANG(RM(LSL,1),1,RM(LSL,2),RM(LSL,3),LSL,RAND1,
      +*9999)
       CALL GENERA(RAND1,1.,*9999)
```

In der Matrix RM sind für jede Source in jeder Zeile der Mittelwert sowie die Unter- und Obergrenze angegeben. RM wird im Rahmen
eingelesen oder besetzt und über den Bereich COMMON/PRIV/ an
ACTIV übergeben.

8.3 Die Darstellung von System Dynamics Modellen   1it
mit GPSS-FORTRAN Version 3

System Dynamics Modelle gehören zu den zeitkontinuierlichen Modellen. Sie gehen davon aus, daß sich Systeme als ein Gefüge von
Rückkopplungsschleifen darstellen lassen, die durch Zustandsniveaus (levels) und Veränderungsraten (rates) dargestellt werden.
Zur Auswertung von System Dynamics Modellen wurde die Simula-
tionssprache DYNAMO entwickelt.
Eine sehr gute Einführung in System Dynamics Modelle und DYNAMO
findet man in G. Niemeyer, System Simulation, Akademische Verlagsgesellschaft, 1973.

GPSS-FORTRAN Version 3 eignet sich zur Auswertung von System Dynamics Modellen. Es umfaßt im wesentlichen den Sprachumfang von
DYNAMO. GPSS-FORTRAN geht über DYNAMO hinaus, da es die zahlrei-
chen Beschränkungen nicht kennt, denen DYNAMO unterworfen ist.

8.3.1 Die Systemelemente und Systemfunktionen von System Dynamics
      und ihre Darstellung in GPSS-FORTRAN Version 3

Veränderungsraten (rates) und Zustandsniveaus (levels) sind die
Elementarbausteine eines System Dynamics Modells.
Die Levels entsprechen den Zustandsvariablen. Die Veränderungsra-
ten sind die Änderung des Levels pro Zeit.

* Beispiel:

Der Level x(t) sei der Lagerbestand an gefertigten Automobilen.
Die Zunahmerate dx(z)/dt entspricht der Geschwindigkeit, mit der
Automobile produziert werden. Die Abnahmerate dx(a)/dt beschreibt
die Geschwindigkeit, mit der Automobile das Lager verlassen und
ausgeliefert werden.

System Dynamics Modelle lassen sich graphisch darstellen. Es werden hierbei 5 Symboltypen und 2 Typen von Verbindungslinien verwendet. Sie sind auf der folgenden Seite zusammengestellt.

In System Dynamics stehen weiterhin Delays zur Modellbeschreibung
zur Verfügung.
Es handelt sich bei einer Veränderungsrate dx/dt um ein Delay,
wenn die Veränderungsrate proportional dem Level ist. Es gilt

dx/dt = 1/D * x

Zustandsvariable (z.B. Bestand an Gütern, Personen, Informationen, Geld usw.)

Veränderungsrate einer Zustandsvariablen

Mathematische Hilfsfunktion zur Bestimmung einer Rate

Modellkonstante

Quellen und Senken bilden die Grenzen des Modells zur Umwelt. Aus den Quellen kommen die im Modell betrachteten Güter-, Personen-, Informations-, bzw. Geldströme; in den Senken verlassen sie das Modell.

Fluß der durch die Zustandsvariablen beschriebenen Größen (z.B. Güter-, Personen-, Informations- und Geldströme.

Abhängigkeiten, Wirkungen, Einflüsse.

In der graphischen Darstellung:

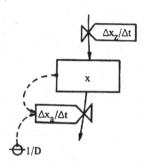

Hinweis:

* Ein Delay in System Dynamics darf nicht mit den Delay-Variablen
im Simulator GPSS-FORTRAN verwechselt werden. Zur Definition von
Delay-Variablen in GPSS-FORTRAN siehe Bd.2 Kap.2.2.6.

System Dynamics: Delay entspricht Verzögerungsglied
                    1. Ordnung
GPSS-FORTRAN   :   Totzeitglied

Die zeitliche Entwicklung eines Levels x(t) geschieht mit Hilfe
der numerischen Integration (Trapezregel). Es gilt:

Level(neu)= Level(alt)+ DT*(Rate(Zunahme)-Rate(Abnahme))

DT ist hierbei das vom Benutzer angebende Zeitinkrement. DT entspricht der Integrationsschrittweite.

In GPSS-FORTRAN Version 3 muß die Gleichung, die die zeitliche
Entwicklung des Levels beschreibt, in eine Differentialgleichung
umgeschrieben werden. Hierbei ist zu beachten, daß in GPSS-FORT-
RAN Version 3 die Unterscheidung zwischen Raten(Zunahme) und Ra-
ten(Abnahme) nicht gemacht wird. Es gibt nur die Veränderungsrate.
Es gilt

DV(NSET,NV)= dx/dt= Rate(Zunahme)- Rate(Abnahme)

Die Integrationsschrittweite ist in GPSS-FORTRAN Version 3 dem
Benutzer nicht zugänglich. Sie wird automatisch der geforderten
Genauigkeit angepaßt.

Hinweis:

* Soll aus besonderem Grund in GPSS-FORTRAN Version 3 mit kon-
stanter, vom Benutzer vorgegebener Schrittweite gearbeitet werden, so ist das möglich, indem die Unter- und Obergrenze für die
Integrationsschrittweite gleich gesetzt werden. Gleichzeitig muß
die Genauigkeit angepaßt werden.

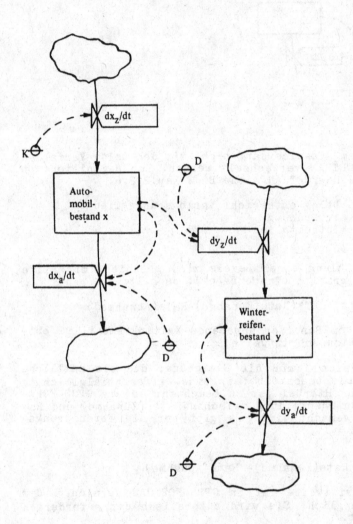

Bild 4   Modell Winter reifenbestand

8.3.2 Das Modell Winterreifenbestand

An einem Beispiel soll gezeigt werden, wie ein System Dynamics·
Modell mit GPSS-FORTRAN aufgebaut werden kann.
Das Modell Winterreifenbestand wurde G. Niemeyer, Systemsimula-
tion, Akademische Verlagsgesellschaft, 1973, entnommen.

Ein Bestand an Automo bilen x werde durch die konstante Zugangsrate dx(z)/dt aufgebaut und durch die Abgangsrate dx(a)/dt abge-
baut. Die Abgangsrate dx(a)/dt ist hierbei ein Delay erster Ordnung. Für den Autobestand gilt:

    dx(z)/dt = 5.E+06   Zugangsrate
    dx(a)/dt = 1/D(1) * x   Abgangsrate
    D(1)   = 10.   Verzögerung Abgangsrate (Auto)

Der Bestand an Automobilen beeinflußt die Zugangsrate für Winterreifen y mit einer zeitlichen Verzögerung D(2). Die mit einer
zeitlichen Verzögerung D(3) erfolgende, verschleißbedingte Abgangsrate dy(a)/dt=1/D(3)*y ist ein Output-Delay zweiter Ordnung.
Bild 4 beschreibt den Aufbau des Modells mit den Symbolen für System Dynamics.
Die Parameter für das Modell Winterreifenbestand sind die folgenden:

    dy(z)/dt = 1/D(2) * x   Zugangsrate
    dy(a)/dt = 1/D(3) * y   Abgangsrate
    D(2)   = 2.0   Verzögerung Zugangsrate (Winterreifen)
    D(3)   = 5.   Verzögerung Abgangsrate (Winterreifen)

Die Anfangsbedingungen sind die folgenden:

    x(0) = 6 000 000   Anfangsbestand Automobile
    y(0) =   600 000   Anfangsbestand Winterreifen

Die Dauer des Simulationslaufes beträgt 50 Jahre. Es soll der Bestand an Automobilen und Winterreifen geplottet werden.

Die Darstellung des Modells in GPSS-FORTRAN ist denkbar einfach.
Im Unterprogramm STATE sind die folgenden beiden Differentialgleichungen für die beiden Zustandsvariablen Autobestand und Reifenbestand zu definieren:

    DV(1,1) = 5.E+06 - 0.1 * SV(1,1)
    DV(1,2) = 0.5 * SV(1,1) - 0.2 * SV(1,2)

Weiterhin müssen der Eingabedatensatz und die Anfangsbedingungen
festgelegt werden.

8.3.3 Die Ergebnisse

Der Plot zeigt, wie der Bestand an Autos einem Grenzwert zustrebt. Davon abhängig ergibt sich auch für die Winterreifen ein
Grenzwert.

```
P L O T   NR  1
===============

VARIABLE      MINIMUM      MAXIMUM      MITTELWERT    95%-KONFIDENZ   ENDE EINSCHW.   MITTELWERT     MW.-VERSCH.
                                                      INTERVALL       VORGANG         VERSCHIEBUNG   IN PROZENT

A = AUTOS     6.0000E+06   4.9704E+07   ----          ----            ----            ----           ----
R = REIFEN    6.0000E+05   1.2352E+08   ----          ----            ----            ----           ----


A= AUTOS    0.           2.5000E+07     5.0000E+07    7.5000E+07      1.0000E+08                     1.2500E+08
R= REIFEN   0.           2.5000E+07     5.0000E+07    7.5000E+07      1.0000E+08                     1.2500E+08

  ZEIT      0      10      20      30      40      50      60      70      80      90     100 DUPLIKATE EVENT
          +-------+-------+-------+-------+-------+-------+-------+-------+-------+-------+
  0.      R   A   .       .       .       .       .       .       .       .       .     I
   .50000 I R   A .       .       .       .       .       .       .       .       .     I
  1.0000  I R   A .       .       .       .       .       .       .       .       .     I
  1.5000  I  R  A .       .       .       .       .       .       .       .       .     I
  2.0000  I   R .A        .       .       .       .       .       .       .       .     I
  2.5000  I    .  A       .       .       .       .       .       .       .       .     I
  3.0000  I    .R  A      .       .       .       .       .       .       .       .     I
  3.5000  I    . RA       .       .       .       .       .       .       .       .     I AR
  4.0000  I     . RA      .       .       .       .       .       .       .       .     I AR
  4.5000  I     .   AR    .       .       .       .       .       .       .       .     I
  5.0000  I     .   A.R   .       .       .       .       .       .       .       .     I
  5.5000  I     .    A  R .       .       .       .       .       .       .       .     I
  6.0000  I     .    .A   R       .       .       .       .       .       .       .     I
  6.5000  I     .    . A    .R    .       .       .       .       .       .       .     I
  7.0000  I     .    .  A    .R   .       .       .       .       .       .       .     I
  7.5000  I     .    .  A      R  .       .       .       .       .       .       .     I
  8.0000  I     .    .   A      R.  .     .       .       .       .       .       .     I
  8.5000  I     .    .   A        R.      .       .       .       .       .       .     I
  9.0000  I     .    .    A        .R     .       .       .       .       .       .     I
  9.5000  I     .    .    A        . R    .       .       .       .       .       .     I
 10.000   I     .    .    A        .   R  .       .       .       .       .       .     I
 10.500   I     .    .    .A       .    R .       .       .       .       .       .     I
 11.000   I     .    .    .A       .     R.       .       .       .       .       .     I
 11.500   I     .    .    .A       .      .R      .       .       .       .       .     I
 12.000   I     .    .    . A      .       R      .       .       .       .       .     I
 12.500   I     .    .    . A      .       .R     .       .       .       .       .     I
 13.000   I     .    .    . A      .       . R    .       .       .       .       .     I
 13.500   I     .    .    . A      .       .  R   .       .       .       .       .     I
 14.000   I     .    .    .A       .       .   R  .       .       .       .       .     I
 14.500   I     .    .    . A      .       .    R .       .       .       .       .     I
 15.000   I     .    .    . A      .       .     R.       .       .       .       .     I
 15.500   I     .    .    . A      .       .      R       .       .       .       .     I
 16.000   I     .    .    . A      .       .      .R      .       .       .       .     I
 16.500   I     .    .    . A      .       .      . R     .       .       .       .     I
 17.000   I     .    .    . A      .       .      .  R    .       .       .       .     I
 17.500   I     .    .    . A      .       .      .   R   .       .       .       .     I
 18.000   I     .    .    . A      .       .      .    R  .       .       .       .     I
 18.500   I     .    .    . A      .       .      .     R .       .       .       .     I
 19.000   I     .    .    . A      .       .      .      R.       .       .       .     I
 19.500   I     .    .    . A      .       .      .       R       .       .       .     I
 20.000   I     .    .    . A      .       .      .       .R      .       .       .     I
 20.500   I     .    .    . A      .       .      .       . R     .       .       .     I
 21.000   I     .    .    .A       .       .      .       .  R    .       .       .     I
 21.500   I     .    .    .A       .       .      .       .   R   .       .       .     I
 22.000   I     .    .    .A       .       .      .       .   .R  .       .       .     I
 22.500   I     .    .    .A       .       .      .       .   . R .       .       .     I
 23.000   I     .    .    .A       .       .      .       .   .  R.       .       .     I
 23.500   I     .    .    .A       .       .      .       .   .   R       .       .     I
 24.000   I     .    .    .A       .       .      .       .   .   .R      .       .     I
 24.500   I     .    .    .A       .       .      .       .   .   . R     .       .     I
 25.000   I     .    .    .A       .       .      .       .   .   .  R    .       .     I
 25.500   I     .    .    .A       .       .      .       .   .   .   R   .       .     I
 26.000   I     .    .    .A       .       .      .       .   .   .    R  .       .     I
 26.500   I     .    .    . A      .       .      .       .   .   .     R..       .     I
 27.000   I     .    .    . A      .       .      .       .   .   .      R.       .     I
 27.500   I     .    .    . A      .       .      .       .   .   .      R.       .     I
 28.000   I     .    .    . A      .       .      .       .   .   .      .R       .     I
 28.500   I     .    .    . A      .       .      .       .   .   .      . R      .     I
 29.000   I     .    .    . A      .       .      .       .   .   .      . .R     .     I
 29.500   I     .    .    . A      .       .      .       .   .   .      . .R     .     I
 30.000   I     .    .    . A      .       .      .       .   .   .      . . R    .     I
 30.500   I     .    .    . A      .       .      .       .   .   .      . .  R   .     I
 31.000   I     .    .    .  A     .       .      .       .   .   .      . .   R  .     I
 31.500   I     .    .    .  A     .       .      .       .   .   .      . .   R  .     I
 32.000   I     .    .    .  A.    .       .      .       .   .   .      . .    R .     I
 32.500   I     .    .    .  A.    .       .      .       .   .   .      . .    R .     I
 33.000   I     .    .    .  A.    .       .      .       .   .   .      . .    R .     I
 33.500   I     .    .    .  A.    .       .      .       .   .   .      . .     R.     I
 34.000   I     .    .    .  A.    .       .      .       .   .   .      . .     R.     I
 34.500   I     .    .    .  A.    .       .      .       .   .   .      . .     R.     I
 35.000   I     .    .    .  A.    .       .      .       .   .   .      . .      R     I
 35.500   I     .    .    .  A.    .       .      .       .   .   .      . .      R     I
 36.000   I     .    .    .  A.    .       .      .       .   .   .      . .      R     I
 36.500   I     .    .    .  A.    .       .      .       .   .   .      . .      R     I
 37.000   I     .    .    .  A.    .       .      .       .   .   .      . .      R     I
 37.500   I     .    .    .  A.    .       .      .       .   .   .      . .      R     I
 38.000   I     .    .    .  A.    .       .      .       .   .   .      . .      R     I
 38.500   I     .    .    .  A.    .       .      .       .   .   .      . .      R     I
 39.000   I     .    .    .  A.    .       .      .       .   .   .      . .      R     I
 39.500   I     .    .    .  A.    .       .      .       .   .   .      . .      R     I
 40.000   I     .    .    .  A.    .       .      .       .   .   .      . .      R     I
 40.500   I     .    .    .  A.    .       .      .       .   .   .      . .      R     I
 41.000   I     .    .    .  A.    .       .      .       .   .   .      . .      R     I
 41.500   I     .    .    .  A     .       .      .       .   .   .      . .      R     I
 42.000   I     .    .    .  A     .       .      .       .   .   .      . .      R     I
 42.500   I     .    .    .  A     .       .      .       .   .   .      . .      R     I
 43.000   I     .    .    .   A    .       .      .       .   .   .      . .      R     I
 43.500   I     .    .    .   A    .       .      .       .   .   .      . .      R     I
 44.000   I     .    .    .   A    .       .      .       .   .   .      . .      R     I
 44.500   I     .    .    .   A    .       .      .       .   .   .      . .      R     I
 45.000   I     .    .    .   A    .       .      .       .   .   .      . .      R     I
 45.500   I     .    .    .   A    .       .      .       .   .   .      . .      R     I
 46.000   I     .    .    .   A    .       .      .       .   .   .      . .      R     I
 46.500   I     .    .    .   A    .       .      .       .   .   .      . .      R     I
 47.000   I     .    .    .   A    .       .      .       .   .   .      . .      R     I
 47.500   I     .    .    .   A    .       .      .       .   .   .      . .      R     I
 48.000   I     .    .    .   A    .       .      .       .   .   .      . .      R     I
 48.500   I     .    .    .   A    .       .      .       .   .   .      . .      RI
 49.000   I     .    .    .   A    .       .      .       .   .   .      . .      RI
 49.500   I     .    .    .   A    .       .      .       .   .   .      . .      RI
 50.000   I     .    .    .   A    .       .      .       .   .   .      . .      RI
  ZEIT      0      10      20      30      40      50      60      70      80      90     100 DUPLIKATE EVENT
          +-------+-------+-------+-------+-------+-------+-------+-------+-------+-------+

A= AUTOS    0.           2.5000E+07     5.0000E+07    7.5000E+07      1.0000E+08                     1.2500E+08
R= REIFEN   0.           2.5000E+07     5.0000E+07    7.5000E+07      1.0000E+08                     1.2500E+08
```

8.3.4 Übungen

Die Übungen zeigen, wie einfach und schnell System Dynamics Modelle mit GPSS-FORTRAN Version 3 dargestellt werden können.

* Übung 1

Es soll das in G. Niemeyer, Systemsimulation, Akademische Verlagsbuchhandlung, in Kap. 5.7.3 beschriebene Modell eines Produktionsbetriebes mit GPSS-FORTRAN Version 3 aufgebaut werden.

* Übung 2

Es soll das in G. Niemeyer, Systemsimulation, Akademische Verlagsbuchhandlung, in Kap. 5.9.2 beschriebene Weltmodell von Forrester mit GPSS-FORTRAN Version 3 aufgebaut werden.

8.4 Differentialgleichungen höherer Ordnung

In GPSS-FORTRAN Version 3 können nur Differentialgleichungen 1.
Ordnung behandelt werden. Wenn Differentialgleichungen höherer
Ordnung vorkommen, so sind sie vom Benutzer in ein System von
Differentialgleichungen 1. Ordnung zu überführen. Wie das zu geschehen hat, wird in Bd.2 Kap.2.1.2 "Die Formulierung der Differentialgleichungen" beschrieben. Das Modell "Radaufhängung" gibt
ein Beispiel.

8.4.1 Das Modell Radaufhängung I

Eine Masse M wird mit Hilfe einer Feder und eines Stoßdämpfers an
einer festen Wand befestigt. Bild 5 zeigt dieses mechanische Modell.
Das Modell wird durch die folgende Differentialgleichung 2. Ordnung beschrieben:

$$Mx´´ + Dx´ + Kx = F(t)$$

Die Variablen haben die folgende Bedeutung:

M   Masse (kg)
D   Dämpfungskonstante (kg/sec)
K   Federkonstante (kg/sec**2)
x   Ortskoordinate des Massepunktes (m)
F(t)   Kraft zur Zeit t (kg*m/sec**2)

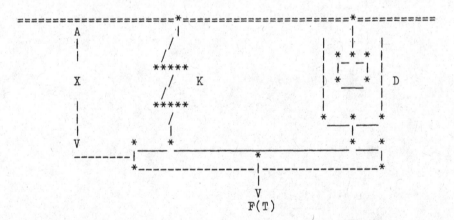

Bild 5   Modell Radaufhängung

Es sollen die Bewegung und die Geschwindigkeit des Masseschwerpunktes graphisch dargestellt werden.
Die Anfangsbedingungen sind die folgenden:

```
M    = 1 kg
D    = 0.3 kg/sec
K    = 1.0 kg/sec**2
F(t) = 1.0 kg*m/sec**2   für alle t
```

Die Auslenkung des Massepunktes zur Zeit T=0. sei x=0. Die Geschwindigkeit des Massepunktes zu dieser Zeit sei ebenfalls x´=0.

Der Simulationslauf für das Modell Radaufhängung soll nach 30 Sekunden abgebrochen werden.

8.4.2 Der Modellaufbau

Zunächst ist die Differentialgleichung 2. Ordnung in zwei Differentialgleichungen 1. Ordnung umzuwandeln. Das hat nach den Vorschriften zu geschehen, die in Bd.2 Kap.2.1.2 beschrieben sind.

Es gilt:

$$x´´ = - K/M * x - D/M * x´ + F/M$$

Die Einführung der neuen Variablen x(1) geschieht wie folgt:

$$x(1) = x´$$

Die beiden Differentialgleichungen 1. Ordnung lauten:

```
x´     = x(1)
x(1)´  = - K/M * x - D/M * x(1) + F/M
```

Es werden gleichgesetzt:

```
SV(1,1) = x(1)        DV(1,1) = x(1)´
SV(1,2) = x           DV(1,2) = x´
```

Damit lautet das Gleichungssystem:

```
DV(1,2) = SV(1,1)
DV(1,1) = -K/M * SV(1,2) -D/M * SV(1,1) + F/M
```

Diese beiden Gleichungen müssen in das Unterprogramm STATE aufgerufen werden.
SV(1,1) beschreibt die Geschwindigkeit und SV(1,2) die Bewegung des Massepunktes. Zur graphischen Darstellung der Geschwindigkeit und der Bewegung des Massepunktes müssen daher SV(1,1) und SV(1,2) geplottet werden.

In einem Ereignis sind die Anfangsbedingungen

```
SV(1,1) = 0.
```

$SV(1,2) = 0.$

anzugeben.

Hinweis:

* Die Variablen M und K sind als Variablen vom Typ REAL zu definieren.

8.4.3 Die Ergebnisse

In dem nachfolgenden Plot ist die Geschwindigkeit x' und die
Ortskoor dinate x des Masseschwerpunktes graphisch dargestellt.

Als Drucksymbol wurde für die Ortskoordinate P (position) und für
die Geschwindigkeit V (velocity) gewählt.
Man sieht, daß die Kraft F(t), die zur Zeit T=0. eingeschaltet
wird, das System in eine gedämpfte Schwingung versetzt. Als
Grenzwert werden erreicht:

$V = 0.$
$P = 1.$

Das bedeutet, daß nach der Einschwingphase das System in einen
neuen stationären Zustand übergeht. Die konstant einwirkende
Kraft führt dazu, daß das System eine konstante Auslenkung er-
fährt. Die Geschwindigkeit des Masseschwerpunktes im neuen Zustand ist erwartungsgemäß V=0. Man entnimmt dem Plot weiterhin
die Tatsache, daß Geschwindigkeit und Position phasenverschoben
sind. Die Geschwindigkeit erreicht ihr Maximum, wenn die Ortskoordinate einen Nulldurchgang hat.

P L O T   NR 1
==============

VARIABLE	MINIMUM	MAXIMUM	MITTELWERT	95%-KONFIDENZ INTERVALL	ENDE EINSCHW. VORGANG	MITTELWERT VERSCHIEBUNG	MW.-VERSCH. IN PROZENT
V = VELOCITY	-4.9724E-01	8.0454E-01	3.2822E-02		- BESTIMMUNG DER EINSCHWINGPHASE NICHT MOEGLICH -		
P = POSITION	0.	1.6163E+00	.9855	.1183	3.000	3.4852E-02	3.536

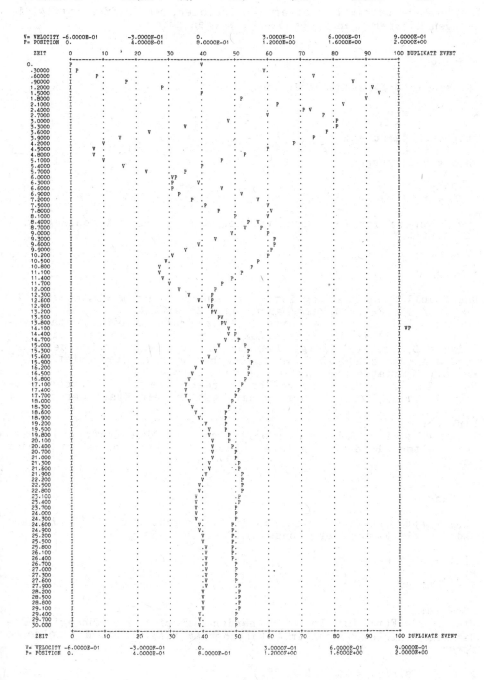

V= VELOCITY -6.0000E-01   -3.0000E-01   0.   3.0000E-01   6.0000E-01   9.0000E-01
P= POSITION 0.   4.0000E-01   8.0000E-01   1.2000E+00   1.6000E+00   2.0000E+00

8.4.4 Übungen

Die Übungen zeigen an weiteren Beispielen, wie Differentialgleichungen höherer Ordnung behandelt werden müssen.

* Übung 1

Es ist die Schwingungsgleichung

$x'' + A * x = 0$

graphisch darzustellen.

Anfangsbedingungen:

$x'(0) = 0.$
$x(0) = 1.$

Das Ergebnis ist die Sinusfunktion mit einer Periodenlänge von $T=2*3.14/A$.

* Übung 2

Das Modell Radaufhängung ist so zu ändern, daß im Abstand von 15 ZE die Kraft F=1. für die Dauer von 2 ZE einwirkt.
Es empfiehlt sich, die Werte für die Kraft in eine Zustandsvariable SV(1,3) zu übernehmen, um sie plotten zu können. Die graphische Darstellung zeigt dann besonders übersichtlich den Einfluß des Kraftstoßes auf den Masseschwerpunkt. (Siehe hierzu Bd.3 Kap.8.1 "Variable und ihre graphische Darstellung.)
Es sollen zwei Plots ausgegeben werden, die die Ortskoordinate und die Kraft bzw. die Geschwindigkeit und die Kraft darstellen.

Hinweis:
Es sind zwei Ereignisse erforderlich, die die Kraft ein- bzw. ausschalten. Beide Ereignisse melden sich jeweils selbst wieder an.

* Übung 3

Im Abstand von 25 ZE erfolgt ein Kraftstoß, der 8. ZE andauert und der die Form einer Sinusschwingung hat. Es gilt:

$F(t) = F1 * sin(A*T)$
$F1 = 1.$
$A = 3.14/8.$

Hinweis:
Die Kraft F(t) ist im vorliegenden Beispiel zeitabhängig. Die Differentialgleichungen im Unterprogramm STATE haben die folgende Form:

$F = F1 * sin(3.14/8. * T - PHI)$

```
DV(1,2) = SV(1,1)
DV(1,1) = -K/M * SV(1,2) - D/M * SV(1,1) + F/M
SV(1,3) = F
```

Das Ein- und Ausschalten der Kraft erfolgt wieder in zwei Ereignissen, die F1=1. bzw. F1=0. setzen.
Die Phase PHI muß hierbei so bestimmt werden, daß zum Zeitpunkt T
des Einschaltens die Kraft den Anfangswert F(T)=0. hat. Es gilt:

PHI = (3.14 * T)/8.

Die beiden zusätzlichen Ereignisse haben damit die folgende Form:

```
C
C       Einschalten der Kraft
C       =====================
2       CALL MONITR(1)
        F1 = 1.
        PHI = AMOD(T,2.*3.14)
        CALL BEGIN(1,*9999)
        CALL ANNOUN(2,T+25.,*9999)
        CALL ANNOUN(3,T+8.,*9999)
        CALL MONITR(1)
        RETURN
C
C       Ausschalten der Kraft
C       =====================
3       CALL MONITR(1)
        F1 = 0.
        CALL BEGIN(1,*9999)
        CALL MONITR(1)
        RETURN
```

Es ist zu beachten, daß F1 und PHI im Bereich COMMON/PRIV/ an das
Unterprogramm STATE übergeben werden.

Es sollen zwei Plots ausgegeben werden, die den Verlauf der Ortskoordinate mit der Kraft bzw. den Verlauf der Geschwindigkeit mit
der Kraft darstellen.

Hinweise:

* Um einen hinreichenden Überblick über den Kurvenverlauf zu erhalten, soll die Simulation bis T=100 laufen. Empfohlene Monitorschrittweite ist 0.5.

* Die Werte der Variablen F(t) müssen in die Variable SV(1,3)
übernommen werden, um sie plotten zu können.

8.5 Stochastische, kontinuierliche Systeme

Alle Unterprogramme, die in Zusammenhang mit der Erzeugung von
Zufallszahlen und mit der Auswertung statistischen Materials stehen, können auch bei der Modellierung von kontinuierlichen Systemen eingesetzt werden. Das Modell Radaufhängung II zeigt an einem
ganz einfachen Beispiel, wie hierbei zu verfahren ist.

8.5.1 Das Modell Radaufhängung II

Das Modell Radaufhängung I, das in der Übung 2 in Bd.3 Kap.8.4.4
beschrieben wurde, soll so geändert werden, daß die Kraftstöße
nicht regelmäßig sondern in zufälligen Abständen auftreten. Die
Zeiten, die zwischen zwei Kraftstößen liegen, sollen der Gaußverteilung mit MEAN=15.ZE und SIGMA=2. gehorchen. Als Unter- und
Obergrenze gilt RMIN=10. und RMAX=20.
Es sollen die Bewegung und die Geschwindigkeit des Masseschwerpunktes für 50. ZE auf je einem Plot graphisch dargestellt werden. Zusätzlich sollen die Kraftstöße auf beiden Plots sichtbar
sein.

8.5.2 Die Ergebnisse

Die einzige Änderung, die am Modell Radaufhängung I (Übung 2)
einzuführen ist, betrifft das Wiederanmelden des Ereignisses
NE=2, das das Einschalten des Kraftstoßes bewirkt. Anstelle der
Zeit von 15. ZE sind die Zeiten jetzt zufällig verteilt. Der neue
Zeitpunkt, zu dem der Kraftstoß eingeschaltet wird, ist eine Zu-
fallszahl, die vom Unterprogramm GAUSS beschafft wird.

Das Unterprogramm EVENT hat damit die folgende Form:

```
C
C      Adressverteiler
C      ================
       GOTO(1,2,3),NE

C
C      Anfangsbedingungen
C      ==================
1      SV(1,1) = 0.
       SV(1,2) = 0.
       SV(1,3) = 0.
       CALL BEGIN(1,*9999)
       RETURN

C
C      Einschalten des Kraftstoßes
C      ===========================
2      CALL MONITR(1)
       SV(1,3) = 1
       CALL BEGIN(1,*9999)
       CALL MONITR(1)
       CALL GAUSS(15.,2.,10.,20.,1,RANDOM)
```

```
      CALL ANNOUN(2,T+RANDOM,*9999)
      CALL ANNOUN(3,T+2.,*9999)
      RETURN

C
C     Ausschalten des Kraftstoßes
C     ===========================
3     CALL MONITR(1)
      SV(1,3) = O.
      CALL BEGIN(1,*9999)
      CALL MONITR(1)
      RETURN
      END
```

Die graphische Darstellung zeigt wieder das bereits von dem Modell Radaufhängung I (Übung 1) bekannte Verhalten. Der Unterschied besteht in der zufälligen Aufeinanderfolge der Kraftstöße.

Der Plot 1 zeigt die Position und die Kraftstöße, während Plot 2
die Geschwindigkeit und die Kraftstöße darstellt.

```
P L O T  NR  1
==============
```

VARIABLE	MINIMUM	MAXIMUM	MITTELWERT	95%-KONFIDENZ INTERVALL	ENDE EINSCHW. VORGANG	MITTELWERT VERSCHIEBUNG	MW.-VERSCH. IN PROZENT
V = VELOCITY	-1.2321E+00	1.0542E+00	----	----	----	----	----
F = FORCE	0.	1.0000E+00	----	----	----	----	----

```
V= VELOCITY -1.8000E+00    -1.2000E+00    -6.0000E-01    0.           6.0000E-01    1.2000E+00
P= FORCE    -1.8000E+00    -1.2000E+00    -6.0000E-01    0.           6.0000E-01    1.2000E+00

ZEIT    0      10      20      30      40      50      60      70      80      90     100 DUPLIKATE EVENT
       +-------+-------+-------+-------+-------+-------+-------+-------+-------+-------+
0.      I                               .                   V                     F   I VF        .
.50000  I                               .                   V           V       . F   I
1.0000   I                              .                   V               V   V F   I
1.5000   I                              .                   V                 V V P   I
2.0000   I                              .                   P               V   V F   I
2.5000   I                              .                   V               V   P     I VF        .
3.0000   I                    V         .                   V                         I
3.5000   I              V               .                   P                         I
4.0000   I               V              .                   P                         I
4.5000   I                V.            .                   P                         I
5.0000   I                    .V        .                   P                         I
5.5000   I                              .           V       P                         I
6.0000   I                              .                   P           V.            I
6.5000   I                              .                   P             V.          I
7.0000   I                              .                   P               .V        I
7.5000   I                              .                   P               .V        I
8.0000   I                              .                   P             V           I
8.5000   I                              .           V       P                         I
9.0000   I                              .             V     P                         I
9.5000   I                              .       V           P                         I
10.000   I                              .       V           P                         I
10.500   I                              .     V.            P                         I
11.000   I                              .     V.            P                         I
11.500   I                              .                   V                         I VF
12.000   I                              .                 V .                         I
12.500   I                              .                 V.V                         I
13.000   I                              .                 V V                         I
13.500   I                              .               V V                           I
14.000   I                              .                 P                           I
14.500   I                              .             V   P                           I
15.000   I                              .                 PV                          I
15.500   I                              .            V    F                           I
16.000   I                              .             V   F                           I
16.500   I                              .             V   P                           I
17.000   I                              .             V   P                           I
17.500   I                              .             V   P                           I
18.000   I                              .                  P         V.          F    I
18.500   I                              .                   P              V  . F     I
19.000   I                              .                   P              V .FP      I
19.500   I                              .                   P               V  F      I
20.000   I                              .           V       P                         I
20.500   I                              .                   P                         I
21.000   I                    V         .                   P                         I
21.500   I                    V.        .                   P                         I
22.000   I                      V       .                   P                         I
22.500   I                              .                   P                         I
23.000   I                              .                   V                         I VF
23.500   I                              .                   P         V               I
24.000   I                              .                   P               V.        I
24.500   I                              .                   P             V.V         I
25.000   I                              .                   P             V.          I
25.500   I                              .                   P           V.            I
26.000   I                              .                   F V                       I
26.500   I                              .                   F V                       I
27.000   I                              .            V.     F                         I
27.500   I                              .            V      F                         I
28.000   I                              .             .V    F                         I
28.500   I                              .                V  F                         I
29.000   I                              .                V  F V                       I
29.500   I                              .                   P V                       I
30.000   I                              .                   F           V      .   F  I
30.500   I                              .                   F                  V. F V I
31.000   I                              .                   F                   V.  F I
31.500   I                              .                   P         V               I
32.000   I                              .             V     P                         I
32.500   I                              .                   P         V               I
33.000   I                       V      .                   P                         I
33.500   I              V.              .                   P                         I
34.000   I               .V             .                   P                         I
34.500   I                     V        .                   P                         I
35.000   I                              .            V      P                         I
35.500   I                              .                   F V                       I
36.000   I                              .                   F             V           I
36.500   I                              .                   F               V.        I
37.000   I                              .                   F             V.          I
37.500   I                              .                   F           V.            I
38.000   I                              .                   F           .V            I
38.500   I                              .                   FV                        I
39.000   I                              .            V      F                         I
39.500   I                              .       V           F                         I
40.000   I                              .      V            F                         I
40.500   I                              .       V           F                         I
41.000   I                              .         V.        F                         I
41.500   I                              .          V        F                         I
42.000   I                              .                   F V                       I
42.500   I                              .                   F     V                   I
43.000   I                              .                   F      V                  I
43.500   I                              .                   F     V                   I
44.000   I                              .                   F V                       I
44.500   I                              .               V   F                         I
45.000   I                              .               VF                            I
45.500   I                              .             V     F                         I
46.000   I                              .            V      F                         I
46.500   I                              .            V      F                         I
47.000   I                              .             V  F                            I
47.500   I                              .               V F                     F     I
48.000   I                              .                   F V           . F         I
48.500   I                              .                   F         V   . F         I
49.000   I                              .                   F             V V F       I
49.500   I                              .                   P             V  F        I
50.000   I                              .                   P             V           I
       +-------+-------+-------+-------+-------+-------+-------+-------+-------+-------+
ZEIT    0      10      20      30      40      50      60      70      80      90     100 DUPLIKATE EVENT

V= VELOCITY -1.8000E+00    -1.2000E+00    -6.0000E-01    0.           6.0000E-01    1.2000E+00
P= FORCE    -1.8000E+00    -1.2000E+00    -6.0000E-01    0.           6.0000E-01    1.2000E+00
```

PLOT NR 2
==============

VARIABLE	MINIMUM	MAXIMUM	MITTELWERT	95%-KONFIDENZ INTERVALL	ENDE EINSCHW. VORGANG	MITTELWERT VERSCHIEBUNG	MW.-VERSCH. IN PROZENT
P = POSITION	-9.4792E-01	1.5126E+00	----	----	----	----	----
P = FORCE	0.	1.0000E+00	----	----	----	----	----

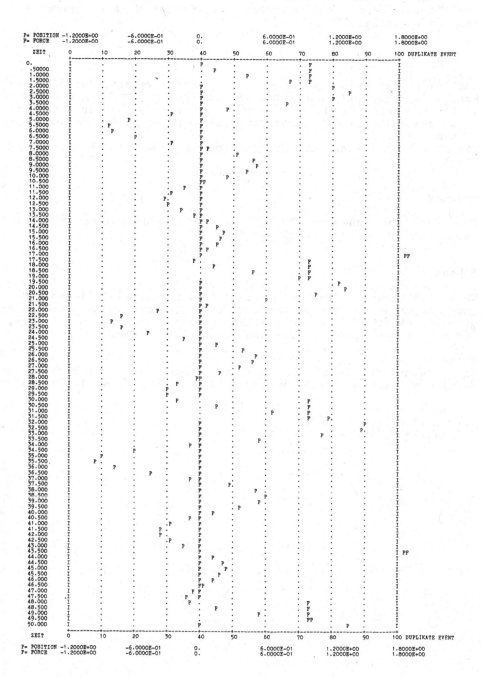

P= POSITION	-1.2000E+00	-6.0000E-01	0.	6.0000E-01	1.2000E+00	1.8000E+00
P= FORCE	-1.2000E+00	-6.0000E-01	0.	6.0000E-01	1.2000E+00	1.8000E+00

8.5.3 Übungen

Die Übungen zeigen den weiteren Einsatz der Unterprogramme zur
Erzeugung von Zufallszahlen.

* Übung 1

Das Modell Radaufhängung II soll so geändert werden, daß sich die
Kraftstöße auch überlappen können. Das heißt, es soll ein neuer
Kraftstoß eintreffen können, bevor der vorhergehende zu Ende ist.
In diesem Fall ist der Gesamtkraftstoß die Summe der beiden ein-
zelnen Stöße.
Hierzu wird die Länge der Kraftstöße von bisher 2. ZE auf 12. ZE
erhöht.

* Übung 2

Auch die Länge und die Stärke des Kraftstoßes sollen innerhalb
realistischer Grenzen zufallsverteilt sein.

* Übung 3

Neben positiven Kraftstößen sollen mit der Wahrscheinlichkeit 0.4
auch negative Kraftstöße vorkommen. Auf diese Weise läßt sich
eine Teststrecke für die Radaufhängung von Fahrzeugen simulieren,
die sowohl Schlaglöcher als auch Bodenwellen aufweist.

Hinweis:
Die Richtung der Kraft wird bestimmt, indem eine gleichverteilte
Zufallszahl im Intervall zwischen 0 und 1 gezogen wird. Es gilt:

```
F = 1.
CALL UNIFRM(0.,1.,4,RAND)
IF(RAND.LE.0.4)F= -1.
```

8.6 Delay-Variable

Für Delay-Variable stehen die Werte SV bzw. DV auch für Zustände zur Verfügung, die zwischen der gegenwärtigen Simulationszeit T und der zurückliegenden Zeit T-TAUMAX liegen. Auf diese Weise lassen sich Modelle darstellen, in denen der Wert einer Zustandsvariablen bzw. eines Differentialquotienten zur Zeit T vom Wert einer Zustandsvariablen bzw. eines Differentialquotienten zu einer zurückliegenden Zeit TAU (O.LE.TAU.LE.TAUMAX) abhängt.

Beispiele:

* Die Zunahme des Investitionsmittelbestandes beeinflußt die Produktionsrate einer Firma. Die Erhöhung des Investitionsmittelbestandes wird jedoch erst nach einer Verzögerungszeit auf die Produktionsrate wirken. Die Verzögerungszeit entspricht der Bauzeit der neuen Anlagen. Das bedeutet, daß die Änderungsrate der Produktion dx/dt zur Zeit T vom Investitionsmittelbestand y zu einer vorhergehenden Zeit abhängt:

$$dx(T)/dt = f(y(T-TAU))$$

* Der Wasserstand eines Flusses zur Zeit T hängt von der Niederschlags menge zur Zeit T-TAU ab. Die Verzögerung TAU entspricht der Zeit, die vergeht, bis sich das Wasser gesammelt und den Flußlauf erreicht hat.

* Im Wirte-Parasiten Modell ist die Befallswahrscheinlichkeit proportional zur Anzahl der Wirte und zur Anzahl der Parasiten. Nimmt man eine Inkubationszeit an, so ist der befallsbedingte Teil der Änderungsrate zur Zeit T abhängig von der Zahl der Wirte und von der Zahl der Parasiten zur Zeit T-TAU, wobei TAU die Inkubationszeit ist.

8.6.1 Das Wirte-Parasiten Modell VI

Das Wirte-Parasiten Modell VI geht von dem einfachen Wirte-Parasiten Modell aus, das in Bd.3 Kap. 1.1 beschrieben wurde. Es berücksichtigt jedoch die Inkubationszeit.
Der Befall eines Wirtes durch einen Parasiten führt erst nach der Inkubationszeit TAU zum Tod des Wirtes und damit zur Geburt eines neuen Parasiten.

Die Gleichungen, die das Wirte-Parasiten Modell VI beschreiben, haben daher die folgende Form:

$$dx(T)/dt = a * x(T) - c * x(T-TAU) * y(T-TAU)$$
$$dy(T)/dt = -b * y(T) + c * x(T-TAU) * y(T-TAU)$$

Für die Auswertung des Wirte-Parasiten Modells VI gelten die Angaben aus Bd.3 Kap. 1.1. Weiterhin sei TAU=10.

8.6.2 Die Implementierung

Zur Berechnung des Differentialquotienten DV zur Zeit T ist der
Wert der Zustandsvariablen SV zur Zeit T und zur Zeit T-TAU erforderlich. Der Wert der Zustandsvariablen SV zur Zeit T-TAU wird
mit Hilfe des Unterprogrammes DELAY beschafft. Die Differentialgleichungen im Unterprogramm STATE haben demnach die folgende
Form:

```
1       CALL DELAY(1,1,10.,SVD1,*9999)
        CALL DELAY(1,2,10.,SVD2,*9999)
        DV(1,1)=0.005*SV(1,1)-0.000006*SVD1*SVD2
        DV(1,2)=-0.05*SV(1,2)+0.000006*SVD1*SVD2
        RETURN
```

In einem Ereignis NE=1 müssen wie gewohnt die Anfangsbedingungen
angegeben werden.

Zunächst werden die Anfangswerte zur Zeit T=0. festgelegt. Für
sie gilt entsprechend zu Kap. 1.1:

SV(1,1) = 10000.
SV(1,2) = 1000.

Weiterhin müssen mindestens zwei weiter zurückliegende Zustände
angege ben werden. Der eine muß zur Zeit des maximalen Delays
T=-10 vorliegen. Der zweite wird zur Zeit des Simulationsbeginns
bei T=0. benötigt. Im vorhergehenden Beispiel sollen 3 zurückliegenden Werte zur Verfügung stehen. Sie werden für die Werte in
die Matrix XD1 eingetragen. Es gilt:

XD1(1,1) = 10000.
XD1(2,1) = -10.
XD1(1,2) = 10000.
XD1(2,2) = -6.
XD1(1,3) = 10000.
XD1(2,3) = 0.

Für die Parasiten werden die Werte in die Matrix XD2 eingetragen.
Es gilt:

XD2(1,1) = 1000.
XD2(2,1) = -10.
XD2(1,2) = 1000.
XD2(2,2) = -6.
XD2(1,3) = 1000.
XD2(2,3) = 0.

Mit Hilfe des Unterprogrammes DEFILL werden die zurückliegenden
Werte für SV(1,1) und SV(1,2) in die entsprechenden Datenbereiche
zur Archivierung eingetragen.
Das Unterprogramm EVENT hat demnach die folgende Form:

```
C
C
C        Ereignisse
C        ==========
1        SV(1,1) = 10000.
         SV(1,2) = 1000.
C
         XD1(1,1) = 10000.
         XD1(2,1) = -10.
         XD1(1,2) = 10000.
         XD1(2,2) = -6.
         XD1(1,3) = 10000.
         XD1(2,3) = 0.
C
         XD2(1,1) = 1000.
         XD2(2,1) = -10.
         XD2(1,2) = 1000.
         XD2(2,2) = -6.
         XD2(1,3) = 1000.
         XD2(2,3) = 0.
C
         CALL DEFILL(1,1,XD1,3,*9999)
         CALL DEFILL(1,2,XD2,3,*9999)
         CALL BEGIN(1,*9999)
         CALL REPRT7
         RETURN
```

Hinweise:

* Der Aufruf von REPRT7 dient zur Überprüfung der korrekten Übernahme der zurückliegenden Anfangswerte.

* Es ist zu beachten, daß die beiden Matrizen XD1 und XD2 vom Benutzer im Unterprogramm EVENT zu dimensionieren sind. Es gilt:

DIMENSION XD1(2,3), XD2(2,3)

* Die Matrix zur Aufnahme zurückliegender Anfangswerte besteht aus 2 Zeilen und einer Anzahl von Spalten, die der Anzahl der zurückliegenden Anfangswerte entspricht. In der 1. Zeile der Matrix stehen die zu archivierenden Werte für SV bzw. DV, in der 2. Zeile die dazugehörigen Zeiten.

Negative Zeiten sind im Simulator GPSS-FORTRAN Version 3 im Normalfall nicht zugelassen. Ausgenommen ist die Vorbesetzung von Delay- Variablen. Diese Ausnahme wurde eingeführt, um unabhängig von der Delayzeit den Simulationslauf bei T=0. beginnen zu können. Das bedeutet, daß wie gewöhnlich das Ereignis NE=1 zur Zeit T=0. angemeldet werden kann:

CALL ANNOUN(1,0.,*9999)

Um alle zurückliegenden Systemzustände archivieren zu können, müssen die beiden Variablen SV(1,1) und SV(1,2) als Delay-Variable deklariert werden. Das geschieht durch zwei zusätzliche Datensätze in der Eingabedatei. Die beiden zusätzlichen Eingabedatensätze haben für das Wirte-Parasiten Modell VI die folgende Form:

```
DELA; 1; 1; 10./
DELA; 1; 2; 10./
```

8.6.3 Das Zusammenfassen der Datenbereiche für Delay-Variable

Für alle Delay-Variablen hat der Datenbereich zur Archivierung der zurückliegenden Zustände während eines Simulationslaufes eine feste Dimension.

Die Dimension ist durch den Benutzer veränderbar. Das kann durch Modifikation des Dimensionsparameters "LDEVAR" geschehen. (Siehe Anhang A4 "Dimensionsparameter".) Es ist möglich, daß während eines Simulationslaufes die Länge des Datenbereiches zur Archivierung der zurückliegenden Zustände nicht ausreicht. Das ist möglich, wenn die Aktivierung zahlreicher zeitdiskreter Aktivitäten zur Aufnahme zusätzlicher Werte nötigt.

Wenn der Datenbereich zur Archivierung zurückliegender Zustände gefüllt ist, werden im Simulator GPSS-FORTRAN Version 3 benachbarte Zustände zusammengefaßt. Anstelle der Werte für die benachbarten Zustände wird jetzt der Mittelwert gespeichert.
Zwei Werte, die eine Sprungstelle charakterisieren und daher zwei gleiche Zeiten haben, entgehen der Zusammenfassung. Sie werden unverändert übernommen. Die beiden Werte sind erforderlich, um bei einer Sprungstelle korrekt interpolieren zu können. (Siehe hierzu Bd.2 Kap. 2.2.6 "Delays".)

Die Datenbereiche zur Aufnahme zurückliegender Zustände sind als Ringpuffer organisiert. Alle Zustände, die älter sind als T-TAUMAX können überschrieben werden. Das Zusammenfassen ist daher nur erforderlich, wenn innerhalb des Zeitintervalles T-TAUMAX mehr Zustände berechnet wurden als in den Datenbereichen mit der Dimension "LDEVAR" gespeichert werden können.

Der Vorgang des Zusammenfassens ist während eines Simulationslaufes mehrfach wiederholbar. Er kann solange durchgeführt werden, bis nur noch Werte gespeichert sind, die nicht zusammengefaßt werden dürfen.

Hinweis:

* Durch die Protokollsteuerung IPRINT bzw. JPRINT(22) kann das Zusammenfassen der archivierten Zustände protokolliert werden (siehe hierzu Bd.2 Kap. 5.3.2 "Die Protokollsteuerung durch IPRINT und JPRINT").

8.6.4 Die Vorbesetzung der Delay Variablen

Am günstigsten ist es, wenn die Vorbesetzung der Delay-Variablen
mit den Werten erfolgt, die zu den vorhergegangenen Zeiten tatsächlich angenommen worden sind.

Häufig ist die genaue Vorbesetzung jedoch nicht bekannt. Es emp-
fiehlt sich, in diesem Fall als Vorbesetzung den Anfangswert der
Zustandsvariablen zur Zeit des Simulationsbeginnes einzusetzen.
Im Wirte-Parasiten-Modell VI wurde auf diese Weise vorgegangen.

Beispiel:

* Eine mögliche Vorbesetzung der Delay-Variablen wäre die folgende:

SV(1,1) = 10000.
SV(1,2) = 1000.

XD1(1,1) = 10000.
XD1(2,1) = -10.
XD1(1,2) = 10000.
XD1(2,2) = 0.

XD2(1,1) = 1000.
XD2(2,1) = -10.
XD2(1,2) = 1000.
XD2(2,2) = 0.

Eine Sprungstelle im Verlauf der Delay-Variablen wird in der Regel zu einer Sprungstelle im Verlauf des Differentialquotienten
zu einer späteren Zeit führen. Da diese Sprungstellen im Verlauf
des Differentialquotienten gewöhnlich im Inneren eines Integrationsschrittes liegen, würde der relative Fehler sehr groß. Es
wird daher dafür gesorgt, daß der Integrationsschritt nur bis zu
der entsprechenden Sprungstelle geführt wird.

Für Sprungstellen im Verlauf von Delay-Variablen, die während des
Simulationslaufes durch Ereignisse verursacht worden sind, ist
der Simulator verantwortlich. Er sorgt von sich aus dafür, daß
die Integration nicht über eine derartige Stelle hinweggeführt
wird.
Sprungstellen, die sich aufgrund der Vorbesetzung ergeben können,
muß der Benutzer auf jeden Fall selbst vermeiden.

Hinweise:

* Es wird empfohlen, den Verlauf der Integration im Zeitbereich
um

T = Simulationsbeginn + TAU

mit Hilfe der Protokollsteuerung IPRINT sehr genau zu überprüfen.

Es wird daran erinnert, daß der Wert zur Zeit des Simulationsbeginns zweimal vorkommen muß. Einmal erscheint er als Vorbesetzung
der Variablen SV. Weiterhin muß er auf jeden Fall mit Hilfe der
Matrix XD1 bzw. XD2 archiviert werden.

8.6.5 Die Ergebnisse

Der nachfolgende Plot zeigt das Verhalten für die Wirte und Parasiten. Im Vergleich zum Wirte-Parasiten-Modell 1 fällt auf, daß die Periodenlänge der Schwingungen zugenommen hat und daß das System nicht mehr stabil ist. Aufgrund der Totzeiten schaukelt sich das System auf.

PLOT NR 1

VARIABLE	MINIMUM	MAXIMUM	MITTELWERT	95%-KONFIDENZ INTERVALL	ENDE EINSCHW. VORGANG	MITTELWERT VERSCHIEBUNG	MW.-VERSCH. IN PROZENT
W = WIRTE	4.0417E+03	1.4597E+04	----	----	----	----	----
P = PARASIT	5.1015E+01	2.3829E+03	----	----	----	----	----

```
W= WIRTE   2.5000E+03        5.0000E+03        7.5000E+03        1.0000E+04        1.2500E+04        1.5000E+04
P= PARASIT 0.                5.0000E+02        1.0000E+03        1.5000E+03        2.0000E+03        2.5000E+03

ZEIT      0      10      20      30      40      50      60      70      80      90     100 DUPLIKATE EVENT
   0.     I       .       .       .       P       .       W       .       .       .       I
  10.000  I       .       .       .     P  .       .      W.       .       .       .       I
  20.000  I       .       .       .       . P     .      W .       .       .       .       I
  30.000  I       .       .       .       .   P   .     W  .       .       .       .       I
  40.000  I       .       .       .       .    .P W.       .       .       .       .       I       WP
  50.000  I       .       .       .       .     W   P     .       .       .       .       I
  60.000  I       .       .       .       .    W   P      .       .       .       .       I
  70.000  I       .       .       .       .   W    P      .       .       .       .       I
  80.000  I       .       .       .       .  W      P     .       .       .       .       I
  90.000  I       .       .       .       . W       P     .       .       .       .       I
 100.00   I       .       .       .       .W        P     .       .       .       .       I
 110.00   I       .       .       .      W.        P      .       .       .       .       I
 120.00   I       .       .       .     W  .      P       .       .       .       .       I
 130.00   I       .       .       .    W   .     P        .       .       .       .       I
 140.00   I       .       .       .   W    .    P         .       .       .       .       I
 150.00   I       .       .       .  W     .   P          .       .       .       .       I
 160.00   I       .       .       . W      . P            .       .       .       .       I
 170.00   I       .       .       .W       P.             .       .       .       .       I
 180.00   I       .       .      W. P      .              .       .       .       .       I
 190.00   I       .       .     W.P        .              .       .       .       .       I       WP
 200.00   I       .       .     W.         .              .       .       .       .       I
 210.00   I       .       .    P W          .              .       .       .       .       I
 220.00   I       .       .   P  W          .              .       .       .       .       I
 230.00   I.      .       .  P   W          .              .       .       .       .       I
 240.00   I       .       . P    W          .              .       .       .       .       I
 250.00   I       .       .P     W          .              .       .       .       .       I
 260.00   I       .      P .     W          .              .       .       .       .       I
 270.00   I       .     P  .      W         .              .       .       .       .       I
 280.00   I       .    P   .      W         .              .       .       .       .       I
 290.00   I       .   P    .       W        .              .       .       .       .       I
 300.00   I       .  P     .       W        .              .       .       .       .       I
 310.00   I       . P      .        W       .              .       .       .       .       I
 320.00   I       .P       .        W       .              .       .       .       .       I
 330.00   I       P        .         W      .              .       .       .       .       I
 340.00   I      P.        .         W      .              .       .       .       .       I
 350.00   I      P.        .          W     .              .       .       .       .       I
 360.00   I      P         .           W    .              .       .       .       .       I
 370.00   I      P         .           W    .              .       .       .       .       I
 380.00   I      P         .            W   .              .       .       .       .       I
 390.00   I      P         .             W  .              .       .       .       .       I
 400.00   I      P         .             W  .              .       .       .       .       I
 410.00   I       P        .              W .              .       .       .       .       I
 420.00   I       P        .               W.              .       .       .       .       I
 430.00   I       .P       .                W              .       .       .       .       I
 440.00   I       . P      .                .W             .       .       .       .       I
 450.00   I       .  P     .                 .W            .       .       .       .       I
 460.00   I       .   P    .                 . W           .       .       .       .       I
 470.00   I       .    P   .                 .  W          .       .       .       .       I
 480.00   I       .     P  .                 .   W         .       .       .       .       I
 490.00   I       .      P .                 .    W        .       .       .       .       I
 500.00   I       .       P.                 .    W        .       .       .       .       I
 510.00   I       .       .P                 .   W         .       .       .       .       I
 520.00   I       .       . P                .  W          .       .       .       .       I
 530.00   I       .       .  P               . W           .       .       .       .       I
 540.00   I       .       .   P              W.P           .       .       .       .       I
 550.00   I       .       .    .             W  .          P       .       .       .       I
 560.00   I       .       .     .            .   W         . P     .       .       .       I
 570.00   I       .       .   W .             .            .   P   .       .       .       I
 580.00   I       .       .     W             .            .    P  .       .       .       I
 590.00   I       .       .   W .             .            .   P   .       .       .       I
 600.00   I       .      W .    .             .            . P     .       .       .       I
 610.00   I       .       .     .             .            P       .       .       .       I
 620.00   I       .       .     .             . P          .       .       .       .       I
 630.00   I       .     W .     .             P .          .       .       .       .       I
 640.00   I       .   W   .     .            P .           .       .       .       .       I
 650.00   I       .  W    .     .         P   .            .       .       .       .       I
 660.00   I       . W     .     .      P      .            .       .       .       .       I
 670.00   I       .W      .     P   .         .            .       .       .       .       I
 680.00   I       W.      . P       .         .            .       .       .       .       I
 690.00   I      .W      P  .        .         .            .       .       .       .       I
 700.00   I      W .    P   .        .         .            .       .       .       .       I
 710.00   I      W.   P     .        .         .            .       .       .       .       I
 720.00   I      PW  .      .        .         .            .       .       .       .       I
 730.00   I     P. W .      .        .         .            .       .       .       .       I
 740.00   I    P .  W.      .        .         .            .       .       .       .       I
 750.00   I   P  .   W      .        .         .            .       .       .       .       I
 760.00   I  P   .    W.     .        .         .            .       .       .       .       I
 770.00   I  P   .     .W    .        .         .            .       .       .       .       I
 780.00   I  P   .      . W   .        .         .            .       .       .       .       I
 790.00   I  P   .      .  W  .        .         .            .       .       .       .       I
 800.00   I P    .      .   W .        .         .            .       .       .       .       I
 810.00   I P    .      .    W.        .         .            .       .       .       .       I
 820.00   I P    .      .     W        .         .            .       .       .       .       I
 830.00   I P    .      .      .W       .         .            .       .       .       .       I
 840.00   I P    .      .      . W      .         .            .       .       .       .       I
 850.00   I P    .      .      .  W     .         .            .       .       .       .       I
 860.00   I P    .      .      .   W    .         .            .       .       .       .       I
 870.00   I P    .      .      .    W   .         .            .       .       .       .       I
 880.00   I P    .      .      .     W  .         .            .       .       .       .       I
 890.00   I P    .      .      .      W .         .            .       .       .       .       I
 900.00   I P    .      .      .       W         .            .       .       .       .       I
 910.00   I P    .      .      .        .W        .            .       .       .       .       I
 920.00   I P    .      .      .        . W       .            .       .       .       .       I
 930.00   I P    .      .      .        .   W     .            .       .       .       .       I
 940.00   I  P   .      .      .        .     W   .            .       .       .       .       I
 950.00   I  P   .      .      .        .       W .            .       .       .       .       I
 960.00   I  P   .      .      .        .         .W           .       .       .       .       I
 970.00   I  P   .      .      .        .         .     W      .       .       .       .       I
 980.00   I  P   .      .      .        .         .        W   .       .       .       .       I
 990.00   I P    .      .      .        .         .           .W       .       .       .       I
1000.0    I P    .      .      .        .         .            .    W  .       .       .       I

ZEIT      0      10      20      30      40      50      60      70      80      90     100 DUPLIKATE EVENT

W= WIRTE   2.5000E+03        5.0000E+03        7.5000E+03        1.0000E+04        1.2500E+04        1.5000E+04
P= PARASIT 0.                5.0000E+02        1.0000E+03        1.5000E+03        2.0000E+03        2.5000E+03
```

8.6.6 Übungen

Die Übungen zeigen die Handhabung der Delay-Variablen.

* Übung 1

Im Wirte-Parasiten Modell VI wurde angenommen, daß die Zeitverzögerung TAU für Wirte und Parasiten dieselbe ist. Das bedeutet, daß beim Tod eines Wirtes gleichzeitig ein Parasit ins Leben tritt.
Eine Erweiterung besteht in der Möglichkeit, für Wirte und Parasiten unterschiedliche Zeitverzögerungen einzuführen. Das bedeutet, daß ein Parasit geboren wird und der von ihm befallene Wirt noch eine Zeit weiterlebt. Auch der umgekehrte Fall ist denkbar: Ein Wirt stirbt und erst eine entsprechende Zeit nach dessen Tod entwickelt sich ein neuer Parasit.
Es soll das Wirte-Parasiten Modell VI so erweitert werden, daß gilt:

Zeitverzögerung für Wirte: TAUX = 15.
Zeitverzögerung für Parasiten: TAUY = 8.

* Übung 2

Die Datenbereiche für die archivierten Werte der Zustandsvariablen SV(1,1) und SV(1,2) sollen in zeitlichen Abständen von 200. ZE ausgedruckt werden.

Hinweis:
Es ist ein zweites Ereignis NE=2 erforderlich, das das Unterprogramm REPRT7 aufruft und sich selbst zur Zeit T+200. wieder anmeldet.

* Übung 3

Die Übung 2 soll wiederholt werden, wobei mit einer konstanten Schrittweite von 0.1 integriert werden soll. Als Zeitobergrenze wird TEND=200. gesetzt.

Hinweis:
Eine konstante Schrittweite erhält man, wenn man den zulässigen relativen Fehler sehr hoch setzt und als maximale Schrittweite bei der Integration 0.1 angibt.

* Übung 4

Die Übung 3 soll wiederholt werden. Zusätzlich soll in zeitlichen Abständen von 50. ZE die Anzahl der Wirte um 100 reduziert werden.

Hinweis:
Die zusätzlichen Ereignisse sind an sich ohne großen Einfluß. Sie

sollen nur zeigen, in welcher Weise archivierte Wertepaare an
Sprungstellen behandelt werden.

* Übung 5

Die Übung 4 soll wiederholt werden. Anstelle der Ausdrucke von
REPRT7 im Abstand von 200. ZE soll REPRT7 einmal unmittelbar vor
und einmal unmittelbar nach dem Zusammenfassen der archivierten
Werte ausgedruckt werden.

Anhänge

A 1   Fortran-Eigentümlichkeiten 204

A 1.1   Dateibehandlung 204
A 1.2   Computed GOTO 206
A 1.3   Charakter-Behandlung 207
A 1.4   Adreßausgänge für Unterprogramme 207

A 2   Modellaufbau 209

A 3   Datenbereiche 212

A 3.1   Alphabetische Liste der Variablen in
den COMMON-Bereichen 212

A 3.2   Darstellung wichtiger mehrdimensionaler
Datenbereiche 224

A 4   Dimensionsparameter 237

A 4.1   Die Dimensionierung der Variablen 237
A 4.2   Hinweise 241
A 4.3   Ersetzung der Variablen 242

A 5   Zufallszahlengeneratoren 243

A 5.1   Die Doppelwort-Version 242
A 5.2   Die Version mit kleinen Multiplikatoren 245
A 5.3   Die Version mit großen Multiplikatoren 246

A 6   Benutzerprogramme 249

A 7   Unterprogramme 269

A 1   Fortran-Eigentümlichkeiten

Im Simulator GPSS-FORTRAN wird von Fortran-Spracheigentümlichkei-
ten Gebrauch gemacht, die einem fortgeschrittenen Stand entsprechen. Sie sind in der folgenden Übersicht zusammengestellt.
Es wird empfohlen, die entsprechenden Abschnitte in einem Fortran
Lehrbuch nachzulesen.

A 1.1 Dateibehandlung

Fortran 77 stellt Anweisungen zur Bearbeitung von Dateien zur
Verfügung. Im Simulator GPSS-FORTRAN Version 3 sind die beiden
Kommandos OPEN und CLOSE von Bedeutung, mit denen Dateien eröff-
net und geschlossen werden können.

Die OPEN-Anweisung hat die Form

        OPEN (oliste)

wobei die OPEN-Liste oliste die folgenden Angaben enthalten kann:

(UNIT=) u   Die Dateinummer u (ein nicht negativer INTEGER-Aus-
             druck) wird festgelegt. Das Schlüsselwort UNIT= kann
             weggelassen werden, wenn u als erstes Element in der
             OPEN-Liste erscheint.

IOSTAT = ios Die INTEGER-Variable ios erhält den Wert Null, falls
             die OPEN-Anweisung fehlerfrei ausgeführt wird, an-
             dernfalls einem maschinenabhängigen Wert, der größer
             als Null ist.

ERR = n   Tritt beim Eröffnen einer Datei ein Fehler auf, so
             wird zur Anweisung mit der Anweisungsnummer n ver-
             zweigt.

FILE = fn   Der CHARACTER-Ausdruck fn gibt den Namen der Datei
             an, die der Dateinummer u zugeordnet wird.

STATUS = sta Der CHARACTER-Ausdruck sta gibt den aktuellen Status
             der Datei an. Zulässige Werte sind:
             OLD   für eine bereits existierende Datei
             NEW   für eine bisher nicht existierende Datei
             SCRATCH für eine unbenannte Arbeitsdatei
                     (diese steht nach Ablauf des Programms
                     oder nach der Ausführung einer
                     CLOSE-Anweisung nicht mehr zur
                     Verfügung)
             UNKNOWN für einen unbekannten Dateistatus;
                     der Dateistatus wird durch das System
                     bestimmt.

ACCESS = acc Der CHARACTER-Ausdruck acc gibt an, ob die Datei
             formatiert oder formatfrei verarbeitet werden soll.
             Zulässige Werte sind:

FORMATTED   : formatierte Datenübertragung
UNFORMATTED : formatfreie Datenübertragung

RECL = rl   Der nicht negative INTEGER-Ausdruck rl gibt die
             Satzlänge für eine Datei mit direktem Zugriff an.

BLANK = blnk Der CHARACTER-Ausdruck blnk legt fest, wie die Leer-
             zeichen in numerischen Datenfeldern interpretiert
             werden sollen:
             NULL : Leerzeichen werden ignoriert
             ZERO : Leerzeichen werden als Nullen interpretiert

Die Angabe der Dateinummer u ist obligatorisch. Bei Dateien mit
direktem Zugriff ist stets die Satzlänge anzugeben. Alle anderen
Angaben sind optional.

Werden die Werte für die Parameter STATUS, ACCESS, FORM und BLANK
nicht angegeben, so gilt standardmäßig:

          STATUS = 'UNKNOWN'
          ACCESS = 'SEQUENTIAL' .
          FORM = 'FORMATTED'
          BLANK = 'NULL'

Für Dateien mit direktem Zugriff (ACCESS = 'DIRECT') gilt standardmäßig:

          FORM = 'UNFORMATTED'

Die Länge eines formatierten Datensatzes ist identisch mit der
Anzahl der Zeichen, die der beschriebene Datensatz enthält. Die
Satzlänge einer unformierten Datei wird in maschinenabhängigen
Einheiten (z.B. in Maschinenworten) angegeben.

Beispiel:

a) OPEN (5,FILE='DATEN', BLANK='ZERO', STATUS='OLD')
Die bereits existierende Datei DATEN wird der Dateinummer 5 zugeordnet. Die Datei ist sequentiell und formatiert. Bei der Eingabe
numerischer Daten werden Leerstellen als Nullen interpretiert.

b) OPEN (8, STATUS='SCRATCH', FORM='UNFORMATTED')
Eine unformatierte Arbeitsdatei mit der Dateinummer 8 wird eröffnet. Die Datei gestattet einen sequentiellen Zugriff. Sie wird
spätestens am Ende der Programmausführung gelöscht.

c) OPEN (UNIT=6, FILE='OTTO', ACCESS='DIRECT', RECL=80,
        STATUS='NEW', FORM='FORMATTED')
Eine neue Datei mit dem Namen OTTO wird angelegt. Diese Datei ge-
stattet einen direkten Zugriff auf die Datensätze, die maximal 80
Zeichen lang sein dürfen. Die Daten werden formatiert übertragen.

Mit der CLOSE-Anweisung wird während der Programmausführung die
Verbindung zwischen einer Datei und einer Dateinummer aufgehoben.

Die Dateinummer kann anschließend einer anderen Datei zugeordnet werden. Ebenso kann die Datei (falls sie noch existiert) mit einer anderen Dateinummer verknüpft werden.

Die CLOSE-Anweisung hat die Form

CLOSE (cliste)

wobei die CLOSE-Liste cliste die folgenden Angaben enthalten kann:

(UNIT=) u

IOSTAT = ios   Diese Parameter haben die gleiche
                  Bedeutung wie bei der OPEN-Anweisung
ERR = n

STATUS = sta Der CHARACTER-Ausdruck sta kann die
             folgenden Werte annehmen:
             KEEP   : die Datei bleibt erhalten
             DELETE: die Datei wird gelöt

Enthält die CLOSE-Liste keine Statusangabe, so gilt:

STATUS = ´DELETE´   für SCRATCH-Dateien
STATUS = ´KEEP´   für alle anderen Dateien

Für SCRATCH Dateien ist die Angabe STATUS = ´KEEP´ nicht erlaubt.

Beispiel: CLOSE (5, STATUS = ´DELETE´)

Die der Dateinummer 5 zugeordnete Datei wird gelöscht.

Beispiele für die Dateien, die der Simulator GPSS-FORTRAN Version 3 benötigt, findet man im Anhang A 2 "Der Modellaufbau".

A 1.2   Computed GOTO

Die Computed GOTO-Anweisung verzweigt zu verschiedenen Anweisungsnummern in Abhängigkeit des Wertes einer Integervariablen I.

GOTO(S1,S2,...,SN), I
S1,S2,...,SN Anweisungsnummern
Wenn I den Wert I=1 hat, wird zu der Anweisung verzweigt, die in der Liste an erster Stelle steht.

In GPSS-FORTRAN wird in der Integer-Variablen I die Nummer der Anweisung angegeben, die angesprungen werden soll. Das ist mit Hilfe einer Computed GOTO-Anweisung möglich, wenn an der I-ten Stelle in der Liste der Anweisungsnummern die Anweisungsnummer I selbst steht.
Es ist demnach darauf zu achten, daß in GPSS-FORTRAN die Liste

der Anweisungsnummern in einer Computed GOTO-Anweisung mit 1 beginnt und ohne Lücken fortlaufend ist.

A 1.3 Charakter-Behandlung

In Fortran 77 gibt es Variablen vom Typ CHARACTER. Das ermöglicht eine bequeme Behandlung von Zeichenketten.
In älteren Versionen von Fortran steht der Variablentyp CHARACTER nicht zur Verfügung. Zeichen müssen in umständlicher Weise in eine Variable vom Typ REAL (oder INTEGER) übernommen werden.
Um eine Zeichenkette in einer Variablen vom Typ REAL abzulegen, gibt es zwei Möglichkeiten:

a) Zuweisung über eine DATA-Anweisung
b) Einlesen der Variablen

In GPSS-FORTRAN Version 3 wird mit Fortran 77 gearbeitet, das den Typ CHARACTER kennt.
Um den Simulator auch auf ältere Fortran-Compiler umstellen zu können, enthalten alle Felder vom Typ CHARACTER 4 Zeichen.

Beispiel:
CHARACTER*4 TEXT

A 1.4   Adreßausgang für Unterprogramme

Im Normalfall wird nach einem Unterprogrammaufruf mit der Anweisung fortgefahren, die auf den Unterprogrammaufruf folgt.
Es ist möglich, in der Parameterliste durch besondere Kennzeichnung Anweisungsnummern anzugeben, bei denen nach der Rückkehr aus dem Unterprogramm das aufrufende Programm weiterbearbeitet werden soll.
Die Auswahl des Adreßausganges erfolgt im Unterprogramm selbst durch besonders gekennzeichnete RETURN-Anweisungen.

* Beispiel:

Die Parameterliste des Unterprogrammes SEIZE hat die folgende Form:

CALL SEIZE(NFA,ID,*9000)

Wenn eine Transaction die Bedienstation belegen kann, wird im Unterprogramm SEIZE der Abschnitt "Belegen" durchlaufen, der durch die Anweisung RETURN abgeschlossen wird. Das bedeutet, daß das Unterprogramm verlassen wird. Es wird mit der Anweisung fortgefahren, die auf den Unterprogrammaufruf CALL SEIZE folgt.
Wenn eine Transaction in die Warteschlange eingeordnet wird, weil die Bedienstation belegt ist, wird im Unterprogramm SEIZE der Abschnitt "Blockieren" durchlaufen. Die Anweisung RETURN1 gibt an, daß mit der Anweisung im aufrufenden Programm fortgefahren werden

soll, die die erste gekennzeichnete Anweisungsnummer der Parameterliste trägt. Im vorhergehenden Beispiel heißt das, daß zu der
Anweisung mit der Anweisungsnummer 9000 gesprungen wird.

A 2   Modellaufbau

Um ein Modell in einer Rechenanlage mit Hilfe des Simulators
GPSS- FORTRAN aufzubauen, sind die folgenden Schritte erforderlich:

* Modellimplementierung

Der Simulator GPSS-FORTRAN besteht aus zwei Teilen: Den Benutzer-
Programmen und den System-Unterprogrammen. Die Benutzer-Programme
beinhalten das Modell. Hierzu gehört das Fortran-Hauptprogramm
als Rahmen und die 6 Unterprogramme ACTIV, CHECK, EVENT, STATE,
DETECT und TEST.
Die Benutzer-Programme können durch weitere Unterprogramme ergänzt werden, die der Benutzer selbst schreibt, wie z.B. DYNPR
zur Bestimmung der dynamischen Prioritäten oder die Unterprogramme PLANI, PLANO, POLI, STRATA, STRATF und INTE.

Der Benutzer muß zunächst in den Benutzer-Programmen die Anweisungen eintragen, die das Modell beschreiben.

* Übersetzung

Anschließend müssen die Benutzer-Programme von einem Fortran-Compiler übersetzt werden. Da die System-Unterprogramme vom Benutzer
in der Regel nicht verändert werden und für alle Modelle gleich
bleiben, empfiehlt es sich, die System-Unterprogramme getrennt zu
übersetzen. Die übersetzten Benutzer-Programme und die übersetzten System-Unterprogramme müssen anschließend gebunden werden.

* Logische Gerätenummer für Ein- Ausgabe

Für die Ein- und Ausgabe müssen die Gerätenummern festgelegt werden. Hierbei wird zwischen Stapelbetrieb und interaktivem Betrieb
unterschieden (siehe Bd.2 Kap. 7.4 "Die Betriebsarten").
Im Stapelbetrieb (XMODUS=0) erfolgt die Eingabe der Datensätze
über die Datei mit dem Namen DATAIN.
Die Ausgabe der Daten erfolgt im Stapelbetrieb auf einer Datei
mit dem Namen ´DATAOUT´.
Die logischen Gerätenummern, unter denen die beiden Dateien zugänglich sind, kann vom Benutzer angegeben werden. Die Zuordnung
erfolgt im Rahmen im Abschnitt 1 unter der Überschrift "Setzen
der Kanalnummern für Ein- und Ausgabe".

Die Vorbesetzung ist die folgende:

Eingabe: UNIT1 = 13
Ausgabe: UNIT2 = 14

Im interaktiven Betrieb erfolgt die Ein-und Ausgabe über das
Terminal. Es müssen daher die logischen Gerätenummern für die

Terminaleingabe festgelegt werden. Das geschieht mit Hilfe der
Variablen XUNIT1 und XUNIT2.

Die Vorbesetzung ist die folgende:

XUNIT3 = 5
XUNIT4 = 6

Zusätzlich ist im interaktiven Betrieb auf Anforderung die Ausgabe der Endergebnisse auf eine Datei möglich, von der aus sie
ausgedruckt werden. Die Datenausgabe in diesem Fall erfolgt wie
im Stapelbetrieb entsprechend der Vorbesetzung über die Datei mit
dem Namen ´DATAOUT´ unter der logischen Gerätenummer UNIT2=14.

In ähnlicher Weise wird die logische Gerätenummer für die
Scratch-Dateien festgelegt. Die Voreinstellung ist die folgende:

```
UNIT5 = 10     (Scratch1-Datei)
UNIT6 = 11     (Scratch2-Datei)
UNIT7 = 12     (Save-Datei)
UNIT8 = 20     (Scratch3-Datei)
```

Die Dateien, die zu jeder logischen Gerätenummer gehören, müssen
eröffnet werden.

Hinweis:

* Die Zuordnung von Datei und logischer Gerätenummer kann vom Benutzer geändert werden. Hierfür sind die Werte der Variablen im
Abschnitt "Setzen der Kanalnummer für die Ein- Ausgabe" im Rahmen
zu modifizieren.

* Anmelden der Dateien

_____

Alle erforderlichen Dateien müssen im Rahmen im Abschnitt 1 er-
öffnet werden. Es gibt drei Typen von Dateien:
Ein- Ausgabedateien
Scratch- und Savedateien
Plotdateien

Bei der Eröffnung der Ein- Ausgabedateien werden den logischen
Gerätenummern, die vom Benutzer für die Ein- und Ausgabe vorgesehen sind, Dateien zugeordnet.

Die Vorbesetzung ist die folgende:

```
C
C       Eröffnen von Eingabe/Ausgabe-Dateien
C       ====================================
200     OPEN(UNIT1,FILE=´DATAIN´,ACCESS=´SEQUENTIAL´,
       +FORM=´FORMATTED´,RECL=133)
        OPEN(UNIT2,FILE=´DATAOUT´,ACCESS=´SEQUENTIAL´,
       +FORM=´FORMATTED´,RECL=133)
        OPEN(XUNIT3,FILE=´INPUT´,RECL=80)
        OPEN(XUNIT4,FILE=´OUTPUT´,RECL=80)
```

Beispiel:

* Im Abschnitt 1 wird unter der Überschrift "Setzen der Kanalnummern für Ein- und Ausgabe" für die Terminaleingabe die logische
Gerätenummer XUNIT3=5 festgelegt. Die dazugehörige Datei soll den
Namen ´INPUT´ erhalten.
Weiterhin werden drei Scratch-Dateien und eine Save-Datei benötigt.
Die Scratch-Dateien dienen der Zwischenspeicherung von Daten. Auf
der Save-Datei kann der Benutzer den Zustand des Simulationsmodells ablegen, um ihn zum späteren Zeitpunkt wieder einzulesen
und den Simulationslauf fortzusetzen.

Die Voreinstellung ist die folgende:

```
C
C        Eröffnen von Scratch/Save-Dateien
C        ==================================
         OPEN(UNIT5,FILE=´SCRAT1´,ACCESS=´SEQUENTIAL´,
        +FORM=´FORMATTED´,RECL=133)
         OPEN(UNIT6,FILE=´SCRAT2´,ACCESS=´DIRECT´,FORM=´UNFORMAT
        +TED´,RECL=101)
         OPEN(UNIT7,FILE=´SAVED´,ACCESS=´SEQUENTIAL´,
        +FORM=´UNFORMATTED´,RECL=20)
         OPEN(UNIT8,FILE=´SCRAT3´,ACCESS=´SEQUENTIAL´,
        +FORM=´UNFORMATTED´,RECL=20)
```

Für das Anlegen der Plots werden die Plot Dateien eröffnet. Hier
werden während des Simulationslaufes die Daten gesammelt, die am
Ende als Plot ausgegeben werden sollen.
Die Angabe der logischen Gerätenummer erfolgt für jeden Plot mit
Hilfe des PLO1-Datensatzes. (Siehe Bd.2 Kap. 7.1.1 "Die Eingabe-
datensätze")

Die Vorbesetzung sieht zwei Dateien für Plots vor. Falls der Benutzer weitere Plots wünscht, müssen die dazugehörigen Dateien
zusätzlich eröffnet werden.

Die Vorbesetzung ist die folgende:

```
C        Eröffnen von Plot-Dateien
C        ==========================
         OPEN(21,FILE=´PLOT1´,ACCESS=´SEQUENTIAL´,
        +FORM=´UNFORMATTED´,RECL=20)
         OPEN(22,FILE=´PLOT2´,ACCESS=´SEQUENTIAL´,
        +FORM=´UNFORMATTED´,RECL=20)
```

Hinweis:
* Die drei Scratch-Dateien und die Save-Datei werden vom Simulator GPSS-FORTRAN Version3 benötigt. Sie sollen vom Benutzer nicht
aufgerufen werden.
Benötigt der Benutzer eigene Scratch-Dateien, so sind diese neu
anzulegen.

A 3   Datenbereiche

Es werden die wichtigsten Variablen beschrieben.

Hinweis:

* Der Benutzer darf in den Benutzerprogrammen nur Variable ver-
wenden, die nicht bereits vom Simulator besetzt sind.
Die vom Simulator besetzten Variablen befinden sich in den COM-
MON- Blocks. Hierzu kommt im Rahmen die Variable ICONT.
Alle anderen Variablen, die in den System- und Unterprogrammen
vorkommen, sind lokal. Sie können vom Benutzer verwendet werden.

A 3.1   Alphabetische Liste der Variablen in den
         COMMON-Bereichen

ACTIVL("TX1",2) Aktivierungsliste
COMMON/TXS/
In der Aktivierungsliste stehen für die Transactions die Ziel-
adresse und der Transaction-Zustand.

ASM("FAM","ASM") Assemb-Matrix
COMMON/FAM/
In der Assemb-Matrix werden für die Assemb-Stationen die Zähler
geführt, die angeben, wieviele Mitglieder einer Family bereits
vernichtet wurden.

BHEAD("STAT") Kopfanker für blockierte Transactions
COMMON/TYP/
Alle Transactions, die vor einer Station blockiert sind, bilden
jeweils eine Warteschlange. Der Kopf der Warteschlange steht in
BHEAD. Die Verkettung selbst wird in CHAINA geführt.

BIN("BIN",8) Bin-Matrix
COMMON/BIN/
In der Bin-Matrix werden alle Informationen geführt, die zur
statistischen Auswertung des Warteschlangenverhaltens erforderlich sind.

BINSTA("BIN",5) Binstatistik-Matrix
COMMON/BIN/
Für jede Bin werden die aktuellen Werte über mittlere Warte-
schlangenlänge , mittlere Wartezeit und Konfidenzintervall und
Einschwingphase geführt.

CHAINA("TX1",2) Verkettung für Aktivierungsliste
COMMON/TXS/
Transactions können sich in der Warteschlange für termingebundene
und für blockierte Transactions befinden. Die Verkettung für
beide Warteschlangen wird in der Matrix CHAINA geführt.

CHAINC("BIN") Verkettung für Konfidenzliste
COMMON/CON/
Für jede Bin gibt es einen Zeitpunkt, zu dem zur Bestimmung des
Konfidenzintervalls statistisches Material gesammelt werden soll.
Die Bins sind der zeitlichen Reihenfolge ihrer Bearbeitung ent-
sprechend verkettet. Die Verkettung wird in CHAINC geführt.

CHAINE("NSET") Verkettung für Equationliste
COMMON/EQU/
Für jedes Set gibt es einen Zeitpunkt, zu dem der nächste Inte-
grationsschritt durchgeführt wird. Die Sets sind der zeitlichen
Reihen folge entsprechend verkettet. Die Verkettung wird in
CHAINE geführt.

CHAINM("NPLO") Verkettung für Monitorliste
COMMON/PLO/
Für jeden Plot gibt es einen Zeitpunkt, zu dem die Werte der zu
plottenden Variablen aufgenommen werden müssen. Die hierfür erforderlichen Monitoraufrufe sind der zeitlichen Reihenfolge entsprechend verkettet. Die Verkettung wird in CHAINM geführt.

CHAINS("SRC") Verkettung für Sourceliste
COMMON/SRC/
Für jede Source liegt der Zeitpunkt fest, zu dem eine neue Transaction erzeugt werden soll. Die Sources sind der zeitlichen Reihenfolge entsprechend verkettet. Die Verkettung wird in CHAINS
geführt.

CHAINV("EVT") Verkettung für Ereignisliste
COMMON/EVT/
Für jedes Ereignis liegt der Zeitpunkt fest, zu dem es aktiviert
werden soll. Die Ereignisse sind der zeitlichen Reihenfolge entsprechend verkettet. Die Verkettung wird in CHAINV geführt.

CLEV   Konfidenzzahl
COMMON/CON/
Die Konfidenzzahl gibt die Wahrscheinlichkeit an, mit der der ge-
suchte Mittelwert innerhalb des Konfidenzintervalls liegt.

CON("BIN",500) Konfidenzmatrix
COMMON/CON/
Für jede Bin sind in der Konfidenzmatrix 500 Felder vorgesehen.
Die Felder enthalten die Stichproben, aus denen der Mittelwert
und das Konfidenzintervall bestimmt werden.

CONFL("BIN",5) Konfidenzliste
COMMON/CON/
Für jede Bin werden in regelmäßigen Abständen Stichproben zur Be-
rechnung des Mittelwertes und des Konfidenzintervalls gezogen.
Die Konfidenzliste erhält die hierfür erforderliche Information.

DCONST("30") Konstanten-Vektor für Zufallszahlen
COMMON/DRN/
Jeder Zufallszahlengenerator besitzt eine additive Konstante für
das multiplikative Kongruenzverfahren.

DEVAR("NDVAR",2,"LDVAR") Speicher für Delay-Variable
COMMON/DEL/
Für Delay-Variable werden die zurückliegenden Systemzustände
archiviert.

DFACT("30") Faktoren-Vektor für Zufallszahlen
COMMON/DRN/
Jeder Zufallszahlen-Generator besitzt einen eigenen Faktor für
das multiplikative Kongruenzverfahren.

DMODUL   Modul für Zufallszahlen
COMMON/DRN/
Alle Zufallszahlengeneratoren haben den gemeinsamen Modul DMODUL.

DRN("30") Zufallszahlen-Vektor
COMMON/DRN/
Jedem Zufallszahlengenerator ist ein Element zugeordnet, in dem
die von diesem Zufallszahlengenerator zuletzt erzeugte Zufallszahl abgespeichert wird.

DV("NSET","NV") Differentialquotient (aktuell)
COMMON/EQU/
Die Ableitung der Systemvariablen SV nach der Zeit steht in der
Matrix DV.

DVLAST("NSET","NV") Differentialquotient (zurückliegend)
COMMON/EQU/
Die Ableitung der Systemvariablen SV am vorhergehenden Stützpunkt
wird in der Matrix DVLAST aufbewahrt.

EPS   Zahlenschranke
COMMON/TIM/
EPS ist eine sehr kleine Zahl, die ein Intervall angibt. Alle
Zahlen vom Typ REAL innerhalb des Intervalls EPS werden aufgrund
der Zahlendarstellung in der Rechenanlage auf eine Zahl abgebil-
det. Zwei Zahlen, deren Differenz kleiner als EPS ist, werden als
gleich behandelt.

EQUL("NSET",4) Equationliste
COMMON/EQU/
Für jedes Set wird in der Equationliste die Information geführt,
die für den nächsten Integrationsschritt erforderlich ist.

EVENTL("EVT") Ereignisliste
COMMON/EVT/
Für jedes Ereignis wird in der Ereignisliste der Zeitpunkt der
Aktivierung geführt.

FAC("FAC",3) Facility-Matrix
COMMON/FAC/
Jeder Facility wird durch eine Zeile in der Facility-Matrix dargestellt, in der die Information über ihren Zustand eingetragen
ist.

FAM("FAM",2) Family-Matrix
COMMON/FAM/
In der Family-Matrix findet sich die Information, die zur Be-
schreibung einer Family erforderlich ist.

GATHT("GATT") Gather-Matrix
COMMON/GAT/
Für jede Gather-Station wird ein Zähler geführt, der angibt, wie-
viele Transactions bereits angekommen sind.

GATHF("FAM","GATF") Gather-Matrix für Families
COMMON/GAT/
Für jede Gather-Station wird ein Zähler geführt, der angibt, wie-
viele Mitglieder einer Family bereits angekommen sind.

ICONT   Kontinuierliche Simulation
COMMON/EQU/
ICONT gibt an, ob das Modell einen kontinuierlichen Anteil ent-
hält.

IDELAY   Delay-Indikator
COMMON/DEL/
Es wird angegeben, ob im Modell Delay-Variable vorkommen. Der De-
lay-Indikator wird im Unterprogramm INPUT gesetzt, falls ein
DELA-Datensatz vorliegt.

IDEMA("NDVAR",2) Delay-Matrix
COMMON/DEL/
Es wird für jede Delay-Variable festgelegt, in welchem Speicher
sie archiviert wird.

IDPNTR("NDVAR",2) Delay-Pointer
COMMON/DEL/
Um die Werte von Delay-Variablen im Speicher DEVAR ablegen zu
können, bzw. zurückliegende Werte ansprechen zu können, werden
zwei Zeiger benötigt.

IFLAG("NSET","NCRO") Flag
COMMON/EQU/
Wenn für einen Integrationsschritt ein Crossing gefunden wurde,
wird IFLAG(NSET,NCRO)=1 gesetzt.

IFLAGP("NSET","NCRO") Protokollanzeige für Flags
COMMON/EQU/
Zur Protokollierung durch IPRINT oder JPRINT wird festgehalten,
welche Flags bereits behandelt worden sind.

INTMA("NSET",8) Integrationsmatrix
COMMON/EQU/
Die Integrationsmatrix enthält die zur Integration erforderlichen
Informationen. Sie wird vom Benutzer durch den Eingabedatensatz
INTI besetzt.

INTSTA("NSET",4) Matrix für Integrationsstatistik
COMMON/EQU/
In der Matrix für Integrationsstatistik wird während des Simulationslaufes Information gesammelt. Die Matrix für Integrationsstatistik kann durch das Unterprogramm REPRT6 ausgegeben werden.

IPRINT   Protokollsteuerung (allgemein)
COMMON/TIM/
Wenn IPRINT=1 gesetzt ist, wird jeder Zustandsübergang des Simu-
lators im Einzelschrittverfahren protokolliert.

ITXT   Anzahl der Textzeilen
COMMON/INP/
Anzahl der Textzeilen für die Überschrift des Simulationslaufes

IV("VAR") Variablenwert (Integer)
COMMON/VAR/
Der Wert einer Variablen vom Typ Integer, die formatfrei eingele-
sen wird, steht in IV.

JEPS   EPS-Indikator
COMMON/INP/
JEPS gibt an, ob die Zahlenschranke EPS vom Benutzer eingelesen
oder vom Simulator selbst bestimmt wird.

JFLAG("NSET","NCRO") Zustandsflag
COMMON/EQU/
Es wird angezeigt, ob sich eine Variable ober- bzw. unter der
Crossing-Grenze befindet.

JFLAGL("NSET","NCRO") Zustandsflag (zurückliegend)
COMMON/EQU/
Es wird festgehalten, welchen Wert das Zustandsflag im vorhergehenden Integrationsschritt hatte. Diese Variable wird zur Auffin-
dung der Crossings benötigt.

JPRINT(25)   Protokollsteuerung (selektiv)
COMMON/TIM/
Mit Hilfe von JPRINT können bestimmte Zustandsübergänge zur
Protokollierung ausgewählt werden.

LHEAD(6) Kopfanker für die Listen der Ablaufkontrolle
COMMON/TYP/
Die 6 Listen der Ablaufkontrolle sind ihrer zeitlichen Bearbeitungsreihenfolge entsprechend verkettet. Die Kopfanker der Ver-
kettungen sind in LHEAD zusammengefaßt.

LSE   Zeilennummer in der Service-Element-Matrix
COMMON/MFA/
Jedem Service-Element ist in der Service-Element-Matrix eine
Zeile zugeordnet; die Variable LSE zeigt auf die Zeile, die ge-
rade bearbeitet wird.

LSL   Zeilennummer in der Sourceliste
COMMON/SRC/
Wenn eine Source eine Transaction erzeugt, so steht ihre Zeilen-
nummer in der Sourceliste in der Variablen LSL.

LSM   Zeilennummer der Segment-Matrix
COMMON/STO/
Für jeden Speicherplatz in der Segment-Matrix ist eine Zeile vor-
gesehen. Die Nummer dieser Zeile wird in LSM geführt.

LTX   Zeilennummer der aktiven Transaction
COMMON/TXS/
Die Variable LTX zeigt für die gerade aktive Transaction auf die
zugehörige Zeile in der Transaction-Matrix und Aktivierungsliste.

MBV("MFAC") Multifacility-Basis-Vektor
COMMON/MFA/
Für jede Multifacility steht im MBV-Vektor die Zeilennummer des
ersten Service-Elements in der SE-Matrix.

MFAC("MFAC",2) Multifacility-Matrix
COMMON/MFA/
In der MFAC-Matrix wird die Information über Kapazität und Bele-
gung aller Multifacilities geführt.

MONITL ("NPLO") Monitorliste
COMMON/PLO/
In der Monitorliste wird die Information geführt, die zur Auf-
nahme der Plot-Daten erforderlich ist.

NCOMP("NDVAR") Anzahl der Komprimierungen
COMMON/DEL/
Wenn der Datenbereich, der für die Speicherung von Delay-Variablen vorgesehen ist, nicht ausreicht, wird der Datenbereich durch
Zusammenfassen benachbarter Werte komprimiert. Es wird angegeben,
wie häufig während des Simulationslaufes eine Komprimierung erforderlich war.

NDELAY   Anzahl der Delays
COMMON/INP/
Es wird angegeben, wieviel Delay-Datensätze eingelesen wurden.

NTXC   Transaction-Zähler
COMMON/SRC/
In der Variablen NTXC werden alle bisher erzeugten Transactions
gezählt.

NUNIT1   log. Gerätenummer Eingabe
COMMON/FIL/
Aufgrund von UNIT1 oder XUNIT3 wird die tatsächliche log. Geräte-
nummer für die Eingabe festgelegt.

NUNIT2   log. Gerätenummer Ausgabe
COMMON/FIL/
Aufgrund von UNIT2 oder XUNIT4 wird die tatsächliche log. Geräte-
nummer für die Ausgabe festgelegt.

PLAMA ("MFAC",2) Plan-Matrix
COMMON/PLA/
In die Plan-Matrix wird die Nummer des Plan-in, bzw. Plan-out
eingetragen, nach dem eine Multifacility belegt oder geräumt werden soll.

PLOMA1 ("NPLO",16) Plot-Matrix 1
COMMON/PLO/
Die PLOMA1 enthält die Informationen über die zu plottenden Va-
riablen. Die Matrix PLOMA1 wird vom Benutzer mit Hilfe des Ein-

gabedatensatzes PLO1 besetzt.

PLOMA2 ("NPLO",5) Plot-Matrix 2
COMMON/PLO/
Die PLOMA2 enthält Informationen über das Aussehen der Plots.
Hierzu gehört z.B. die Skalierung der X- bzw. Y-Achse. Die Matrix
PLOMA2 wird vom Benutzer mit Hilfe des Eingabedatensatzes PLO2
besetzt.

PLOMA3 ("NPLO",18) Plot-Matrix 3
COMMON/PLO/
Die PLOMA3 enthält Informationen über die Drucksymbole, mit denen
die Variablen in den Plots dargestellt werden können. Die Matrix
PLOMA3 wird vom Benutzer mit Hilfe des Eingabedatensatzes PLO3
besetzt.

POL ("POL",3) Policy-Matrix
COMMON/POL/
In dieser Matrix wird festgehalten, nach welcher Policy die
Warteschlange vor einer Station abgearbeitet werden soll.

POOL ("POOL",2) Pool-Matrix
COMMON/POO/
In der Pool-Matrix wird für alle nicht-adressierbaren Speicher
die Kapazität und der augenblickliche Bestand festgehalten.

RT   Benutzeruhr
COMMON/TIM/
Diese dem Benutzer zugängliche Uhr mißt Zeitintervalle während
des Simulationslaufes.

RV ("VAR") Variablenwert (Real)
COMMON/VAR/
Der Wert einer Variablen vom Typ REAL, die formatfrei eingelesen
wird, steht in RV.

SBM ("STO",2) Storagebasis-Matrix
COMMON/STO/
Jede adressierbare Storage besitzt einen Abschnitt in der Seg-
ment- Matrix. Die Zeilennummer des ersten Speicherplatzes einer
Storage und die Kapazität einer Storage werden in die Storageba-
sis-Matrix eingetragen.

SE ("SE",3) Service-Element-Matrix
COMMON/MFA/
In der SE-Matrix wird über den Zustand jedes Service-Elementes
Buch geführt.

SM ("SM",2) Segment-Matrix
COMMON/STO/
Jeder Speicherplatz eines adressierbaren Speichers besitzt eine
Zeile in der Segment-Matrix, in die die Belegung eingetragen
wird.

SOURCL ("SRC",3) Sourceliste
COMMON/SRC/
In der Sourceliste wird die Information geführt, die eine Source
kennzeichnet.

STRAMA ("STO",2) Strategie-Matrix
COMMON/STR/
In der STRA-Matrix wird die Strategie-A und die Strategie-F eingetragen, nach der eine adressierbare Storage belegt bzw. geräumt
werden soll.

SV ("NSET","NV") Systemvariable (aktuell)
COMMON/EQU/
Der Wert der Systemvariablen SV zur Zeit T steht in der Matrix
SV.

SVIN   Einlesen des Systemzustandes
COMMON/MOD/
Es wird vom Benutzer angegeben, ob die Werte für die Sysemvariab-
len nach einer Unterbrechung eingelesen werden sollen.

SVLAST ("NSET","NV") Systemvariable (zurückliegend)
COMMON/EQU/
Der Wert der Systemvariablen SV am vorhergehenden Stützpunkt wird
in der Matrix SVLAST aufbewahrt.

SVOUT   Retten des Systemzustandes
COMMON/MOD/
Es wird vom Benutzer angegeben, ob vor Abbruch eines Simulationslaufes die Werte der Systemvariablen für späteres Wiedereinlesen
auf eine Datei geschrieben werden sollen.

T   Simulationsuhr
COMMON/TIM/
T gibt den augenblicklichen Stand der Simulationsuhr an.

TAB ("TAB",4,"NTAB") Tabellen-Matrix
COMMON/TAB/
Zur Sammlung statistischen Materials können vom Benutzer Häufig-
keitstabellen angelegt werden.

TAUMAX("NDVAR") Maximale Delayzeit
COMMON/DEL/
Für jede Delay-Variable wird die maximale Delayzeit angegeben.
Die Zustände von Delay-Variablen werden rückwirkend bis zu dieser
Zeit archiviert.

TCOND("NCOND")   Bedingungsindikator
COMMON/TIM/
Der Bedingungsindikator sorgt dafür, daß eine Bedingung zur gleichen Zeit nur einmal überprüft wird. Hierzu wird für jede Bedingung die Zeit T der erstmaligen Überprüfung eingetragen.

TDELA ("NSET")   Indikator für einen Sprung bei Delay-Variablen
COMMON/DEL/
Wenn innerhalb eines Integrationsschrittes festgestellt wird, daß
eine Delay-Variable einen Sprung aufweist, wird der Indikator
TDELA gesetzt.

TEND   Simulationsende
COMMON/TIM/
Der Zeitpunkt, zu dem der Simulationslauf abgebrochen werden
soll, wird in der Variablen TEND festgehalten.

THEAD (6) Zeiteintrag für die Listen der Ablaufkontrolle
COMMON/TYP/
Die 6 Listen der Ablaufkontrolle sind der zeitlichen Bearbeitungsreihenfolge entsprechend verkettet. Der Aktivierungszeitpunkt für das erste Element der Kette wird in THEAD geführt.

TTEST   Testindikator
COMMON/TYP/
Der Testindikator zeigt an, ob eine Überprüfung der Bedingungen
erfolgen soll. Ist TTEST gesetzt, ruft die Ablaufkontrolle das
Unterprogramm TEST auf.

TX ("TX1","TX2") Transactionmatrix
COMMON/TXS/
Jede Transaction besitzt in der TR-Matrix eine Zeile, in der alle
Parameter abgelegt sind, die eine Transaction charakterisieren.

TXMAX   Transactionobergrenze
COMMON/SRC/
TXMAX gibt an, wieviele Transactions insgesamt maximal erzeugt

werden sollen. Ist die Anzahl TXMAX erreicht, so wird der Simulationslauf abgebrochen.

TXT (3,19) Textzeilen
COMMON/TXT/
In der Matrix TXT werden die Textzeilen für die Überschrift des
Simulationslaufes gespeichert.

TYPE(12)   Typ-Vektor
COMMON/TYP/
Der Typ-Vektor dient zur Berechnung der Stationsnummer K.

UNIT1   log. Gerätenummer Eingabe
COMMON/FIL/
UNIT1 gibt die logische Gerätenummer an, unter der die Datei DA-
TAIN mit den Eingabedatensätzen zugänglich ist.

UNIT2   log. Gerätenummer Ausgabe
COMMON/FIL/
UNIT2 gibt die logische Gerätenummer an, unter der die Datei
DATAOUT, auf der die Ergebnisse abgelegt werden, zugänglich ist.

UNIT5   log. Gerätnummer Scratch1-Datei
COMMON/FIL/
UNIT5 gibt die logische Gerätenummer an, unter der die Datei
SCRATCH1 erreicht werden kann. Gleiches gilt für die log. Geräte-
nummern UNIT6, UNIT7 und UNIT8 (siehe Bd.3 Anhang A2 "Modellauf-
bau, Logische Gerätenummer für die Ein- Ausgabe")

USERCT ("UCHT",2) User-Chain-Matrix
COMMON/UCH/
In der User-Chain-Matrix wird für jede User-Chain festgehalten,
wieviele Transactions bereits angekommen sind und wieviele durch
einen Abholvorgang wieder entfernt wurden.

USERCF ("FAM","UCHF",2) User-Chain-Matrix für Families
COMMON/UCH/
In der User-Chain-Matrix für Families wird für jede User-Chain
festgehalten, wieviele Mitglieder einer Family bereits angekommen
sind und wieviele durch einen Abholvorgang wieder entfernt wurden.

VNAMEI ("ZVAR") Namensvektor (Typ INTEGER)
COMMON/SYM/
Es werden für die Variablen vom Typ INTEGER, die formatfrei
eingelesen werden sollen, die Variablennamen gespeichert.

VNAMER ("ZVAR") Namensvektor (Typ REAL)
COMMON/SYM/
Es werden für die Variablen vom Typ REAL, die eingelesen werden
sollen, die Variablennamen gespeichert.

XFORM   Formatanzeiger
COMMON/FIL/
XFORM gibt an, ob die Breite des Ausgabeprotokolls 80 oder 132
Druckpositionen umfassen soll.

XMODUS Betriebsart
COMMON/MOD/
Es wird vom Benutzer angegeben, ob Stapelbetrieb oder interakti-
ver Betrieb gewünscht wird.

XUNIT3 log. Gerätenummer für interaktive Eingabe
COMMON/FIL/
XUNIT3 gibt die log. Gerätenummer an, unter der die Eingabedatei
INPUT zugänglich ist. Über INPUT wird die Terminaleingabe abge-
wickelt.

XUNIT4 log. Gerätenummer für interaktive Ausgabe
COMMON/FIL/
XUNIT4 gibt die log. Gerätenummer an, unter der die Ausgabedatei
OUTPUT zugänglich ist. Über OUTPUT wird die Terminalausgabe abge-
wickelt.

YMODUS Betriebsart
COMMON/MOD/
Es wird vom Benutzer angegeben, ob Realzeit-Betrieb gewünscht
wird.

Hinweise:

* Die Variablen aus dem Bereich COMMON/SYS/ beginnen alle mit Z.
Sie dienen der Dimensionierung des Simulators. Sie bestimmen im
wesentlichen die Grenze der Lauf schleife. Ihre Besetzung erfolgt
im Unterprogramm SYSVAR.

* Für einige Variable wird eine explizite Typvereinbarung vorgenommen. Man findet alle expliziten Typvereinbarungen im Rahmen
und in den Unterprogrammen, in denen die Variablen vorkommen.
Falls keine explizite Typvereinbarung vorliegt, wird mit der
impliziten Typvereinbarung gearbeitet, die den Anfangsbuchstaben
der Variablen berücksichtigt.

A 3.2   Darstellung wichtiger Datenfelder

Im Anhang A 3.2 sind die wichtigsten mehrdimensionalen Datenbereiche dargestellt.

Es werden aufgeführt:

* Ablaufkontrolle
Kopfanker für Zeitketten THEAD, LHEAD
Ereignisliste EVENTL, CHAINV
Sourceliste SOURCL, CHAINS
Aktivierungsliste ACTIVL, CHAINA
Konfidenzliste CONFL, CHAINC
Monitorliste MONITL, CHAINM
Equationliste EQUL, CHAINE

* Transactions und Families
Transaction-Matrix TX
Family-Matrix FAM

* Warteschlangenverwaltung
Typ-Vektor TYP
Policy-Matrix POL

* Facilities
Facility-Matrix FAC

* Pools
Pool-Matrix POOL

* Storages
Storage-Basis-Matrix SBM
Segment-Matrix SM
Strategie-Matrix STRAMA

* Multifacilities
Multifacility-Matrix MFAC
Serviceelement-Matrix SE
Plan-Matrix PLANA

* Gather-Stationen
Gather-Zähler für Transactions GATHT
Gather-Zähler für Families GATHF

* User Chains
User Chains für Transactions USERCT
User Chains für Families USERCF

* Assemb-Stationen
Assemb-Matrix ASM

* Bins
Bin-Matrix BIN
Bin-Statistik BINSTA
Content-Matrix CON

* Integration kontinuierlicher Systeme
Integrationsmatrix INTMA
Integrationsstatistik INTSTA

* Plots
Plot-Matrizen PLOMA1, PLOMA2, PLOMA3

* Protokollsteuerung
Protokoll-Vektor JPRINT

KOPFANKER FUER DIE ZEITKETTEN

THEAD(6)   LHEAD(6)

```
     ------------------------        ------------------------
   | ZEITPUNKT             |        |                        |
 1 | FUER NAECHSTES        |        | ZEIGER AUF EVENTL      |
   | EREIGNIS              |        |                        |
     ------------------------        ------------------------
   | ZEITPUNKT             |        |                        |
 2 | FUER NAECHSTEN        |        | ZEIGER AUF SOURCL      |
   | SOURCE-START          |        |                        |
     ------------------------        ------------------------
   | ZEITPUNKT             |        |                        |
 3 | DER NAECHSTEN         |        | ZEIGER AUF  ACTIVL     |
   | TR-AKTIVIERUNG        |        |                        |
     ------------------------        ------------------------
   | ZEITPUNKT             |        |                        |
 4 | FUER AUFRUF VON       |        | ZEIGER AUF CONFL       |
   | CONF                  |        |                        |
     ------------------------        ------------------------
   | ZEITPUNKT             |        |                        |
 5 | FUER AUFRUF VON       |        | ZEIGER AUF PLOTL       |
   | MONITR                |        |                        |
     ------------------------        ------------------------
   | ZEITPUNKT             |        |                        |
 6 | FUER AUFRUF VON       |        | ZEIGER AUF EQUL        |
   | EQUAT                 |        |                        |
     ------------------------        ------------------------
```

EREIGNISLISTE   SOURCELISTE

EVENTL("EVT")   SOURCL ("SRC",3)

```
  -----------------------              -----------------------
 |                       |          1 | GENERIERUNGSZEIT-     |
 | EREIGNISZEITPUNKT     |            | PUNKT                 |
 |                       |            -----------------------
  -----------------------             |                       |
                                    2 | ZIELADRESSE           |
CHAINV ("EVT1")                       |                       |
  -----------------------              -----------------------
 | ZEIGER AUF DAS        |            | ANZAHL DER NOCH ZU    |
 | NACHFOLGENDE          |          3 | ERZEUGENDEN           |
 | EREIGNIS              |            | TRANSACTIONS          |
  -----------------------              -----------------------

                                    CHAINS ("SRC")
                                      -----------------------
                                     | ZEIGER AUF DEN        |
                                     | NACHFOLGENDEN         |
                                     | SOURCESTART           |
                                      -----------------------
```

AKTIVIERUNGSLISTE
ACTIVL ("TX1",2)

```
    -----------------------
    | AKTIVIERUNGSZEIT-   |
 1  | PUNKT / BLOCKIER-   |
    | VERMERK             |
    -----------------------
    |                     |
 2  | ZIELADRESSE         |
    |                     |
    -----------------------
```

CHAINA ("TX1",2)

```
    -----------------------
    | ZEIGER AUF          |
 1  | NACHFOLGENDE        |
    | AKTIVIERUNG         |
    -----------------------
    | ZEIGER AUF NACH-    |
 2  | FOLGENDE TR IN DER  |
    | BLOCK-KETTE         |
    -----------------------
```

EQUATIONLISTE
EQUL ("NSET",4)

```
    -----------------------
    | ZEITPUNKT DER       |
 1  | NAECHSTEN ZU-       |
    | STANDSBESTIMMUNG    |
    -----------------------
    |                     |
 2  | SCHRITTWEITE        |
    |                     |
    -----------------------
    |                     |
 3  | LOOK-AHEAD          |
    | VERMERK             |
    -----------------------
    | ZEITPUNKT DER       |
 4  | LETZTEN ZUSTANDS-   |
    | BESTIMMUNG          |
    -----------------------
```

CHAINE ("NSET")

```
    -----------------------
    | ZEIGER AUF DEN      |
    | NACHFOLGENDEN       |
    | AUFRUF              |
    -----------------------
```

KONFIDENZLISTE
CONFL ("BIN",5)

```
    -----------------------
    | ZEITPUNKT DES       |
 1  | NAECHSTEN AUFRUFES  |
    | VON CONF            |
    -----------------------
    |                     |
 2  | INTERVALL-LAENGE    |
    |                     |
    -----------------------
    | GESAMTWARTEZEIT     |
 3  | DES INTERVALLS      |
    | (I-1)               |
    -----------------------
    |                     |
 4  | ZEIGER AUF CON      |
    |                     |
    -----------------------
    |                     |
 5  | INDIKATOR FUER      |
    | AUTOMATIK           |
    -----------------------
```

CHAINC ("BIN")

```
    -----------------------
    | ZEIGER AUF DEN      |
    | NACHFOLGENDEN       |
    | AUFRUF              |
    -----------------------
```

MONITORLISTE
MONITL ("NPLOT")

```
    -----------------------
    | ZEITPUNKT DES       |
    | NAECHSTEN AUFRUFS   |
    | VON MONITR          |
    -----------------------
```

CHAINM ("NPLOT")

```
    -----------------------
    | ZEIGER AUF DEN      |
    | NACHFOLGENDEN       |
    | AUFRUF              |
    -----------------------
```

```
        TRANSACTION-MATRIX            FAMILY-MATRIX
        TX ("TX1","TX2")             FAM ("FAM",2)
        -----------------------      -----------------------
        |                     |      |                     |
    1   | NUMMER DER TR       |    1 | ANZAHL DER          |
        |                     |      | MITGLIEDER          |
        -----------------------      -----------------------
        |                     |      | NUMMER DES          |
    2   | DUPLIKATSNUMMER     |    2 | ZULETZT ERZEUGTEN   |
        |                     |      | DUPLIKATS           |
        -----------------------      -----------------------
        |                     |
    3   | LFAM                |
        |                     |
        -----------------------
        |                     |
    4   | PRIORITAET          |
        |                     |
        -----------------------
        |                     |
    5   | ZIELADRESSE BEI     |
        | VERDRAENGUNG        |
        -----------------------
        |                     |
    6   | RESTZEIT            |
        |                     |
        -----------------------
        |                     |
    7   | RUECKKEHRVERMERK    |
        |                     |
        -----------------------
        |                     |
    8   | BLOCKIERUNGSZEIT-   |
        | PUNKT               |
        -----------------------
        |                     |
    9   | FREIE PARAMETER     |
        |                     |
        -----------------------
        |                     |
        |          *          |
        |                     |
        |          *          |
        |                     |
        |          *          |
        |                     |
        -----------------------
        |                     |
 "TX2" | FREIE PARAMETER     |
        |                     |
        -----------------------
```

```
TYP-VEKTOR                        POLICY-MATRIX
TYP(12)                           POL ("POL",3)
   -------------------              -------------------
   |                 |              |                 |
 1 | BEGINN FACILITIES |          1 | STATIONSTYP     |
   |                 |              |                 |
   -------------------              -------------------
   |                 |              |                 |
 2 | BEGINN MULTI-   |            2 | TYPNUMMER       |
   | FACILITIES      |              |                 |
   -------------------              -------------------
   |                 |              |                 |
 3 | BEGINN POOLS    |            3 | NUMMER DER POLICY |
   |                 |              |                 |
   -------------------              -------------------
   |                 |
 4 | BEGINN STORAGES |
   |                 |
   -------------------
   |                 |
 5 | BEGINN GATES    |            FACILITY-MATRIX
   |                 |            FAC ("FAC",3)
   -------------------              -------------------
   |                 |              |                 |
 6 | BEGINN GATHER-1 |            1 | BELEGUNGSVERMERK |
   | STATIONEN       |              |                 |
   -------------------              -------------------
   |                 |              |                 |
 7 | BEGINN GATHER-2 |            2 | VERDRAENGUNGS-  |
   | STATIONEN       |              | VERMERK         |
   -------------------              -------------------
   |                 |              |                 |
 8 | BEGINN          |            3 | BEARBEITUNGSPHASE |
   | USER-CHAINS1    |              |                 |
   -------------------              -------------------
   |                 |
 9 | BEGINN          |
   | TRIGGER-STATIONEN1 |
   -------------------
   |                 |
10 | BEGINN          |            POOL-MATRIX
   | USER-CHAINS2    |            POOL ("POOL",2)
   -------------------              -------------------
   |                 |              |                 |
11 | BEGINN          |            1 | BESTAND         |
   | TRIGGER-STATIONEN2 |            |                 |
   -------------------              -------------------
   |                 |              |                 |
12 | BEGINN          |            2 | KAPAZITAET      |
   | MATCH-STATIONEN |              |                 |
   -------------------              -------------------
```

STORAGE BASIS-MATRIX
SBM ("STO",2)

```
     --------------------------
     |                        |
  1  | BEGINN EINES AB-       |
     | SCHNITTS               |
     --------------------------
     |                        |
  2  | KAPAZITAET DER         |
     | STORAGE                |
     --------------------------
```

SEGMENT-MATRIX
SM ("SM",2)

```
     --------------------------
     |                        |
  1  | LAENGE                 |
     |                        |
     --------------------------
     |                        |
  2  | KENNUNG                |
     |                        |
     --------------------------
```

STRATEGIE-MATRIX
STRAMA ("STO",2)

```
     --------------------------
     |                        |
  1  | STRATEGIE-A            |
     |                        |
     --------------------------
     |                        |
  2  | STRATEGIE-F            |
     |                        |
     --------------------------
```

MULTIFACILITY-MATRIX
MFAC ("MFAC",2)

```
     --------------------------
     | ANZAHL DER             |
  1  | BELEGTEN SERVICE-      |
     | ELEMENTE               |
     --------------------------
     |                        |
  2  | KAPAZITAET             |
     |                        |
     --------------------------
```

SERVICEELEMENT-MATRIX
SE ("SE",3)

```
     --------------------------
     |                        |
  1  | BELEGUNGSVERMERK       |
     |                        |
     --------------------------
     |                        |
  2  | VERDRAENGUNGS-         |
     | VERMERK                |
     --------------------------
     |                        |
  3  | BEARBEITUNGSPHASE      |
     |                        |
     --------------------------
```

PLAN-MATRIX
PLANA ("MFAC",2)

```
     --------------------------
     |                        |
  1  | PLAN-IN                |
     |                        |
     --------------------------
     |                        |
  2  | PLAN-OUT               |
     |                        |
     --------------------------
```

```
      USER-MATRIX                          USER-MATRIX FUER
      USERCT ("UCHT",2)                    FAMILIES
                                           USERCF ("FAM","UCHF",2)
      ---------------------                ---------------------
      | ANZAHL DER MIT-   |                | ANZAHL DER MIT-   |
    1 | GLIEDER DER       |              1 | GLIEDER DER       |
      | USER CHAIN        |                | USER CHAIN        |
      ---------------------                ---------------------
      | ZAEHLER DER       |                | ZAEHLER DER       |
    2 | ABGEHOLTEN        |              2 | ABGEHOLTEN        |
      | TRANSACTIONS      |                | TRANSACTIONS      |
      ---------------------                ---------------------



      GATHER-ZAEHLER                       GATHER-ZAEHLER FUER
      GATHT ("GATT")                       FAMILIES
                                           GATHF ("FAM","GATF")
      ---------------------                ---------------------
      | ANZAHL DER        |                | ANZAHL DER EINGE- |
    1 | EINGETROFFENEN    |              1 | TROFFENEN TXS FUER|
      | TXS               |                | STATION1          |
      ---------------------                ---------------------
                                           |                   |
                                           |         *         |
                                           |                   |
                                           |         *         |
                                           |                   |
                                           ---------------------
                                           | ANZAHL DER EINGE- |
              "GATF"                        | TROFFENEN TX FUER |
                                           | STATION "GATF"    |
                                           ---------------------



                                           ASSEMBLY-MATRIX
                                           ASM ("FAM","ASM")
                                           ---------------------
                                           | ANZAHL DER EINGE- |
                                         1 | TROFFENEN TX FUER |
                                           | STATION 1         |
                                           ---------------------
                                           |                   |
                                           |         *         |
                                           |                   |
                                           |         *         |
                                           |                   |
                                           ---------------------
                                           | ANZAHL DER EINGE- |
              "ASM"                         | TROFFENEN TX FUER |
                                           | STATION "ASM"     |
                                           ---------------------
```

```
BIN-MATRIX                          BIN-STATISTIK
BIN ("BIN",8)                       BINSTA ("BIN",5)
   -------------------------           -------------------------
   |                       |           |                       |
 1 | MOMENTANE LAENGE      |         1 | MITTL. WARTEZEIT      |
   |                       |           |                       |
   -------------------------           -------------------------
   |                       |           |                       |
 2 | MAXIMALE LAENGE       |         2 | MITTL. WARTE-         |
   |                       |           | SCHLANGENLAENGE       |
   -------------------------           -------------------------
   |                       |           |                       |
 3 | ANZAHL ZUGAENGE       |         3 | KONFIDENZINTERVALL    |
   |                       |           | IN %                  |
   -------------------------           -------------------------
   |                       |           | ABWEICHUNG AUF        |
 4 | ANZAHL ABGAENGE       |         4 | GRUND DER             |
   |                       |           | EINSCHWINGPHASE       |
   -------------------------           -------------------------
   |                       |           |                       |
 5 | ANZAHL AUFRUFE        |         5 | ENDE                  |
   | UP ARRIVE             |           | EINSCHWINGPHASE       |
   -------------------------           -------------------------
   |                       |
 6 | ANZAHL AUFRUFE        |           CONTENT-MATRIX
   | UP DEPART             |           CON ("BIN",500)
   -------------------------           -------------------------
   |                       |           |                       |
 7 | GESAMTWARTEZEIT       |         1 | GESAMTWARTEZEIT       |
   |                       |           | FUER INTERVALL 1      |
   -------------------------           -------------------------
   | LETZTER               |           |                       |
 8 | AENDERUNGSZEIT-       |           |           *           |
   | PUNKT                 |           |                       |
   -------------------------           |           *           |
                                       |                       |
                                       |           *           |
                                       |                       |
                                       -------------------------
                                       |                       |
                                   500 | GESAMTWARTEZEIT       |
                                       | FUER INTERVALL 500    |
                                       -------------------------
```

```
INTEGRATIONS-MATRIX                    INTEGRATIONSSTATISTIK
INTMA ("NSET",8)                       INTSTA ("NSET",4)
    ------------------------               ------------------------
    |                      |               | ANZAHL DER           |
1   | INTEGRATIONSVERFAHREN |        1      | DURCHGEFUEHRTEN       |
    |                      |               | INTEGRATIONSSCHRITTE |
    ------------------------               ------------------------
    |                      |               |                      |
2   | ANFANGSSCHRITTWEITE  |        2      | MITTLERE             |
    |                      |               | SCHRITTWEITE         |
    ------------------------               ------------------------
    |                      |               |                      |
3   | ANZAHL SV            |        3      | ANZAHL DER CROSSINGS |
    |                      |               |                      |
    ------------------------               ------------------------
    |                      |               | ANZAHL DER SCHRITTE  |
4   | ANZAHL DV            |        4      | ZUM AUFFINDEN DER    |
    |                      |               | CROSSINGS            |
    ------------------------               ------------------------
    |                      |
5   | STEP MIN.            |
    |                      |
    ------------------------
    |                      |
6   | STEP MAX.            |
    |                      |
    ------------------------
    |                      |
7   | ZULAESSIGER RELATIVER |
    | FEHLER               |
    ------------------------
    |                      |
8   | OBERGRENZE           |
    | INTEGRATIONSSCHRITTE |
    ------------------------
```

```
         PLOT-MATRIX 1                    PLOT-MATRIX 2
         PLOMA1 ("NPLO",16)               PLOMA2 ("NPLO",5)

         -------------------------        -------------------------
        |                         |      |                         |
    1   | ZEITPUNKT               |   1  | PLOT-                   |
        | PLOT-BEGIN              |      | SCHRITTWEITE            |
         -------------------------        -------------------------
        |                         |      |                         |
    2   | ZEITPUNKT               |   2  | DRUCKINDIKATOR          |
        | PLOT-ENDE               |      |                         |
         -------------------------        -------------------------
        | ZEITINTERVALL ZUR       |      |                         |
    3   | AUFNAHME DER             |   3  | SKALIERUNG              |
        | PLOT-DATEN              |      |                         |
         -------------------------        -------------------------
        | NUMMER DER DATEI        |      |                         |
    4   | ZUR ZWISCHENSP.         |   4  | MINIMUM Y-ACHSE         |
        | DER PLOT-DATEN          |      |                         |
         -------------------------        -------------------------
        | SET NUMMER              |      |                         |
    5   | DER ERSTEN              |   5  | MAXIMUM Y-ACHSE         |
        | PLOT-VARIABLEN          |      |                         |
         -------------------------        -------------------------
        | NUMMER DER ERSTEN       |
    6   | PLOT-VARIABLEN          |
        |                         |
         -------------------------
        |                         |
        |            *            |
        |                         |
  7-14  |            *            |
        |                         |
        |            *            |
        |                         |
         -------------------------
        | SET-NUMMER              |
   15   | DER SECHSTEN            |
        | PLOT-VARIABLEN          |
         -------------------------
        | NUMMER DER              |
   16   | SECHSTEN PLOT-          |
        | VARIABLEN               |
         -------------------------
```

PLOT-MATRIX 3
PLOMA3 ("NPLO",18)

```
      -------------------
      | MARKIERUNGSSYMBOL |
  1   | FUER              |
      | PLOT-VARIABLE 1   |
      -------------------
      | KENNZEICHNUNG DER |
  2   | PLOT-VARIABLEN 1  |
      | (ERSTE 4 ZEICHEN) |
      -------------------
      | KENNZEICHNUNG DER |
  3   | PLOT-VARIABLEN 1  |
      | (ZWEITE 4 ZEICHEN)|
      -------------------
      |                   |
      |                   |
      |         *         |
      |                   |
4-15  |         *         |
      |                   |
      |         *         |
      |                   |
      -------------------
      | MARKIERUNGSSYMBOL |
 16   | FUER              |
      | PLOT-VARIABLE 6   |
      -------------------
      | KENNZEICHNUNG DER |
 17   | PLOT-VARIABLEN 6  |
      | (ERSTE 4 ZEICHEN) |
      -------------------
      | KENNZEICHNUNG DER |
 18   | PLOT-VARIABLEN 6  |
      | (ZWEITE 4 ZEICHEN)|
      -------------------
```

```
       PROTOKOLLVEKTOR
       JPRINT (25)
       ---------------------------------------------------------
  1    | FACILITIES                                             |
       ---------------------------------------------------------
  2    | MULTIFACILITIES                                        |
       ---------------------------------------------------------
  3    | POOLS                                                  |
       ---------------------------------------------------------
  4    | STORAGES                                               |
       ---------------------------------------------------------
  5    | GATES                                                  |
       ---------------------------------------------------------
  6    | GATHER-1 STATIONEN                                     |
       ---------------------------------------------------------
  7    | GATHER-2 STATIONEN                                     |
       ---------------------------------------------------------
  8    | USER-CHAINS-1                                          |
       ---------------------------------------------------------
  9    | TRIGGER STATIONEN-1                                    |
       ---------------------------------------------------------
 10    | USER-CHAINS-2                                          |
       ---------------------------------------------------------
 11    | TRIGGER-STATIONEN-2                                    |
       ---------------------------------------------------------
 12    | MATCH-STATIONEN                                        |
       ---------------------------------------------------------
 13    | ANMELDEN VON EREIGNISSEN SOURCE-STARTS                 |
       ---------------------------------------------------------
 14    | ERZEUGEN UND VERNICHTEN VON TRANSACTIONS               |
       ---------------------------------------------------------
 15    | VERHALTEN DER UNTERPROGRAMME ADVANC UND TRANSF|
       ---------------------------------------------------------
 16    | BINS                                                   |
       ---------------------------------------------------------
 17    | KONFIDENZINTERVALLE                                    |
       ---------------------------------------------------------
 18    | AUSDRUCK DER HAEUFIGKEITSTABELLE                       |
       ---------------------------------------------------------
 19    | PROTOKOLLIERUNG VON EREIGNISSEN                        |
       ---------------------------------------------------------
 20    | PROTOKOLLIERUNG DER INTEGRATION                        |
       ---------------------------------------------------------
 21    | BEREICHSUEBERSCHREITUNG IM UP FUNCT                    |
       ---------------------------------------------------------
 22    | PROTOKOLL ZUSAMMENLEGUNG VON DELAY-VARIABLEN |
       ---------------------------------------------------------
 23    | FREI FUER BENUTZER                                     |
       ---------------------------------------------------------
 24    | FREI FUER BENUTZER                                     |
       ---------------------------------------------------------
 25    | FREI FUER BENUTZER                                     |
       ---------------------------------------------------------
```

A 4   Dimensionsparameter

Der Benutzer hat in GPSS-F die Möglichkeit, die Ausbaustufe des
Simulators selbst zu bestimmen. Er kann angeben, wieviele Events
und Transactions zur gleichen Zeit zulässig sein sollen und wieviele Stationen von jedem Typ verwendet werden können.

Die Ausbaustufe wird festgelegt, indem in der Fluchtsymbolversion
des Simulators die Datenbereiche dimensioniert werden. Das geschieht durch den Benutzer mit Hilfe eines Editors. Der Editor
sucht die entsprechenden, durch den Doppelapostroph eindeutig als
Dimensionsparameter gekennzeichneten Variablen heraus und ersetzt
sie durch einen aktuellen Wert.

* Beispiel:

In der Fluchtsymbolversion des Simulators wird der Datenbereich
für die Facility-Matrix mit FAC("FAC",3) bezeichnet. Um eine
lauffähige Version zu erhalten, muß "FAC" durch einen Wert ersetzt werden, der die Länge der Matrix festlegt. Damit wird die
Anzahl der Facilities bestimmt, die im Modell vorkommen können.

Im folgenden Abschnitt werden die Dimensionierungsparameter in
alphabetischer Reihenfolge beschrieben. Es wird angegeben, welche
Variablen von . den Dimensionierungsparametern betroffen sind.
Außerdem findet man einen Dimensionierungsvorschlag. Die Ausbaustufe ist hierbei so, daß der Simulator auch für sehr umfang-
reiche Modelle ausreichend ist.
Es wird dem Anwender des Simulators GPSS-FORTRAN empfohlen, den
Simulator den eigenen Anforderungen entsprechend zu dimensionieren. Auf diese Weise läßt sich der Speicherplatzbedarf des Simulators deutlich reduzieren.

Hinweis:

* Von jedem Objekt in GPSS-FORTRAN muß mindestens ein Exemplar
vorhanden sein. Keiner der Dimensionierungsparameter darf kleiner
als 1 sein.

A 4.1   Die Dimensionierung der Variablen

"ASM"   Anzahl der Assemb-Stationen
Variable: ASM("FAM","ASM")
"ASM"=1
Es darf in einem Modell eine Assemb-Station vorkommen. Wenn mehr
Assemb-Stationen benötigt werden, ist eine neue Dimensionierung
des Simulators erforderlich.

"BIN"   Anzahl der Bins
Variable: BIN("BIN",8), BINSTA("BIN",5), CONFL("BIN",5),
          CHAINC("BIN"), CON("BIN",500)
"BIN"=10
Es sind bis zu 10 Bins möglich. Es empfiehlt sich, mit Bins spar-
sam umzugehen, da die Konfidenzmatrix CON("BIN",500) viel Spei-
cherplatz benötigt.

"EVT"   Anzahl der Ereignisse
Variable: EVENTL("EVT",4), CHAINV("EVT")
"EVT"=50
Es sind in einem Modell 50 unterschiedliche Ereignisse möglich.

"FAC"   Anzahl der Facilities
Variable: FAC("FAC",3)
"FAC"=10
Es sind in einem Modell 10 verschiedene Facilities möglich.

"FAM"   Anzahl der Families
Variable: FAM("FAM",2), ASM("FAM", "ASM"), GATHF("FAM","GATE")
"FAM"=200
Die Anzahl der Families ist 200. Es ist möglich, daß jede Trans-
action einer eigenen Familie angehört. Das ist der Fall, wenn
jede Familie nur ein einziges Mitglied hat. Daher sollte
"FAM"="TX1" sein.

"GATE"   Anzahl der Gates
Gates besitzen keinen eigenen Datenbereich. "GATE" kommt nur als
Programmvariable ZGATE vor. (Siehe Hinweis am Ende des Anhangs
A3.1)
"GATE"=20
Es sind in einem Modell 20 verschiedene Gates möglich.

"GATF"   Anzahl der Gather-Stationen für Families
Variable: GATHF("FAM","GATF")
"GATF"=1
Es gibt eine Gather-Station für Families.

"GATT"   Anzahl der einfachen Gather-Stationen
Variable: GATHT("GATT")
"GATT"=5
Es gibt 5 einfache Gather-Stationen (ohne Berücksichtigung der
Familienzugehörigkeit).

"LDVAR"   Länge des Speichers für Delay-Variable
Variable: DEVAR("NDVAR",2,"LDVAR")
"LDVAR"=100
Für die Archivierung zurückliegender Systemzustände stehen 100
Elemente zur Verfügung.

"MFAC"   Anzahl der Multifacilities
Variable: MFAC("MFAC",2), MBV("MFAC"), PLAMA("MFAC",2)
"MFAC"=2
Es gibt zwei Multifacilities.

"NCOND"   Anzahl der Bedingungen
Variable: TCOND("NCOND")
"NCOND"=150
Es sind insgesamt 150 unterschiedliche Bedingungen möglich.

"NCRO"   Anzahl der Crossings
Variable: IFLAG("NSET","NCRO"), IFLAGL("NSET","NCRO"),
"NCRO"=50

Für jedes Set sind 50 verschiedene Crossings zulässig. Es ist nicht möglich, für jedes Set die Anzahl der zulässigen Crossings einzeln anzugeben.

"NDVAR"   Anzahl der Delay-Variablen
Variable: DEVAR("NDVAR",2,"LDVAR")
          IDEMA("NDVAR",2), IDPTR("NDVAR",2)
          NCOMP("NDVAR"), TAUMAX("NDVAR")

"NDVAR"=2
Es sind zwei Delay-Variable möglich.

"NPLO"   Anzahl der Plots
Variable: MONITL("NPLO"), CHAINM("NPLO"), PLOMA1("NPLO",16),
          PLOMA2("NPLO",5), PLOMA3("NPLO",18),PLOFIL("NPLO")
"NPLO"=10
Es sind in jedem Simulationslauf 10 Plots möglich.

"NSET"   Anzahl der Sets
Variable: EQUL("NSET",4), CHAINE("NSET"), INTMA("NSET",8),
          INTSTA("NSET",4), IFLAG("NSET","NCRO"),
          IFLAGL("NSET","NCRO"), TDELA("NSET")
          DV("NSET","NV"), DVLAST("NSET","NV"),
          SV("NSET","NV"), SVLAST("NSET","NV")

"NSET"=3
Es sind drei Sets zulässig.

"NTAB"   Anzahl der Häufigkeitstabellen
Variable: TAB("TAB",4,"NTAB")
"NTAB"=7
Es sind 7 Häufigkeitstabellen möglich.

"NV"   Anzahl der Systemvariablen
Variable: SV("NSET","NV"), SVLAST("NSET","NV"),
          DV("NSET","NV"); DVLAST("NSET","NV")
"NV" = 100
Es sind 100 Systemvariable möglich.

"POL"   Anzahl der Policies
Variable: POL("POL",3)
"POL"=10
Es sind 10 verschiedene Policies möglich.

"POOL"   Anzahl der Pools
Variable: POOL("POOL",2)
"POOL"=5
Es sind 5 Pools möglich.

"SE"   Anzahl der Service Elemente
Variable: SE("SE",3)
"SE"=20
Es sind insgesamt 20 Serviceelemente zulässig. Diese 20 Serviceelemente müssen vom Benutzer auf die Multifacilities verteilt werden.

"SM"   Anzahl der Speichereinheiten

Variable: SM("SM",2)
"SM"=1024
Es sind insgesamt 1024 Speichereinheiten zulässig. Diese 1024
Speichereinheiten müssen vom Benutzer auf die Storages verteilt
werden.

"SRC"   Anzahl der Sources
Variable: SOURCL("SRC",3), CHAINS("SRC")
"SRC"=10
Es sind 10 Sources möglich.

"STAT"   Gesamtzahl der Stationen
Variable: BHEAD("STAT")
"STAT"=656
In "STAT" muß die Gesamtzahl aller Stationen angegeben werden.
"BSTAT" ist die Summe aller Stationen, vor denen Transactions
blockiert sein können. "STAT" ist vom Benutzer selbst zu berech-
nen. Zur Berechnung von "STAT" siehe die Hinweise am Ende des An-
hangs A 4.

"STO"   Anzahl der Storages
Variable: SBM("STO",2), STRAMA("STO",2)
"STO"=5
Es sind 5 Storages möglich.

"TAB"   Anzahl der Tabellenfelder in den Häufigkeitstabellen
Variable: TAB("TAB",4,"NTAB")
"TAB"=100
Jede Häufigkeitstabelle besitzt 100 Felder.

"TX1"   Anzahl der Transactions
Variable: TX("TX1","TX2") ACTIV("TX1",2), CHAINA("TX1")
"TX1"=200
Es können sich maximal 200 Transactions zur gleichen Zeit im Mo-
dell befinden.

"TX2"   Anzahl der Transactionparameter
Variable: TX("TX1","TX2")
"TX2"=16
Jede Transaction kann bis zu 16 Parameter haben. Die Parameter
1-8 sind Sytemparameter, die bereits vergeben sind. Die restlichen 8 Parameter 9-16 sind freie Parameter, die vom Benutzer verwendet werden können.

"UCHF"   User-Chains für Families
Variable: USERCF("FAM","UCHF",2)
"UCHF"=1
Es gibt eine User-Chain für Families.

"UCHT"   Anzahl der einfachen User-Chains
Variable: USERCT("UCHT",2)
"UCHT"=2
Es gibt zwei einfache User-Chains (ohne Berücksichtigung der
Familienzusammengehörigkeit).

"VAR"   Anzahl der formatfreien Input-Variablen

Variable: IV("VAR"), RV("VAR")
"VAR"=50
Es gibt jeweils 50 Variable vom Typ INTEGER bzw. vom Typ REAL,
die formatfrei eingelesen werden können.

A 4.2   Hinweise:

* Neben der Dimensionierung von Datenbereichen beeinflußt die
Ausbaustufe des Simulators auch den Umfang von DO-Schleifen. Die
Programmvariablen, die von der Ausbaustufe des Simulators abhän-
gen, beginnen einheitlich mit "Z".

Beispiel: Im Unterprogramm RESET werden alle Datenbereiche auf 0
gesetzt. Die DO-Schleife, die die Datenbereiche BIN und BINSTA
zurücksetzt, läuft von 1 bis ZBIN.
Die Programmvariablen, die mit Z beginnen, werden im Unterprogramm SYSVAR entsprechend den Dimensionsparametern vorbesetzt.

* Die Berechnung des Dimensionsparameters "STAT", der die Dimension des Vektors BHEAD bestimmt, muß vom Benutzer vorgenommen
werden. An dieser Stelle ist besondere Sorgfalt erforderlich.
"STAT" gibt die Anzahl der Stationen an, vor denen Transactions
blockiert sein können. Bei der Berechnung von "STAT" sind die
folgenden Punkte zu beachten:

Für Stationen mit Families (Gather-Stationen für Families und
User-Chains für Families) gibt es für jede Family ein eigenes
Feld in BHEAD.
User-Chains benötigen 2 Felder für die User-Chain selbst und für
die dazugehörige Triggerstation.

Match-Stationen werden ähnlich wie Gates durch keinen eigenen Datenbereich repräsentiert. Es sind für Match-Stationen nicht einmal Programmvariable erforderlich. Die Anzahl der möglichen
Match-Stationen geht nur in die Summe für "STAT" ein. Im vorliegenden Fall für "STAT" = 656 ist NMATCH = 5

Für die Berechnung von "STAT" gilt:

"STAT" = "FAC" + "MFAC" + "POOL" + "STO" + "GATE"+"GATT"
       + "GATF" * "FAM" + "UCHT"*2 + "UCHF" * "FAM" * 2
       + NMATCH

Für die im Anhang A 4 vorgeschlagene Dimensionierung gilt:

"FAC" = 10	"GATT" = 5	
"MFAC" = 2	"GATF" = 1	"GATF"*"FAM"=200
"POOL" = 5	"UCHT" = 2	
"STO" = 5	"UCHF" = 1	"UCHF"*"FAM"=200
"GATE" = 20	NMATCH = 5	

Hieraus ergibt sich "STAT" = 656

A 4.3   Ersetzung der Variablen

Um einen ablauffähigen Simulator zu erhalten, muß die Fluchtsymbolversion des Simulators modifiziert werden. Alle durch den Doppelapostroph eingeschlossenen Variablen müssen mit Hilfe eines
Editors durch aktuelle Zahlenwerte ersetzt werden. Das muß sowohl
in den User-Programmen wie auch in den Systemunterprogrammen geschehen.

A 5   Zufallszahlen

Es ist das Ziel von GPSS-FORTRAN, die Programmstrukturen für den
Benutzer so durchsichtig wie möglich zu halten. Aus diesem Grund
wird von besonderen Verfahren, die Rechenzeit oder Speicherplatz
sparen würden, bewußt kein Gebrauch gemacht, wenn die Übersicht-
lichkeit dadurch gefährdet erscheint. Das gilt auch für die
Erzeugung von Zufallszahlen. Wenn sich der Benutzer von GPSS-FOR-
TRAN im Umgang mit Zufallszahlengeneratoren sicher fühlt, hat er
ohne weiteres die Möglichkeit, die von GPSS-FORTRAN angebotenen
Verfahren zu verbessern.

Die Erzeugung von Zufallszahlen im Simulator GPSS-FORTRAN Version
3 ist rechenanlagenunabhängig.

Die Erzeugung von Zufallszahlen durch die Funktion RN(RNUM) folgt
unmittelbar der Rechenvorschrift:

$$X(I+1)=(DFACT*X(I)+DCONST)mod\ DMODUL$$

Die Güte der erzeugten Zufallszahlen ist nur gewährleistet, wenn
alle Rechenoperationen ohne Rundung ausgeführt werden. Das bedeutet, daß das Ergebnis der Operation

$$DFACT*X(I)+DCONST$$

ohne Rundung in der Rechenanlage darstellbar sein muß.
Wird der Standard-Zufallszahlengenerator von GPSS-FORTRAN auf
einer Rechenanlage eingesetzt, die dieser Bedingung nicht genügt,
ergibt sich folgender Sachverhalt:

* Aufgrund der Rundungsfehler produziert das Iterationsverfahren
eine Zufallszahlenfolge, die nicht mit der korrekten Zufallszahlenfolge übereinstimmt. Das äußert sich z.B. darin, daß sich die
Ergebnisse der Beispielmodelle geringfügig voneinander unter-
scheiden.

* Die Güte der Zufallszahlen ist nicht mehr gewähr leistet.

Es ergeben sich zwei Lösungswege, die im folgenden beschrieben
werden sollen.

A 5.1   Die Doppelwort-Version

Man zerlegt die Rechenoperation

$$DFACT*X(I)+DCONST$$

so, daß sie auf der entsprechenden Rechenanlage ohne Rundung aus-
führbar wird. Das geschieht, indem DFACT, X(I) und DCONST halbiert werden und man die Hälften jeweils gesondert verarbeitet.

In diesem Falle sind die Unterprogramme INIT1 und RN auszutau-
schen. Das Listing für INIT1X und RNX findet man auf den folgenden Seiten. Weiterhin ist der Bereich COMMON/DRN/ zu ersetzen. In

den Unterprogrammen ERLANG, GAUSS, BOXEXP und UNIFRM muß anstelle
von RN der Aufruf von RNX stehen.
Dieses Verfahren ist vorzuziehen, wenn eine geringfügige Erhöhung
der Rechenzeit ohne Bedeutung ist. Die hiermit erzielten Ergebnisse müssen genau mit den Ergebnissen der Beispielmodelle über-
einstimmen.

Hinweis:
* Es ist zu beachten, daß der Bereich COMMON/DRN/ auch im Rahmen
ersetzt werden muß.

```
      SUBROUTINE INIT1X
C     =================
C     CALL INIT1X
C
C     FUNKTION: Wertzuweisung für Zufallszahlengeneratoren
C
      INTEGER, DRN, DFACT, DMODUL, DCONST
      COMMON/DRN/ DRN(30), DFACT(30,2), DMODUL(2), DCONST(30,2)
C
C     SET THE MULTIPLIERS
C     ===================
      DFACT( 1,1)=      74125
      DFACT( 2,1)=     163549
      DFACT( 3,1)=     207253
      DFACT( 4,1)=     224685
      DFACT( 5,1)=     288373
      DFACT( 6,1)=     314685
      DFACT( 7,1)=     324349
      DFACT( 8,1)=     337997
      DFACT( 9,1)=     343917
      DFACT(10,1)=     484997
      DFACT(11,1)=     520061
      DFACT(12,1)=     526981
      DFACT(13,1)=     530197
      DFACT(14,1)=     531493
      DFACT(15,1)=     557749
      DFACT(16,1)=     628861
      DFACT(17,1)=     635149
      DFACT(18,1)=     651237
      DFACT(19,1)=     725925
      DFACT(20,1)=     861221
      DFACT(21,1)=     931725
      DFACT(22,1)=     982525
      DFACT(23,1)=    1085653
      DFACT(24,1)=    1168277
      DFACT(25,1)=    1377333
      DFACT(26,1)=    1455669
      DFACT(27,1)=    1493629
      DFACT(28,1)=    1534917
      DFACT(29,1)=    1548757
      DFACT(30,1)=    1635469
```

```
C
C     Bestimmen des Moduls
C     ====================
      DMODUL(1) = 2**30
      DMODUL(2) = 2**15
C
C     Bestimmen der beiden Teile von DFACT
C     ====================================
      DO 10 I = 1,30
      DFACT(I,2) = MOD(DFACT(I,1),DMODUL(2))
10    DFACT(I,1) = (DFACT(I,1)-DFACT(I,2))/DMODUL(2)
C
C     Bestimmen der additiven Konstante
C     =================================
      DO 20 I=1,30
      DCONST(I,2)=16739
20    DCONST(I,1)=6946
C
C     Bestimmen der Startwerte
C     ========================
      DO 30 I=1,30
30    DRN(I) = 1
      RETURN
      END


      FUNCTION RNX(RNUM)
C     ==================
C     FUNKTION: Erzeugen einer Zufallszahl im Intervall
C
C     PARAMETER: RNUM = Nummer des Zufallszahlengenerators
C
      INTEGER RNUM
      INTEGER DRN, DFACT, DMODUL, DCONST
      INTEGER DRNH, DRNL, DPRODH, DPRODL
      COMMON/DRN/ DRN(30),DFACT(30,2),DMODUL(2),DCONST(30,2)
C
C     Aufteilen von DRN
C     =================
      DRNL = MOD(DRN(RNUM),DMODUL(2))
      DRNH = (DRN(RNUM)-DRNL)/DMODUL(2)
C
C     Erzeugen der beiden Teilprodukte
C     ================================
      DPRODL = DRNL*DFACT(RNUM,2)+DCONST(RNUM,2)
      DPRODH = DRNL*DFACT(RNUM,1)+DRNH*DFACT(RNUM,2)+
     +DCONST(RNUM,1)
C
C     Erzeugen der neuen Zufallszahl
C     ==============================
      DPRODH=MOD(DPRODH,DMODUL(2))
      DRN(RNUM)=MOD(DPRODH*DMODUL(2)+DPRODL,DMODUL(1))
      RNX=FLOAT(DRN(RNUM))/FLOAT(DMODUL(1)-1)
      RETURN
      END
```

A 5.2   Die Version mit kleinen Multiplikatoren

Um zu verhindern, daß der Ausdruck (DFACT*X(I))+DCONST zu groß
wird, kann als Multiplikator ein kleineres DFACT gewählt werden.
Das auf der folgenden Seite angegebene Unterprogramm INIT11 enthält Multiplikatoren, die für 16-Bit-Anlagen passend sind. Alle
Zufallszahlengeneratoren wurden ausführlich getestet.

Hinweis:

* Die neuen Zufallszahlengeneratoren liefern veränderte Zufalls-
zahlenfolgen. Das führt dazu, daß sich die Ergebnisse der Beispielmodelle geringfügig verändern.

* Es ist zu beachten, daß für das Unterprogramm INIT11 gilt: DMO-
DUL = 4096. Das bedeutet, daß die Periode für die Zufallszahlenfolge nicht größer als 4096 ist.

```
      SUBROUTINE INIT11
C     ==================
C
C     CALL INIT11
C
C     FUNKTION: Wertzuweisung an Zufallszahlengeneratoren
C
      INTEGER DRN, DFACT, DMODUL, DCONST
      COMMON/DRN/ DRN(30), DFACT(30), DMODUL, DCONST(30)
C
C     Bestimmen der Multiplikatoren
C     =============================
      DFACT( 1) =  469
      DFACT( 2) =  597
      DFACT( 3) =  733
      DFACT( 4) =  757
      DFACT( 5) =  805
      DFACT( 6) =  893
      DFACT( 7) =  901
      DFACT( 8) =  941
      DFACT( 9) = 1141
      DFACT(10) = 1221
      DFACT(11) = 1541
      DFACT(12) = 1621
      DFACT(13) = 1805
      DFACT(14) = 1853
      DFACT(15) = 1997
      DFACT(16) = 2165
      DFACT(17) = 2173
      DFACT(18) = 2285
      DFACT(19) = 2373
      DFACT(20) = 2397
      DFACT(21) = 2429
      DFACT(22) = 2445
```

```
        DFACT(23) = 2517
        DFACT(24) = 2549
        DFACT(25) = 2749
        DFACT(26) = 2813
        DFACT(27) = 2973
        DFACT(28) = 3157
        DFACT(29) = 3285
        DFACT(30) = 3405
C
C       Bestimmen der additiven Konstanten und des Moduls
C       ==================================================
        DMODUL = 4096
        DO 10 I=1,30
10      DCONST(I) = 865
C
C       Bestimmen der Startwerte
C       ========================
        DO 20 I=1,30
20      DRN(I)=1
        RETURN
        END
```

A 5.3   Die Version mit großen Multiplikatoren

Es ist für das multiplikative Kongruenzverfahren von Zufallszahlen gut, wenn der Faktor DFACT möglichst groß ist.
Im Unterprogramm INIT12 werden große Multiplikatoren angeboten.

Hinweis:

* Es empfiehlt sich unter Umständen, die großen Multiplikatoren
mit der in A 5.1 beschriebenen Zerlegung zu kombinieren.

```
        SUBROUTINE INIT12
C       =================
C       CALL INIT12
C       ===========
C       FUNKTION: Wertzuweisung an Zufallszahlengeneratoren
C
        INTEGER DRN, DFACT, DMODUL, DCONST
        COMMON/DRN/ DRN(30), DFACT(30), DMODUL, DCONST(30)
C
C       Bestimmen der Multiplikatoren
C       =============================
        DFACT( 1) =  10753813
        DFACT( 2) = 228181237
        DFACT( 3) = 348984893
        DFACT( 4) = 590634277
        DFACT( 5) =  10841757
        DFACT( 6) = 107408213
        DFACT( 7) = 469770781
        DFACT( 8) = 832159853
        DFACT( 9) =  10842045
```

```
        DFACT(10) = 228244373
        DFACT(11) = 348969437
        DFACT(12) =  10763125
        DFACT(13) = 107452989
        DFACT(14) = 469773661
        DFACT(15) = 590648085
        DFACT(16) =  10784189
        DFACT(17) = 228206429
        DFACT(18) = 469793853
        DFACT(19) = 832230813
        DFACT(20) = 107464661
        DFACT(21) = 469808301
        DFACT(22) = 590585901
        DFACT(23) = 228178005
        DFACT(24) = 349045949
        DFACT(25) =  10845149
        DFACT(26) = 107441485
        DFACT(27) = 469795933
        DFACT(28) = 349062285
        DFACT(29) = 107380645
        DFACT(30) =  10767581
C
C       Bestimmen der additiven Konstanten und des Moduls
C       ==================================================
        DMODUL = 2**30
        DO 10 I = 1,30
10      DCONST(I) = 227623267
C
C       Bestimmen der Startwerte
C       ========================
        DO 20 I = 1,30
20      DRN(I) = 1
        RETURN
        END
```

A 6   Benutzerprogramme

Im Anhang A 6 sind die Benutzerprogramme zusammengefaßt, die für
die Modellerstellung erforderlich sind. Es handelt sich hierbei
um das Fortran-Hauptprogramm und die Benutzerunterprogramme AK-
TIV, CHECK, DETECT, DYNPR, EVENT, STATE und TEST.

Zu den Benutzerprogrammen zählen weiterhin einige Unterprogramme,
die für besondere Fälle zur Verfügung stehen. Sie sind als Dummy-
Routinen im Simulator vorhanden.

```
C****************************************************************
C
C 1. RAHMEN UND BENUTZERPROGRAMME
C
C****************************************************************
C     *** GPSS  FORTRAN  SIMULATIONSPROGRAMM
C     ***
C     *** MODELL  **
C     ***
C     *** VERSION VOM  **. **. **
C     ***
C
C
C
C
C     1. ALLGEMEINE FORTRAN-DEFINITIONEN
C     ===================================
      CHARACTER*4 PLOMA3, TXT
      CHARACTER*8 VNAMEI,VNAMER
      INTEGER SVIN, XFORM,SVOUT,UNIT1,UNIT2,XUNIT3,XUNIT4
      INTEGER UNIT5,UNIT6,UNIT7,UNIT8
      INTEGER XGO,XEND,XNEW,XOUT,XMODUS,YMODUS
      INTEGER ZASM,ZBIN,ZEVT,ZFAC,ZFAM,ZGATE,ZGATF,ZGATT,ZLDVAR
      INTEGER ZMFAC,ZNCOND,ZNCRO,ZNDVAR,ZNPLO,ZNSET,ZNTAB,ZNV
      INTEGER ZPOL,ZPOOL,ZSE,ZSM,ZSRC,ZSTAT,ZSTO,ZTAB,ZTX1
      INTEGER ZTX2,ZUCHF,ZUCHT,ZVAR
      INTEGER CHAINC, CHAINE, CHAINV, CHAINM, CHAINS, CHAINA
      INTEGER FAC, FAM, ASM, GATHT, GATHF, SE, PLAMA, POL, POOL,
                                                             SBM
      INTEGER SBM, SM, STRAMA, TYPE, BHEAD, USERCT, USERCF
      INTEGER DRN, DFACT, DMODUL, DCONST
      REAL NTXC, INTMA,INTSTA, MONITL
      COMMON /BIN/ BIN(30,8), BINSTA(30,5)
      COMMON /CON/ CONFL(30,5), CHAINC(30), CON(30,500), CLEV
      COMMON /DEL/ IDELAY, NCOMP(2), DEVAR(2,2,100), IDEMA(2,2)
      COMMON /DEL/ IDPNTR(2,2), TAUMAX(2), TDELA(3)
      COMMON /DRN/ DRN(30), DFACT(30), DMODUL, DCONST(30)
      COMMON /EQU/ EQUL(3,4), CHAINE(3)
      COMMON /EQU/ INTMA(3,8), INTSTA(3,4)
      COMMON /EQU/ IFLAG(3,50), IFLAGP(3,50), JFLAG(3,50),
```

```
      COMMON /EQU/ JFLAGL(3,50)
      COMMON /EQU/ SV(3,100), SVLAST(3,100)
      COMMON /EQU/ DV(3,100), DVLAST(3,100), ICONT
      COMMON /EVT/ EVENTL(50), CHAINV(50)
      COMMON /FAC/ FAC(10,3)
      COMMON /FAM/ FAM(200,2), ASM(200,1)
      COMMON /FIL/ UNIT1,UNIT2,XUNIT3,XUNIT4,NUNIT1,NUNIT2,XFORM
      COMMON /FIL/ UNIT5,UNIT6,UNIT7,UNIT8
      COMMON /GAT/ GATHT(5), GATHF(200,1)
      COMMON /INP/ ITXT, JEPS, NDELAY
      COMMON /MFA/ MFAC(2,2), MBV(2), SE(20,3), LSE
      COMMON /MOD/ XMODUS, YMODUS, SVIN, SVOUT
      COMMON /PLA/ PLAMA(2,2)
      COMMON /PLO/ MONITL(10), CHAINM(10)
      COMMON /PLO/ PLOMA1(10,16), PLOMA2(10,5)
      COMMON /PLC/ PLOMA3(10,18)
      COMMON /POL/ POL(10,3)
      COMMON /POO/ POOL(5,2)
      COMMON /SRC/ SOURCL(10,3), CHAINS(10), NTXC, LSL, TXMAX
      COMMON /STO/ SBM(5,2), SM(1024,2), LSM
      COMMON /STR/ STRAMA(5,2)
      COMMON /TAB/ TAB(100,4,7)
      COMMON /TIM/ T, RT, TEND, TCOND(150), EPS, IPRINT
      COMMON /TIM/ JPRINT(25)
      COMMON /TXS/ TX(200,16), ACTIVL(200,2), CHAINA(200,2), LTX
      COMMON /TXT/ TXT(3,19)
      COMMON /TYP/ TYPE(12), BHEAD(656), THEAD(6), LHEAD(6)
      COMMON /TYP/ TTEST
      COMMON /UCH/ USERCT(2,2), USERCF(200,1,2)
      COMMON /VAR/ IV(50), RV(50)
      COMMON /SYM/ VNAMEI(50),VNAMER(50)
      COMMON /SYS/ ZASM,ZBIN,ZEVT,ZFAC,ZFAM,ZGATE,ZGATF,ZGATT
      COMMON /SYS/ ZLDVAR,ZMFAC,ZNCOND,ZNCRO,ZNDVAR,ZNPLO,ZNSET
      COMMON /SYS/ ZNTAB,ZNV,ZPOL,ZPOOL,ZSE,ZSM,ZSRC,ZSTAT,ZSTO
      COMMON /SYS/ ZTAB,ZTX1,ZTX2,ZUCHF,ZUCHT,ZVAR
C
C
C
C     BLOCK COMMON /PRIV/ BESETZEN
C     ==============================
      COMMON /PRIV/ DUMMY
C
C
C
C     FESTLEGEN DER BETRIEBSART
C     ==========================
      XMODUS = 1
      YMODUS = 0
C
C
C     SETZEN DER KANALNUMMERN FUER EIN- UND AUSGABE
C     =============================================
      UNIT1  = 13
      UNIT2  = 14
      XUNIT3 =  5
      XUNIT4 =  6
C
      UNIT5  = 10
```

```
      UNIT6 = 11
      UNIT7 = 12
      UNIT8 = 20
C
C     EROEFFNEN VON EINGABE/AUSGABE-DATEIEN
C     =====================================
200   OPEN(UNIT1,FILE='DATAIN',ACCESS='SEQUENTIAL',FORM=
     +        'FORMATTED',RECL=133)
      OPEN(UNIT2,FILE='DATAOUT',ACCESS='SEQUENTIAL',FORM=
     +        'FORMATTED',RECL=133)
      OPEN(XUNIT3,FILE='INPUT',RECL=80)
      OPEN(XUNIT4,FILE='OUTPUT',RECL=80)
C
C
C     EROEFFNEN VON SCRATCH/SAVE-DATEIEN
C     ==================================
      OPEN(UNIT5,FILE='SCRAT1',ACCESS='SEQUENTIAL',FORM='FORMAT
     +        TED',RECL=133)
      OPEN(UNIT6,FILE='SCRAT2',ACCESS='DIRECT',FORM='UNFORMATTED'
     +        ,RECL=101)
      OPEN(UNIT7,FILE='SAVE',ACCESS='SEQUENTIAL',FORM='UNFORMAT
     +        TED',RECL=20)
      OPEN(UNIT8,FILE='SCRAT3',ACCESS='SEQUENTIAL',FORM='UNFOR
     +        MATTED',RECL=20)
C
C
C     EROEFFNEN VON PLOT-DATEIEN
C     ==========================
      OPEN(21,FILE='PLOT1',ACCESS='SEQUENTIAL',FORM='UNFORMAT
     +        TED',RECL=20)
      OPEN(22,FILE='PLOT2',ACCESS='SEQUENTIAL',FORM='UNFORMAT
     +        TED',RECL=20)
C
C
C     2. NULLSETZEN DER DATENBEREICHE UND STANDARDVORBESETZUNG
C     =======================================================
C
C     SETZEN DER SYSTEMDIMENSIONEN
C     ============================
      CALL SYSVAR
C
C     LOESCHEN DER DATENBEREICHE
C     ==========================
      CALL RESET
C
C     VORBESETZEN
C     ===========
      CALL PRESET
C
C     VORBESETZEN PRIVATER GROESSEN
C     =============================
C
C
C     3. EINLESEN UND SETZEN DER VARIABLEN
C     ====================================
```

```
C
C       NAMENSDEKLARATION DER INTEGERVARIABLEN
C       ======================================
        VNAMEI(1) = 'IPRINT '
        VNAMEI(2) = 'ICONT  '
        VNAMEI(3) = 'SVIN   '
        VNAMEI(4) = 'SVOUT  '
C
C       NAMENSDEKLARATION DER REALVARIABLEN
C       ===================================
        VNAMER(1) = 'TEND   '
        VNAMER(2) = 'TXMAX  '
        VNAMER(3) = 'EPS    '
C
C
C       VORBESETZEN BEI FORMATFREIEM EINLESEN
C       =====================================
1000    IV(1) = IPRINT
        IV(2) = ICONT
        IV(3) = SVIN
        IV(4) = SVOUT
        RV(1) = TEND
        RV(2) = TXMAX
        RV(3) = EPS
C
C
C
C
C       EINLESEN
C       ========
        CALL XINPUT(XGO,XEND,XNEW,XOUT,*9999)
C
C       SETZEN BEI FORMATFREIEM EINLESEN
C       ================================
        IPRINT = IV(1)
        ICONT  = IV(2)
        SVIN   = IV(3)
        SVOUT  = IV(4)
        TEND   = RV(1)
        TXMAX  = RV(2)
        EPS    = RV(3)
C
C
        IF(XMODUS.EQ.1) CALL XBEGIN(XGO,XEND,XNEW,XOUT,*6000,*7000)
        IF(SVIN.NE.0) GOTO 5500
C
C
C       4. WERTZUWEISUNG VON KONSTANTEN STEUER- UND ANFANGSWERTEN
C       =========================================================
C
C
C       SETZEN SOURCE-LISTE
C       ===================
C
C       SETZEN POLICY-, STRATEGIE- UND PLAN-MATRIX
C       ==========================================
```

```
C
C      SETZEN POOL- UND SPEICHERKAPAZITAETEN
C      =====================================
C
C      SETZEN KAPAZITAETEN DER MULTIFACILITIES
C      =======================================
C
C      INITIALISIEREN DER DATENBEREICHE
C      ================================
       CALL INIT1
       CALL INIT2(*9999)
       CALL INIT3(*9999)
       CALL INIT4
C
C
C      5. FESTLEGEN DER ANFANGSWERTE
C      =============================
C
C      ANMELDEN DER ERSTEN EREIGNISSE
C      ==============================
C
C      SOURCE-START
C      ============
C
C      FORTSETZEN EINES SIMULATIONSLAUFES
C      ==================================
5500   IF(SVIN.NE.0) CALL SAVIN
C
C
C
C      6. MODELL
C      =========
6000   CALL FLOWC(*7000)
       IF(XMODUS.EQ.1) GOTO 1000
C
C
C
C      7. ENDABRECHNUNG
C      ================
7000   CONTINUE
C
C      ENDABRECHNUNG DER BINS UND BESTIMMUNG DER KONFIDENZINTER-
C                                                          VALLE
C
C      ========================================================
       CALL ENDBIN
C
C      ENDABRECHNUNG PRIVATER GROESSEN
C      ===============================
C
C
```

```
C
C        8. AUSGABE DER ERGEBNISSE
C        ==========================
C
C        AUSGABE DER PLOTS
C        =================
         IF(ICONT.NE.0) CALL ENDPLO(0)
C
C        AUSGABE PRIVATER GROESSEN
C        ==========================
C
C
         IF(XOUT.EQ.1) GOTO 1000
C
C        SICHERN DES SYSTEMZUSTANDES
C        ============================
C        IF(SVOUT.NE.0) CALL SAVOUT
C
C
C
9999     CLOSE(UNIT1,STATUS='KEEP')
         CLOSE(UNIT2,STATUS='KEEP')
         CLOSE(UNIT5,STATUS='DELETE')
         CLOSE(UNIT6,STATUS='DELETE')
         CLOSE(UNIT7,STATUS='KEEP')
         CLOSE(UNIT8,STATUS='DELETE')
         CLOSE(21,STATUS='DELETE')
         CLOSE(22,STATUS='DELETE')
C
C
         STOP
         END
```

```
      SUBROUTINE ACTIV(*)
C     ***
C     *** CALL ACTIV(EXIT1)
C     ***
C     *** FUNKTION : MODELL
C     *** PARAMETER: EXIT1 = ADRESSAUSGANG ZUR ENDABRECHNUNG
C     ***
      INTEGER CHAINC, CHAINV, CHAINS, CHAINA
      INTEGER FAC, FAM, ASM, GATHT, GATHF, SE, PLAMA, POL, POOL,
     *                                                          SBM
      INTEGER SBM, SM, STRAMA, TYPE, BHEAD, USERCT, USERCF
      INTEGER UNIT1, XFORM, UNIT2, XUNIT3, XUNIT4
      INTEGER UNIT5, UNIT6, UNIT7, UNIT8
      REAL NTXC
      LOGICAL CHECK
      COMMON /BIN/ BIN(30,8), BINSTA(30,5)
      COMMON /CON/ CONFL(30,5), CHAINC(30), CON(30,500), CLEV
      COMMON /EVT/ EVENTL(50), CHAINV(50)
      COMMON /FAC/ FAC(10,3)
      COMMON /FAM/ FAM(200,2), ASM(200,1)
      COMMON /GAT/ GATHT(5), GATHF(200,1)
      COMMON /FIL/ UNIT1,UNIT2,XUNIT3,XUNIT4,NUNIT1,NUNIT2,XFORM
      COMMON /FIL/ UNIT5,UNIT6,UNIT7,UNIT8
      COMMON /MFA/ MFAC(2,2), MBV(2), SE(20,3), LSE
      COMMON /PLA/ PLAMA(2,2)
      COMMON /POL/ POL(10,3)
      COMMON /POO/ POOL(5,2)
      COMMON /SRC/ SOURCL(10,3), CHAINS(10), NTXC, LSL, TXMAX
      COMMON /STO/ SBM(5,2), SM(1024,2), LSM
      COMMON /STR/ STRAMA(5,2)
      COMMON /TAB/ TAB(100,4,7)
      COMMON /TIM/ T, RT, TEND, TCOND(150), EPS, IPRINT
      COMMON /TIM/ JPRINT(25)
      COMMON /TXS/ TX(200,16), ACTIVL(200,2), CHAINA(200,2), LTX
      COMMON /TYP/ TYPE(12), BHEAD(656), THEAD(6), LHEAD(6)
      COMMON /TYP/ TTEST
      COMMON /UCH/ USERCT(2,2), USERCF(200,1,2)
C
C     BLOCK COMMON /PRIV/ BESETZEN
C     ============================
      COMMON /PRIV/ DUMMY
C
C     BESTIMMUNG DER ZIELADRESSE
C     ==========================
      IF(LSL.GT.0) NADDR = IFIX(SOURCL(LSL,2)+0.5)
      IF(LTX.GT.0) NADDR = IFIX(ACTIVL(LTX,2)+0.5)
C
C     ADRESSVERTEILER
C     ===============
C
      GOTO (1), NADDR
C
      WRITE(NUNIT2,3000) T,NADDR
3000  FORMAT(1HO,5(1H+),10H ACTIV: T=,F12.4,
     +34H FEHLER IM ADRESSVERTEILER  NADDR=,I3)
```

```
        GOTO 9999
C
C
C       MODELL
C       ======
C
1       CONTINUE
C
C
C       RUECKSPRUNG ZUR ABLAUFKONTROLLE
C       ===============================
9000    RETURN
C
C       ADRESSAUSGANG ZUR ENDABRECHNUNG
C       ===============================
9999    RETURN 1
        END
```

```
      LOGICAL FUNCTION CHECK(NCOND)
C     ***
C     *** FUNKTION : UEBERPRUEFEN DER LOGISCHEN BEDINGUNGEN
C     *** PARAMETER: NCOND = NUMMER DER LOGISCHEN BEDINGUNG
C     ***
      CHARACTER*4 PLOMA3
      INTEGER CHAINC, CHAINE, CHAINV, CHAINM, CHAINS, CHAINA
      INTEGER FAC, FAM, ASM, GATHT, GATHF, SE, PLAMA, POL, POOL,
     *                                                          SBM
      INTEGER SBM, SM, STRAMA, TYPE, BHEAD, USERCT, USERCF
      INTEGER UNIT1,XFORM,UNIT2,XUNIT3,XUNIT4
      INTEGER UNIT5, UNIT6, UNIT7, UNIT8
      REAL NTXC, INTMA, INTSTA, MONITL
      COMMON /BIN/ BIN(30,8), BINSTA(30,5)
      COMMON /CON/ CONFL(30,5), CHAINC(30), CON(30,500), CLEV
      COMMON /EQU/ EQUL(3,4), CHAINE(3)
      COMMON /EQU/ INTMA(3,8), INTSTA(3,4)
      COMMON /EQU/ IFLAG(3,50), IFLAGP(3,50), JFLAG(3,50),
      COMMON /EQU/ JFLAGL(3,50)
      COMMON /EQU/ SV(3,100), SVLAST(3,100)
      COMMON /EQU/ DV(3,100), DVLAST(3,100), ICONT
      COMMON /EVT/ EVENTL(50), CHAINV(50)
      COMMON /FAC/ FAC(10,3)
      COMMON /FAM/ FAM(200,2), ASM(200,1)
      COMMON /GAT/ GATHT(5), GATHF(200,1)
      COMMON /FIL/ UNIT1,UNIT2,XUNIT3,XUNIT4,NUNIT1,NUNIT2,XFORM
      COMMON /FIL/ UNIT5,UNIT6,UNIT7,UNIT8
      COMMON /MFA/ MFAC(2,2), MBV(2), SE(20,3), LSE
      COMMON /PLA/ PLAMA(2,2)
      COMMON /PLO/ MONITL(10), CHAINM(10)
      COMMON /PLO/ PLOMA1(10,16), PLOMA2(10,5)
      COMMON /PLC/ PLOMA3(10,18)
      COMMON /POL/ POL(10,3)
      COMMON /POO/ POOL(5,2)
      COMMON /SRC/ SOURCL(10,3), CHAINS(10), NTXC, LSL, TXMAX
      COMMON /STO/ SBM(5,2), SM(1024,2), LSM
      COMMON /STR/ STRAMA(5,2)
      COMMON /TAB/ TAB(100,4,7)
      COMMON /TIM/ T, RT, TEND, TCOND(150), EPS, IPRINT
      COMMON /TIM/ JPRINT(25)
      COMMON /TXS/ TX(200,16), ACTIVL(200,2), CHAINA(200,2), LTX
      COMMON /TYP/ TYPE(12), BHEAD(656), THEAD(6), LHEAD(6)
      COMMON /TYP/ TTEST
      COMMON /UCH/ USERCT(2,2), USERCF(200,1,2)
C
C     BLOCK COMMON /PRIV/ BESETZEN
C     ============================
      COMMON /PRIV/ DUMMY
C
C
C     AUSSCHLUSS MEHRFACHER UEBERPRUEFUNGEN
C     =====================================
      CHECK = .FALSE.
      IF (TCOND(NCOND) .EQ. T) RETURN
C
```

```
C       ADRESSVERTEILER
C       ===============
C
        GOTO (1), NCOND
C
        WRITE(NUNIT2,3000) T,NCOND
3000    FORMAT(1H0,5(1H+),10H CHECK: T=,F12.4,
       +34H FEHLER IM ADRESSVERTEILER  NCOND=,I3)
        GOTO 9999
C
C       BEDINGUNGEN
C       ==========
C
1       CONTINUE
        GOTO 100
C
C
C       VERMERK FUER ERFUELLTE BEDINGUNG SETZEN
C       ======================================
100     IF (CHECK) TCOND(NCOND) = T
        RETURN
9999    RETURN
        END
```

```
      SUBROUTINE DETECT(NSET,*,*)
C     ***
C     *** CALL DETECT(NSET,*1000,*9999)
C     ***
C     *** FUNKTION : UEBERPRUEFUNG ALLER IM SET NSET MOEGLICHEN
C     ***            CROSSINGS
C     *** PARAMETER: NSET  = NUMMER DES SET, DESSEN CROSSING
C     ***                    UEBERWACHT WERDEN
C     ***            EXIT1 = AUSGANG NACH EQUAT,WENN IN
C     ***                    UP CROSS EIN IFLAG = 2 GESETZT
C     ***                    WURDE
C     ***            EXIT2 = FEHLERAUSGANG
C     ***
      INTEGER CHAINE
      INTEGER UNIT1,XFORM,UNIT2,XUNIT3,XUNIT4
      INTEGER UNIT5, UNIT6, UNIT7, UNIT8
      REAL INTMA, INTSTA
      LOGICAL CHECK
      COMMON /EQU/ EQUL(3,4), CHAINE(3)
      COMMON /EQU/ INTMA(3,8), INTSTA(3,4)
      COMMON /EQU/ IFLAG(3,50), IFLAGP(3,50), JFLAG(3,50),
      COMMON /EQU/ JFLAGL(3,50)
      COMMON /EQU/ SV(3,100), SVLAST(3,100)
      COMMON /EQU/ DV(3,100), DVLAST(3,100), ICONT
      COMMON /FIL/ UNIT1,UNIT2,XUNIT3,XUNIT4,NUNIT1,NUNIT2,XFORM
      COMMON /FIL/ UNIT5,UNIT6,UNIT7,UNIT8
      COMMON /TIM/ T, RT, TEND, TCOND(150) , EPS, IPRINT
      COMMON /TIM/ JPRINT(25)
C
C     BLOCK COMMON /PRIV/ BESETZEN
C     ============================
      COMMON /PRIV/ DUMMY
C
C     ADRESSVERTEILER
C     ===============
      GOTO(1,2,3), NSET
      WRITE(NUNIT2,3000) T,NSET
3000  FORMAT(1H0,5(1H+),11H DETECT: T=,F12.4,
     +33H FEHLER IM ADRESSVERTEILER  NSET=,I3)
      GOTO 9999
C
C     AUFRUF DES UP CROSS FUER SET1
C     =============================
1     CONTINUE
      RETURN
C
C     AUFRUF DES UP CROSS FUER SET2
C     =============================
2     CONTINUE
      RETURN
C
C     AUFRUF DES UP CROSS FUER SET3
C     =============================
3     CONTINUE
      RETURN
```

```
C
C     RUECKSPRUNG NACH EQUAT
C     =======================
977   RETURN 1
9999  RETURN 2
      END
```

```
      SUBROUTINE EVENT(NE,*)
C     ***
C     *** CALL EVENT(NE,*120)
C     ***
C     *** FUNKTION : BEARBEITEN DER EREIGNISSE UND ANMELDEN DER
C     ***            NAECHSTEN EREIGNISSE
C     *** PARAMETER: NE = NUMMER DES EREIGNISSES
C     ***
      CHARACTER*4 PLOMA3
      INTEGER CHAINC, CHAINE, CHAINV, CHAINM, CHAINS, CHAINA
      INTEGER FAC, FAM, ASM, GATHT, GATHF, SE, PLAMA, POL, POOL,
     .                                                        SBM
      INTEGER SBM, SM, STRAMA, TYPE, BHEAD, USERCT, USERCF
      INTEGER UNIT1,XFORM,UNIT2,XUNIT3,XUNIT4,NUNIT1,NUNIT2
      INTEGER UNIT5, UNIT6, UNIT7, UNIT8
      REAL NTXC, INTMA, INTSTA, MONITL
      LOGICAL CHECK
      COMMON /BIN/ BIN(30,8), BINSTA(30,5)
      COMMON /CON/ CONFL(30,5), CHAINC(30), CON(30,500), CLEV
      COMMON /EQU/ EQUL(3,4), CHAINE(3)
      COMMON /EQU/ INTMA(3,8), INTSTA(3,4)
      COMMON /EQU/ IFLAG(3,50), IFLAGP(3,50), JFLAG(3,50),
      COMMON /EQU/ JFLAGL(3,50)
      COMMON /EQU/ SV(3,100), SVLAST(3,100)
      COMMON /EQU/ DV(3,100), DVLAST(3,100), ICONT
      COMMON /EVT/ EVENTL(50), CHAINV(50)
      COMMON /FAC/ FAC(10,3)
      COMMON /FAM/ FAM(200,2), ASM(200,1)
      COMMON /GAT/ GATHT(5), GATHF(200,1)
      COMMON /FIL/ UNIT1,UNIT2,XUNIT3,XUNIT4,NUNIT1,NUNIT2,XFORM
      COMMON /FIL/ UNIT5,UNIT6,UNIT7,UNIT8
      COMMON /MFA/ MFAC(2,2), MBV(2), SE(20,3), LSE
      COMMON /PLA/ PLAMA(2,2)
      COMMON /PLO/ MONITL(10), CHAINM(10)
      COMMON /PLO/ PLOMA1(10,16), PLOMA2(10,5)
      COMMON /PLC/ PLOMA3(10,18)
      COMMON /POL/ POL(10,3)
      COMMON /POO/ POOL(5,2)
      COMMON /SRC/ SOURCL(10,3), CHAINS(10), NTXC, LSL, TXMAX
      COMMON /STO/ SBM(5,2), SM(1024,2), LSM
      COMMON /STR/ STRAMA(5,2)
      COMMON /TAB/ TAB(100,4,7)
      COMMON /TIM/ T, RT, TEND, TCOND(150), EPS, IPRINT
      COMMON /TIM/ JPRINT(25)
      COMMON /TXS/ TX(200,16), ACTIVL(200,2), CHAINA(200,2), LTX
      COMMON /TYP/ TYPE(12), BHEAD(656), THEAD(6), LHEAD(6)
      COMMON /TYP/ TTEST
      COMMON /UCH/ USERCT(2,2), USERCF(200,1,2)
C
C     BLOCK COMMON /PRIV/ BESETZEN
C     ==============================
      COMMON /PRIV/ DUMMY
C
C
      IF(IPRINT.EQ.0.AND.JPRINT(19).EQ.0.OR.JPRINT(19).EQ.-1)
```

```
      +GOTO 100
       WRITE(NUNIT2,3000) T,NE
3000   FORMAT(12H EVENT : T =,F12.4,2X,8HEREIGNIS,I3,
      +16H WIRD BEARBEITET)
C
100    CONTINUE
C
C      ADRESSVERTEILER
C      ===============
C
       GOTO (1), NE
C
       WRITE(NUNIT2,3010) T,NE
3010   FORMAT(1H0,5(1H+),10H EVENT: T=,F12.4,
      +31H FEHLER IM ADRESSVERTEILER  NE=,I3)
       GOTO 9999
C
C
C      BEARBEITEN DER EREIGNISSE
C      =========================
C
1      CONTINUE
C
       RETURN
C
C      AUSGANG ZUR ENDABRECHNUNG
C      =========================
9999   RETURN 1
       END
```

```
C      ADRESSVERTEILER
C      ===============
C
       GOTO (1), NCOND
C
       WRITE(NUNIT2,3000) T,NCOND
3000   FORMAT(1H0,5(1H+),10H CHECK: T=,F12.4,
      +34H FEHLER IM ADRESSVERTEILER  NCOND=,I3)
       GOTO 9999
C
C      BEDINGUNGEN
C      ===========
C
1      CONTINUE
       GOTO 100
C
C
C      VERMERK FUER ERFUELLTE BEDINGUNG SETZEN
C      =======================================
100    IF (CHECK) TCOND(NCOND) = T
       RETURN
9999   RETURN
       END
```

```
      FUNCTION DYNPR(LTX1)
C     ***
C     *** FUNKTION : NEUBESTIMMEN DER PRIORITAET EINER TR
C     *** PARAMETER: LTX1 = ZEILENNUMMER DER TR, DEREN PRIORI-
                                                      TAET NEU
C     ***                      FESTGELEGT WERDEN SOLL
C     ***
      INTEGER CHAINA
      INTEGER UNIT1,XFORM,UNIT2,XUNIT3,XUNIT4
      INTEGER UNIT5, UNIT6, UNIT7, UNIT8
      COMMON /FIL/ UNIT1,UNIT2,XUNIT3,XUNIT4,NUNIT1,NUNIT2,XFORM
      COMMON /FIL/ UNIT5,UNIT6,UNIT7,UNIT8
      COMMON /TXS/ TX(200,16), ACTIVL(200,2), CHAINA(200,2), LTX
C
C     BESTIMMUNG DER PRIORITAET
C     =========================
      DYNPR = TX(LTX1,4)
      RETURN
      END
```

```
      SUBROUTINE STATE(NSET,*)
C     ***
C     *** CALL STATE(NSET,*9999)
C     ***
C     *** FUNKTION : CODIERUNG DER DIFFERENTIALGLEICHUNGEN
C     ***            UND DER GLEICHUNGEN FUER DIE ZUSTANDSVA-
                                                        RIABLEN
C     *** PARAMETER: NSET  = NUMMER DES AKTUELLEN SET
C     ***            EXIT1 = FEHLERAUSGANG
C     ***
      INTEGER CHAINE
      INTEGER UNIT1,UNIT2,XUNIT3,XUNIT4,XFORM
      INTEGER UNIT5, UNIT6, UNIT7, UNIT8
      REAL INTMA, INTSTA
      LOGICAL CHECK
      COMMON /EQU/ EQUL(3,4), CHAINE(3)
      COMMON /EQU/ INTMA(3,8), INTSTA(3,4)
      COMMON /EQU/ IFLAG(3,50), IFLAGP(3,50), JFLAG(3,50),
      COMMON /EQU/ JFLAGL(3,50)
      COMMON /EQU/ SV(3,100), SVLAST(3,100)
      COMMON /EQU/ DV(3,100), DVLAST(3,100), ICONT
      COMMON /FIL/ UNIT1,UNIT2,XUNIT3,XUNIT4,NUNIT1,NUNIT2,XFORM
      COMMON /FIL/ UNIT5,UNIT6,UNIT7,UNIT8
      COMMON /TIM/ T, RT, TEND, TCOND(150), EPS, IPRINT
      COMMON /TIM/ JPRINT(25)
C
C     BLOCK COMMON /PRIV/ BESETZEN
C     ============================
      COMMON /PRIV/ DUMMY
C
C     ADRESSVERTEILER
C     ===============
C
      GOTO (1,2,3),NSET
C
      WRITE(NUNIT2,3000) T,NSET
3000  FORMAT(1HO,5(1H+),10H STATE: T=,F12.4,
     +33H FEHLER IM ADRESSVERTEILER  NSET=,I3)
      GOTO 9999
C
C     *** GLEICHUNGEN FUER SET 1 ***
1     CONTINUE
      RETURN
C
C     *** GLEICHUNGEN FUER SET 2 ***
2     CONTINUE
      RETURN
C
C     *** GLEICHUNGEN FUER SET 3 ***
3     CONTINUE
      RETURN
C
9999  RETURN 1
      END
```

```
      SUBROUTINE TEST(*)
C     ***
C     ***  CALL TEST(*710)
C     ***
C     ***  FUNKTION : AUTOMATISCHE UEBERPRUEFUNG ALLER BEDINGUN-
                                                          GEN,
C     ***             IN DENEN CROSSINGS ENTHALTEN SIND
C     ***  PARAMETER: EXIT1 = ADRESSAUSGANG ZUR ENDABRECHNUNG
C     ***
      CHARACTER*4 PLOMA3
      INTEGER CHAINC, CHAINE, CHAINV, CHAINM, CHAINS, CHAINA
      INTEGER FAC, FAM, ASM, GATHT, GATHF, SE, PLAMA, POL, POOL,
                                                          SBM
      INTEGER SBM, SM, STRAMA, TYPE, BHEAD, USERCT, USERCF
      INTEGER UNIT1,XFORM,UNIT2,XUNIT3,XUNIT4
      INTEGER UNIT5, UNIT6, UNIT7, UNIT8
      REAL NTXC, INTMA, INTSTA, MONITL
      LOGICAL CHECK
      COMMON /BIN/ BIN(30,8), BINSTA(30,5)
      COMMON /CON/ CONFL(30,5), CHAINC(30), CON(30,500), CLEV
      COMMON /EQU/ EQUL(3,4), CHAINE(3)
      COMMON /EQU/ INTMA(3,8), INTSTA(3,4)
      COMMON /EQU/ IFLAG(3,50), IFLAGP(3,50), JFLAG(3,50),
      COMMON /EQU/ JFLAGL(3,50)
      COMMON /EQU/ SV(3,100), SVLAST(3,100)
      COMMON /EQU/ DV(3,100), DVLAST(3,100), ICONT
      COMMON /EVT/ EVENTL(50), CHAINV(50)
      COMMON /FAC/ FAC(10,3)
      COMMON /FAM/ FAM(200,2), ASM(200,1)
      COMMON /GAT/ GATHT(5), GATHF(200,1)
      COMMON /FIL/ UNIT1,UNIT2,XUNIT3,XUNIT4,NUNIT1,NUNIT2,XFORM
      COMMON /FIL/ UNIT5,UNIT6,UNIT7,UNIT8
      COMMON /MFA/ MFAC(2,2), MBV(2), SE(20,3), LSE
      COMMON /PLA/ PLAMA(2,2)
      COMMON /PLO/ MONITL(10), CHAINM(10)
      COMMON /PLO/ PLOMA1(10,16), PLOMA2(10,5)
      COMMON /PLC/ PLOMA3(10,18)
      COMMON /POL/ POL(10,3)
      COMMON /POO/ POOL(5,2)
      COMMON /SRC/ SOURCL(10,3), CHAINS(10), NTXC, LSL, TXMAX
      COMMON /STO/ SBM(5,2), SM(1024,2), LSM
      COMMON /STR/ STRAMA(5,2)
      COMMON /TAB/ TAB(100,4,7)
      COMMON /TIM/ T, RT, TEND, TCOND(150), EPS, IPRINT
      COMMON /TIM/ JPRINT(25)
      COMMON /TXS/ TX(200,16), ACTIVL(200,2), CHAINA(200,2), LTX
      COMMON /TYP/ TYPE(12), BHEAD(656), THEAD(6), LHEAD(6)
      COMMON /TYP/ TTEST
      COMMON /UCH/ USERCT(2,2), USERCF(200,1,2)
C
C     BLOCK COMMON /PRIV/ BESETZEN
C     ==============================
      COMMON /PRIV/ DUMMY
C
```

```
C
C       UEBERPRUEFEN DER BEDINGUNGEN
C       =============================
1       CONTINUE
C
C
        RETURN
C
C       AUSGANG ZUR ENDABRECHNUNG
C       =========================
9999    RETURN 1
        END
```

Dummy-Unterprogramme für Plan-I, Plan-O, Policy,
Strategie-A, Strategie-F und Integrationsverfahren

```
SUBROUTINE PLANI2(MFA)
RETURN
END

SUBROUTINE PLANI3(MFA)
RETURN
END

SUBROUTINE PLANI4(MFA)
RETURN
END

SUBROUTINE PLANI5(MFA)
RETURN
END

SUBROUTINE PLANO2(MFA)
RETURN
END

SUBROUTINE PLANO3(MFA)
RETURN
END

SUBROUTINE PLANO4(MFA)
RETURN
END

SUBROUTINE PLANO5(MFA)
RETURN
END

SUBROUTINE POLI3
RETURN
END

SUBROUTINE POLI4
RETURN
END

SUBROUTINE POLI5
RETURN
END

SUBROUTINE STRAA3(NST,NE)
RETURN
END

SUBROUTINE STRAA4(NST,NE)
RETURN
END
```

```
SUBROUTINE STRAA5(NST,NE)
RETURN
END

SUBROUTINE STRAF1(NST,KEY)
RETURN
END

SUBROUTINE STRAF2(NST,KEY)
RETURN
END

SUBROUTINE STRAF3(NST,KEY)
RETURN
END

SUBROUTINE STRAF4(NST,KEY)
RETURN
END

SUBROUTINE STRAF5(NST,KEY)
RETURN
END

SUBROUTINE INTE4
RETURN
END

SUBROUTINE INTE5
RETURN
END
```

A 7   Unterprogramme

Im Anhang A 7 sind für alle Unterprogramme des Simulators GPSS-
FORTRAN Version 3 die Funktion und die Parameterliste angegeben.

Hinweise:

* Es ist darauf zu achten, daß der Typ der Variablen in der Parameterliste richtig gesetzt ist. Fehler dieser Art bewirken oft
Folgefehler an anderer Stelle.

* Der Typ einer Variablen aus der Parameterliste ist am Anfangsbuchstaben des Variablennamens erkenntlich. Die Namensgebung
folgt der Fortran-Konvention. Variablennamen mit Anfangsbuchstaben I,J,K,L,M und N bezeichnen Variable vom Typ INTEGER.

```
      SUBROUTINE ACTIV(*)
***
*** CALL ACTIV(EXIT1)
***
*** FUNKTION : MODELL
*** PARAMETER: EXIT1 = ADRESSAUSGANG ZUR ENDABRECHNUNG
***


      SUBROUTINE ADVANC(AT,IDN,*)
***
*** CALL ADVANC(AT,IDN,*9000)
***
*** FUNKTION : ZEITVERZOEGERN EINER TR
*** PARAMETER: AT  = VERZOEGERUNGSZEIT
***            IDN = ZIELADRESSE


      SUBROUTINE ALLOC(NST,NE,MARK,IBLOCK,LINE,ID,*)
***
*** CALL ALLOC(NST,NE,MARK,IBLOCK,LINE,ID,*9000)
***
*** FUNKTION : BELEGEN EINER STORAGE
*** PARAMETER: NST    = NUMMER DER STORAGE
***            NE     = ZAHL DER ZU BELEGENDEN SPEICHERPLAETZE
***            MARK   = SPEICHERPLATZKENNZEICHEN
***            IBLOCK = BLOCKIERPARAMETER
***                   = 0: DIE TR UEBERPRUEFT BEI DER ANKUNFT
***                        IHRE SPEICHERPLATZANFORDERUNG
***                   = 1: DIE TR WIRD BEI DER ANKUNFT
***                        SOFORT BLOCKIERT
***            LINE   = SPEICHERPLATZADRESSE
***            ID     = ANWEISUNGSNUMMER DES UNTERPROGRAMM-
***                     AUFRUFES
```

```
      SUBROUTINE ANAR(X,IDIM,ICNUM,CLEV,RMEAN,HALFW,JMIN,KMIN,
     +IP,IPRIN,*)
***
*** CALL ANAR(X,IDIM,ICNUM,CLEV,RMEAN,HALFW,JMIN,KMIN,
*** +IP,IPRIN,EXIT1)
***
*** FUNKTION : BESTIMMUNG VON KONFIDENZINTERVALLEN
***             (FISHMAN: PRINCIPLES OF DISCRETE EVENT
***              SIMULATION, 1978)
*** PARAMETER: X    = FELD DER AUFGESAMMELTEN WERTE
***             IDIM = ANZAHL DER WERTE
***             ICNUM = NUMMER DES KONFIDENZINTERVALLS
***             CLEV = KONFIDENZZAHL
***             RMEAN = RUECKGABE : MITTELWERT
***             HALFW = RUECKGABE : HALBE INTERVALLAENGE
***             JMIN = ENDE DER EINSCHWINGPHASE
***             KMIN = ABSTAND ZWISCHEN UNABHAENGIGEN STICHPROBEN
***             IP   = ORDNUNG
***             IPRIN = AUSGABE DER EINZELERGEBNISSE
***                   =0 KEINE EINZELERGEBNISSE
***                   =1 AUSDRUCK DER AUTOKOVARIANZEN
***                   =2 ZUSAETZLICHER AUSDRUCK DER INTERVALL-
***                      MITTELWERTE UND DER WERTE FUER CMEAN
***             EXIT1 = FEHLERAUSGANG
***


      SUBROUTINE ANNOUN(NE,TE,*)
***
*** CALL ANNOUN(NE,TE,EXIT1)
***
*** FUNKTION : ANMELDEN, AENDERN ODER ABMELDEN EINES EREIGNISSES
*** PARAMETER: NE   = EREIGNISNUMMER
***             TE   = EREIGNISZEITPUNKT
***                   >= 0: ANMELDEN ODER AENDERN
***                   <  0: ABMELDEN
***             EXIT1 = FEHLERAUSGANG
***


      SUBROUTINE ARRIVE(NBN,NT)
***
*** CALL ARRIVE(NBN,NT)
***
*** FUNKTION : BETRETEN EINER BIN
*** PARAMETER: NBN = NUMMER DER BIN
***             NT  = ANZAHL DER BIN-EINHEITEN
***
```

```
     SUBROUTINE ASSEMB(NASS,NTX,*)
***
*** CALL ASSEMB(NASS,NTX,*9000)
***
*** FUNKTION : ZUSAMMENLEGEN VON TRS EINER FAMILY
*** PARAMETER: NASS = NUMMER DER ASSEMB-STATION
***            NTX  = ZAHL DER ZU VEREINIGENDEN TRS
***


     SUBROUTINE BEGIN(NSET,*)
***
*** CALL BEGIN(NSET,*9999)
***
*** FUNKTION : BERECHNUNG DER DIFFERENTIALQUOTIENTEN NACH
***            DISKRETER ZUSTANDSAENDERUNG
***            STARTEN DER INTEGRATION
***            REGISTRIEREN MOEGLICHER CROSSINGS
***            ARCHIVIERUNG DER DELAY-VARIABLEN
*** PARAMETER: NSET = NUMMER DES SET, IN DEM KONTINUIERLICHE
***                   VARIABLE DISKRET VERAENDERT WURDEN
***            EXIT1 = FEHLERAUSGANG
***


     SUBROUTINE BFIT(NST,NE)
***
*** CALL BFIT(NST,NE)
***
*** FUNKTION : SUCHEN NACH EINEM FREIEN SPEICHERBEREICH
***            NACH DER STRATEGIE BEST-FIT
*** PARAMETER: NST = NUMMER DER STORAGE
***            NE  = ZAHL DER ZU BELEGENDEN SPEICHERPLAETZE
***


     SUBROUTINE BLOCK(NT,NS,LFAM,IFTX)
***
*** CALL BLOCK(NT,NS,LFAM,IFTX)
***
*** FUNKTION : EINKETTEN EINER TR IN DIE BLOCK-KETTE HINTER EINE
***            TR MIT ZEILENNUMMER IFTX
*** PARAMETER: NT   = STATIONSTYP
***            NS   = TYPNUMMER
***            LFAM = ZEILENNR. IN DER FAM-MATRIX FUER STATIONEN
***                   MIT NT = 7,10 ODER 11
***            IFTX = ZEILENNUMMER DER VORHERGEHENDEN TR
***
```

```
      SUBROUTINE BOXEXP(RMIN,RMAX1,RMAX2,RATIO,IRNUM,RANDOM)
***
*** CALL BOXEXP(RMIN,RMAX1,RMAX2,RATIO,IRNUM,RANDOM)
***
*** FUNKTION : ERZEUGEN EINER ZUFALLSZAHL AUS EINER GLEICHVER-
***             TEILUNG MIT EXPONENTIELLEM ANTEIL
*** PARAMETER: RMIN    = UNTERE INTERVALLGRENZE DER GLEICH-
***                       VERTEILUNG
***            RMAX1   = OBERE INTERVALLGRENZE DER GLEICH-
***                       VERTEILUNG
***            RMAX2   = OBERE INTERVALLGRENZE DER EXPONENTIAL-
***                       VERTEILUNG
***            RATIO   = WAHRSCHEINLICHKEIT FUER DIE
***                       ERZEUGUNG EINER ZUFALLSZAHL NACH
***                       DER GLEICHVERTEILUNG
***            IRNUM   = NUMMER DES ZUFALLSZAHLENGENERATORS
***            RANDOM  = ZUFALLSZAHL IM ANGEGEBENEN INTERVALL
***
```

```
      LOGICAL FUNCTION CHECK(NCOND)
***
*** FUNKTION : UEBERPRUEFEN DER LOGISCHEN BEDINGUNGEN
*** PARAMETER: NCOND = NUMMER DER LOGISCHEN BEDINGUNG
***
```

```
      SUBROUTINE CLEAR(NFA,*,*)
***
*** CALL CLEAR(NFA,EXIT1,*9999)
***
*** FUNKTION : FREIGEBEN EINER FACILITY
*** PARAMETER: NFA   = NUMMER DER FACILITY
***            EXIT1 = ADRESSAUSGANG FUER VERDRAENGTE TRS
***
```

```
      SUBROUTINE CONF(NBN)
***
*** CALL CONF(NBN)
***
*** FUNKTION : AUFSAMMELN DER WARTEZEITEN
*** PARAMETER: NBN   = NUMMER DER BIN
***



      SUBROUTINE CONFI(NBN)
***
*** CALL CONFI(NBN)
***
*** FUNKTION : AUTOMATISCHE BESTIMMUNG DER INTERVALLAENGE
*** PARAMETER: NBN = NUMMER DER BIN
***



      SUBROUTINE CROSS(NSET,NCR,NX,NY,CMULT,CADD,LDIR,TOL,*,*)
***
*** CALL CROSS(NSET,NCR,NX,NY,CMULT,CADD,LDIR,TOL,*977,*9999)
***
*** FUNKTION : ERKENNUNG UND LOKALISIERUNG VON CROSSINGS
***            SETZEN VON IFLAG UND JFLAG
*** PARAMETER: NSET  = NUMMER DES SETS IN DEM CROSSINGS
***                    GESUCHT WERDEN
***            NCR   = NUMMER DES CROSSING
***            NX    = NUMMER DER KREUZENDEN VARIABLEN ´X´
***                    INNERHALB DES SETS ´NSET´
***                    NX > O : VARIABLE IST SV
***                    NX < O : VARIABLE IST DV
***            NY    = NUMMER DER GEKREUZTEN VARIABLEN ´Y´
***                    NY > O : VARIABLE IST SV
***                    NY < O : VARIABLE IST DV
***                    NY = O : VARIABLE ´V´ = O
***            CMULT = MULTIPLIKATIVER FAKTOR FUER VARIABLE ´Y´
***            CADD  = ADDITIVER FAKTOR FUER VARIABLE ´Y´
***            LDIR  = RICHTUNG IN DER DAS CROSSING LOKALISIERT
***                    WERDEN SOLL
***                    O : NEUTRALES CROSSING
***                    +1: POSITIVES CROSSING
***                    -1: NEGATIVES CROSSING
***            TOL   = TOLERANZ
***            EXIT1 = AUSGANG FUER IFLAG = 2
***            EXIT2 = FEHLERAUSGANG
***
```

```
     SUBROUTINE DBLOCK(NT,NS,LFAM,MAX)
***
*** CALL DBLOCK(NT,NS,LFAM,MAX)
***
*** FUNKTION : DEBLOCKIEREN DER VOR DER STATION (NT,NS)
***             BLOCKIERTEN TRS
*** PARAMETER: NT   = STATIONSTYP
***            NS   = TYPNUMMER
***            LFAM = ZEILENNUMMER IN DER FAM-MATRIX FUER
***                   STATIONEN MIT NT = 7,10 ODER 11
***            MAX  = ANZAHL DER ZU DEBLOCKIERENDEN TRS
***                   > O : MAXIMALE ANZAHL
***                   = O : ALLE TRS, DIE VOR DER STATION K
***                         BLOCKIERT SIND
***
```

```
     SUBROUTINE DEFILL(NSET, NVAR, X, IDIM, *)
***
*** CALL DEFILL(NSET,NVAR,X,IDIM,*9999)
***
*** FUNKTION:   SPEICHERUNG VON FUNKTIONSWERTEN EINER
***             DELAY-VARIABLEN
***
*** PARAMETER:  NSET = SET-NUMMER DER DELAY-VARIABLEN
***             NVAR = VARIABLENNUMMER DER DELAY-VARIABLEN
***                    > O : ZUSTANDSVARIABLE
***                    < O : DIFFERENTIALQUOTIENT
***             X    = MATRIX FUER STUETZWERTE DER
***                    DELAY-VARIABLEN
***             IDIM = ANZAHL DER EINZUTRAGENDEN WERTEPAARE
***             EXIT1= FEHLERAUSGANG
```

```
     SUBROUTINE DELAY(NSET, NVAR, TAU, DVALUE, *)
***
*** CALL DELAY(NSET,NVAR,TAU,DVALUE,*9999)
***
*** FUNKTION: ERMITTLUNG DES FUNKTIONSWERTES EINER DELAY-
***           VARIABLEN
*** PARAMETER: NSET = SET-NUMMER DER DELAY-VARIABLEN
***            NVAR = VARIABLENNUMMER DER DELAY-VARIABLEN
***                   > O : ZUSTANDSVARIABLE
***                   < O : DIFFERENTIALQUOTIENT
***             TAU = DELAY-ZEIT
***            DVALUE= RUECKGABE: ERMITTELTER WERT DER
***                    DELAY-VARIABLEN
***            EXIT1 = FEHLERAUSGANG
```

```
      SUBROUTINE DEPART(NBN,NT,VL,*)
***
*** CALL DEPART(NBN,NT,VL,*9999)
***
*** FUNKTION : VERLASSEN EINER BIN
*** PARAMETER: NBN = NUMMER DER BIN
***            NT  = ANZAHL DER BIN-EINHEITEN
***            VL  = INTERVALLAENGE
***                = 0: AUTOMATISCHE BESTIMMUNG
***                > 0: ANGABE DURCH DEN BENUTZER
***


      SUBROUTINE DETECT(NSET,*,*)
***
*** CALL DETECT(NSET,*1000,*9999)
***
*** FUNKTION : UEBERPRUEFUNG ALLER IM SET NSET MOEGLICHEN
***            CROSSINGS
*** PARAMETER: NSET  = NUMMER DES SET, DESSEN CROSSING
***                    UEBERWACHT WERDEN
***            EXIT1 = AUSGANG NACH EQUAT,WENN IN
***                    UP CROSS KEIN IFLAG = 2 GESETZT
***                    WURDE
***            EXIT2 = FEHLERAUSGANG
***


      FUNCTION DYNPR(LTX1)
***
*** FUNKTION : NEUBESTIMMEN DER PRIORITAET EINER TR
*** PARAMETER: LTX1 = ZEILENNUMMER DER TR, DEREN PRIORITAET NEU
***                   FESTGELEGT WERDEN SOLL
***




      SUBROUTINE DYNVAL(NT,NS,LFAM,ICOUNT)
***
*** CALL DYNVAL(NT,NS,LFAM,ICOUNT)
***
*** FUNKTION : NEUBESTIMMEN DER PRIORITAETEN FUER ALLE TRS, DIE
***            AN DER ANGEGEBENEN STATION BLOCKIERT SIND
*** PARAMETER: NT    = STATIONSTYP
***            NS    = TYPNUMMER
***            LFAM  = ZEILENNUMMER IN DER FAM-MATRIX FUER
***                    STATIONEN MIT NT = 7, 10 ODER 11
***            ICOUNT = ANZAHL DER PRIORITAETSNEUBESTIMMUNGEN
***
```

```
      SUBROUTINE ENDBIN
***
*** CALL ENDBIN
***
*** FUNKTION : ENDABRECHNUNG DER BINS UND BESTIMMUNG DER
***             KONFIDENZINTERVALLE
***




      SUBROUTINE ENDPLO(ISTAT)
***
*** CALL ENDPLO(ISTAT)
***
*** FUNKTION : VERANLASST DIE AUSGABE DER GESAMMELTEN PLOTDATEN
***
*** PARAMETER: ISTAT = BERECHNUNG STATISTISCHER GROESSEN
***                   =0 NEIN
***                   =1 JA




      SUBROUTINE ENDTAB(NTAB,IGRAPH,YLL,YUL)
***
*** CALL ENDTAB(NTAB,IGRAPH,YLL,YUL)
***
*** FUNKTION : AUSWERTEN, DRUCKEN UND GRAPHISCHE DARSTELLUNG
***             EINER HAEUFIGKEITSTABELLE
*** PARAMETER: NTAB   = TABELLENNUMMER
***                   = 0 ALLE VORHANDENEN TABELLEN AUSWERTEN
***             IGRAPH = MODUS FUER GRAPH. DARSTELLUNG
***                   = 0 KEINE GRAPH. DARSTELLUNG
***                   = 1 ABSOLUTE HAEUFIGKEITEN
***                   = 2 RELATIVE HAEUFIGKEITEN
***                   = 3 ABSOLUTE HAEUFIGKEITEN KUMMULIERT
***                   = 4 RELATIVE HAEUFIGKEITEN KUMMULIERT
***             YLL    = UNTERGRENZE FUER GRAPH. DARSTELLUNG
***             YUL    = OBERGRENZE FUER GRAPH. DARSTELLUNG
                         YLL=0. und YUL=0. : AUTOMATISCHE
                         SKALIERUNG
```

```
      SUBROUTINE ENTER(NPL,NE,IBLOCK,ID,*)
***
***   CALL ENTER(NPL,NE,IBLOCK,ID,*9000)
***
***   FUNKTION : BELEGEN EINES POOLS
***   PARAMETER: NPL    = NUMMER DES POOLS
***             NE      = ZAHL DER ZU BELEGENDEN POOL-EINHEITEN
***             IBLOCK  = BLOCKIERPARAMETER
***                     = 0: DIE TR UEBERPRUEFT BEI DER ANKUNFT
***                          IHRE ANFORDERUNG
***                     = 1: DIE TR WIRD BEI DER ANKUNFT
***                          SOFORT BLOCKIERT
***             ID      = ANWEISUNGSNUMMER DES UNTERPROGRAMM-
***                       AUFRUFES



      SUBROUTINE EQUAT(NSET,*)
***
***   CALL EQUAT(NSET,*720)
***
***   FUNKTION : AUSFUEHREN EINES INTEGRATIONSSCHRITTES
***             FUER SET 'NSET'
***             ANPASSUNG DER SCHRITTWEITE AN RELATIVEN
***             FEHLER
***             LOKALISIERUNG EINES AUFGETRETENEN CROSSINGS
***             BEHANDLUNG DER ANDEREN SETS BEI CROSSING
***   PARAMETER: NSET = NUMMER DES ZU INTEGRIERENDEN SETS



      SUBROUTINE ERLANG(RMEAN,K,RNIM,RMAX,IRNUM,RANDOM,*)
***
***   CALL ERLANG(RMEAN,K,RMIN,RMAX,IRNUM,RANDOM,*9999)
***
***   FUNKTION : ERZEUGEN EINER ZUFALLSZAHL AUS EINER
***             ERLANG-K-VERTEILUNG
***   PARAMETER: RMEAN  = MITTELWERT
***             K       = GRAD
***             RMIN    = UNTERE INTERVALLGRENZE
***             RMAX    = OBERE INTERVALLGRENZE
***             IRNUM   = NUMMER DES ZUFALLSZAHLENGENERATORS
***             RANDOM  = ZUFALLSZAHL IM ANGEGEBENEN INTERVALL
***
```

```
    SUBROUTINE EVENT(NE,*)
***
*** CALL EVENT(NE,*9999)
***
*** FUNKTION : BEARBEITEN DER EREIGNISSE UND ANMELDEN DER
***            NAECHSTEN EREIGNISSE
*** PARAMETER: NE = NUMMER DES EREIGNISSES
***


    SUBROUTINE EXTPOL(NSET,TSTEP,RERR,*)
***
*** CALL EXTPOL(NSET,TSTEP,RERR,*9999)
***
*** FUNKTION : AUSFUEHRUNG EINES SCHRITTES DER NUMMERISCHEN
***            INTEGRATION MITTELS EINES EXTRAPOLATIONS-
***            VERFAHRENS
*** PARAMETER: NSET  = NUMMER DES ZU INTEGRIERENDEN SETS
***            TSTEP = SCHRITTWEITE
***            RERR  = RELATIVER INTEGRATIONSFEHLER
***            EXIT1 = FEHLERAUSGANG


    SUBROUTINE FFIT(NST,NE)
***
*** CALL FFIT(NST,NE)
***
*** FUNKTION : SUCHEN NACH EINEM FREIEN SPEICHERBEREICH
***            NACH DER STRATEGIE FIRST-FIT
*** PARAMETER: NST = NUMMER DER STORAGE
***            NE  = ZAHL DER ZU BELEGENDEN SPEICHERPLAETZE
***


    SUBROUTINE FIFO(K,IFTX,NP)
***
*** CALL FIFO(K,IFTX,NP)
***
*** FUNKTION : SUCHEN DES PLATZES IN DER KETTE NACH FIFO
*** PARAMETER: K    = STATIONSNUMMER
***            IFTX = LETZTE TR
***            NP   = PLATZNUMMER DER EINZUKETTENDEN TR


    SUBROUTINE FLOWC(*)
***
*** CALL FLOWC(*7000)
***
*** FUNKTION : ABLAUFKONTROLLE
*** PARAMETER: EXIT1 = FEHLERAUSGANG
```

```
      SUBROUTINE FREE(NST,NE,KEY,LINE,*)
***
*** CALL FREE(NST,NE,KEY,LINE,EXIT1)
***
*** FUNKTION : FREIGEBEN EINES SPEICHERBEREICHES MIT
***            FREIGABE-SCHLUESSEL KEY
*** PARAMETER: NST   = NUMMER DER STORAGE
***            NE    = ZAHL DER FREIZUGEBENDEN SPEICHERPLAETZE
***            KEY   = FREIGABE-SCHLUESSEL
***            LINE  = ANFANGSADRESSE DES RESTBEREICHES
***            EXIT1 = ADRESSAUSGANG BEI ERFOLGLOSER FREIGABE
***
```

```
      SUBROUTINE FREEFO(XFILE,NSCR,FIELD,FIELDC,INDIC,IELEM,*)
***
*** CALL FREEFO(XFILE,NSCR,FIELD,FIELDC,INDIC,IELEM,EXIT1)
***
*** FUNKTION : EINLESEN EINER DATENKARTE IM FREIEN FORMAT
*** PARAMETER: XFILE = EIN- AUSGABEINDIKATOR
***            NSCR  = KANALNUMMER EINER HILFSDATEI ZUR
***                    UMFORMATIERUNG (4A1 --> A4)
***            FIELD = ENTHAELT DIE ENTSCHLUESSELTEN EIN-
***                    GABEELEMENTE (TYP INTEGER ODER REAL)
***            FIELDC = ENTHAELT ENTSCHLUESSELTE EINGABE
***                     ELEMENTE (TYP CHARACTER)
***            INDIC = TYPENKENNUNG DER FIELD-ELEMENTE
***            IELEM = NUMMER DES ERSTEN SYNTAKTISCH UNZULAES-
***                    SIGEN ELEMENTES
***            EXIT1 = FEHLERAUSGANG
***
```

```
      SUBROUTINE FUNCT(VFUNCT,IDIM,X,Y,IND,*)
***
***   CALL FUNCT(VFUNCT,IDIM,X,Y,IND,*9999)
***
***   FUNKTION:    LINEARE INTERPOLATION
***   PARAMETER:   VFUNCT  = BEZEICHNUNG DER STUETZ-FUNKTION
***                IDIM    = ANZAHL DER STUETZWERTE
***                          (WERTE DER UNABH. VARIABLEN
***                          AUFSTEIGEND ORDNEN)
***                X       = WERT DER UNABH.VARIABLEN, ZU DER DER
***                          ZUGEHOERIGE WERT VON Y BERECHNET WIRD
***                Y       = WERT VON Y(RUECKGABEPARAMETER)
***                IND     = BEREICHSINDIKATOR
***                        = 0: KEINE EXTRAPOLATION
***                        = 1: LINEARE EXTRAPOLATION
***                        = 2: FEHLERMELDUNG, ABBRUCH DER
                                SIMULATION




      SUBROUTINE GATE(NG,NCOND,IGLOBL,IBLOCK,ID,*)
***
***   CALL GATE(NG,NCOND,IGLOBL,IBLOCK,ID,*9000)
***
***   FUNKTION : BLOCKIEREN ODER WEITERLEITEN VON TRS IN
***              ABHAENGIGKEIT VOM WAHRHEITSWERT EINES LOGISCHEN
***              AUSDRUCKS
***   PARAMETER: NG      = NUMMER DES GATES
***              NCOND   = NUMMER DER LOGISCHEN BEDINGUNG IN
***                        FUNCTION CHECK
***              IGLOBL  = PARAMETERKENNZEICHNUNG
***                      = 0: DER LOGISCHE AUSDRUCK ENTHAELT
***                           PRIVATE PARAMETER
***                      = 1: DER LOGISCHE AUSDRUCK ENTHAELT NUR
***                           GLOBALE PARAMETER
***              IBLOCK  = BLOCKIERPARAMETER
***                      = 0: DIE TR UEBERPRUEFT BEI DER ANKUNFT
***                           DIE WARTEBEDINGUNG
***                      = 1: DIE TR WIRD BEI DER ANKUNFT SOFORT
***                           BLOCKIERT
***              ID      = ANWEISUNGSNUMMER DES UNTERPROGRAMM-
***                        AUFRUFES
***
```

```
      SUBROUTINE GATHR1(NG,NTX,ID,*)
***
*** CALL GATHR1(NG,NTX,ID,*9000)
***
*** FUNKTION : ERZEUGEN EINES STAUS VON TRS
*** PARAMETER: NG  = NUMMER DER GATHER-STATION VOM TYP 1
***            NTX = ANZAHL DER ZU STAUENDEN TRS
***            ID  = ANWEISUNGSNUMMER DES UNTERPROGRAMMAUFRUFES
***




      SUBROUTINE GATHR2(NG,NTX,ID,*)
***
*** CALL GATHR2(NG,NTX,ID,*9000)
***
*** FUNKTION : ERZEUGEN EINES STAUS VON TRS UNTER
***            BERUECKSICHTIGUNG DER FAMILIY-ZUGEHOERIGKEIT
*** PARAMETER: NG  = NUMMER DER GATHER-STATION VOM TYP 2
***            NTX = ANZAHL DER ZU STAUENDEN TRS
***            ID  = ANWEISUNGSNUMMER DES UNTERPROGRAMMAUFRUFES
***


      SUBROUTINE GAUSS(RMEAN,SIGMA,RMIN,RMAX,IRNUM,RANDOM)
***
*** CALL GAUSS(RMEAN,SIGMA,RMIN,RMAX,IRNUM,RANDOM)
***
*** FUNKTION : ERZEUGEN EINER NORMAL-VERTEILTEN ZUFALLSZAHL
*** PARAMETER: RMEAN   = MITTELWERT
***            SIGMA   = STANDARDABWEICHUNG
***            RMIN    = UNTERE INTERVALLGRENZE
***            RMAX    = OBERE INTERVALLGRENZE
***            IRNUM   = NUMMER DES ZUFALLSZAHLENGENERATORS
***            RANDOM  = ZUFALLSZAHL IM ANGEGEBENEN INTERVALL
***


      SUBROUTINE GENERA(ET,PR,*)
***
*** CALL GENERA(ET,PR,*9999)
***
*** FUNKTION : ERZEUGEN EINER TR
*** PARAMETER: ET = ANKUNFTSABSTAENDE
***            PR = PRIORITAET DER ERZEUGTEN TR
***
```

```
      SUBROUTINE GRAPH(VFUNC,IDIM,YLL,YUL,TEXT)
***
*** CALL GRAPH(VFUNC,IDIM,YLL,YUL,TEXT)
***
*** FUNKTION :  GRAPHISCHE DARSTELLUNG EINER TABELLE
*** PARAMETER:  VFUNC = DATENBEREICH MIT DEN WERTEN,
***                     DIE GRAPHISCH DARZUSTELLEN SIND
***             IDIM  = DIMENSION VON VFUNC
***             YLL   = UNTERGRENZE DER HISTOGRAMMSAEULEN
***             YUL   = OBERGRENZE DER HISTOGRAMMSAEULEN
***                     YLL=O. und YUL=O.: AUTOMATISCHE
***                     SKALIERUNG
***             TEXT  = UEBERSCHRIFT
***


      SUBROUTINE INIT1
***
*** CALL INIT1
***
*** FUNKTION : WERTZUWEISUNG AN ZUFALLSZAHLENGENERATOREN
***


      SUBROUTINE INIT2(*)
***
*** CALL INIT2(*9999)
***
*** FUNKTION : ANLEGEN DER DATENBEREICHE FUER MULTIFACILITIES
***


      SUBROUTINE INIT3(*)
***
*** CALL INIT3(*9999)
***
*** FUNKTION : ANLEGEN DER DATENBEREICHE FUER STORAGES
***


      SUBROUTINE INIT4
***
*** CALL INIT4
***
*** FUNKTION : INITIALISIEREN DES TYPE-VEKTORS
***
```

```
      SUBROUTINE INPUT(XFILE,*)
***
*** CALL INPUT (XFILE,*9999)
***
*** FUNKTION : EINLESEN DER EINGABEVARIABLEN AUS EINGABEDATEI
***            IM FREIEN FORMAT
*** PARAMETER: XFILE  = EIN- AUSGABEINDIKATOR
***            EXIT1  = FEHLERAUSGANG
***


      SUBROUTINE INTEG(NSET,TSTEP,RERR,IERR,*)
***
*** CALL INTEG(NSET,TSTEP,RERR, IERR,*9999)
***
*** FUNKTION : AUSWAHL DES FUER SET NSET BESTIMMTEN
***            INTEGRATIONSVERFAHRENS
*** PARAMETER: NSET  = NUMMER DES ZU INTEGRIERENDEN SET
***            TSTEP = SCHRITTWEITE
***            RERR  = RELATIVER INTEGRATIONSFEHLER
***            IERR  = INDIKATOR FUER FEHLERBESTIMMUNG
***            EXIT1 = FEHLERAUSGANG
***


      SUBROUTINE KNOCKD(NFA,RKT,IDN,*,*)
***
*** CALL KNOCKD(NFA,RKT,IDN,*9000,*9999)
***
*** FUNKTION : ABRUESTEN EINER FACILITY
*** PARAMETER: NFA = NUMMER DER FACILITY
***            RKT = ABRUESTZEIT
***            IDN = ZIELADRESSE


      SUBROUTINE LEAVE(NPL,NE,*)
***
*** CALL LEAVE(NPL,NE,EXIT1)
***
*** FUNKTION : FREIGABE VON POOL-EINHEITEN
*** PARAMETER: NPL  = NUMMER DES POOLS
***            NE   = ZAHL DER FREIZUGEBENDEN POOL-EINHEITEN
***            EXIT1 = ADRESSAUSGANG BEI ERFOLGLOSER FREIGABE
***
```

```
      SUBROUTINE LFIRST(MFA)
***
*** CALL LFIRST(MFA)
***
*** FUNKTION:  SUCHEN DES ERSTEN FREIEN SERVICE-ELEMENTES IN
***            EINER MULTIFACILITY
***
*** PARAMETER: MFA   = NUMMER DER MULTIFACILITY
***



      SUBROUTINE LINK1(NUC,ID,*)
***
*** CALL LINK1(NUC,ID,*9000)
***
*** FUNKTION : BLOCKIEREN VON TRS IN EINER USER-CHAIN
*** PARAMETER: NUC = NUMMER DER USER-CHAIN VOM TYP 1
***            ID  = ANWEISUNGSNUMMER DES UNTERPROGRAMMAUFRUFES
***



      SUBROUTINE LINK2(NUC,ID,*)
***
*** CALL LINK2(NUC,ID,*9000)
***
*** FUNKTION : BLOCKIEREN VON TRS EINER FAMILY IN EINER
***            USER-CHAIN
*** PARAMETER: NUC = NUMMER DER USER-CHAIN VOM TYP 2
***            ID  = ANWEISUNGSNUMMER DES UNTERPROGRAMMAUFRUFES
***



      SUBROUTINE LOGNOR(RMEAN,SIGMA,RMIN,RMAX,IRNUM,RANDOM)
***
*** CALL LOGNOR(RMEAN,SIGMA,RMIN,RMAX,IRNUM,RANDOM)
***
*** FUNKTION : ERZEUGEN EINER LOG-NORMAL-VERTEILTEN
***            ZUFALLSZAHL
*** PARAMETER: RMEAN  = MITTELWERT
***            SIGMA  = STANDARDABWEICHUNG
***            RMIN   = UNTERE INTERVALLGRENZE
***            RMAX   = OBERE INTERVALLGRENZE
***            IRNUM  = NUMMER DES ZUFALLSZAHLENGENERATORS
***            RANDOM = ZUFALLSZAHL IM ANGEGEBENEN INTERVALL
***
```

```
      SUBROUTINE MATCH(NM,ID,*)
***
*** CALL MATCH(NM,ID,*9000)
***
*** FUNKTION : ZWISCHENPUFFERN EINER TR
*** PARAMETER: NM = NUMMER DER MATCH-STATION
***            ID = ANWEISUNGSNUMMER DES UNTERPROGRAMMAUFRUFES
***



      SUBROUTINE MCLEAR(MFA,*,*)
***
*** CALL MCLEAR(MFA,EXIT1,*9999)
***
*** FUNKTION : FREIGEBEN EINES SERVICE-ELEMENTES IN EINER
***            MULTIFACILITY
*** PARAMETER: MFA   = NUMMER DER MULTIFACILITY
***            EXIT1 = ADRESSAUSGANG FUER VERDRAENGTE TRS



      SUBROUTINE MKNOCK(MFA,RKT,IDN,*,*)
***
*** CALL MKNOCK(MFA,RKT,IDN,*9000,*9999)
***
*** FUNKTION : ABRUESTEN EINES SERVICE-ELEMENTES IN EINER
***            MULTIFACILITY
*** PARAMETER: MFA = NUMMER DER MULTIFACILITY
***            RKT = ABRUESTZEIT
***            IDN = ZIELADRESSE
***



      SUBROUTINE MONITR(NPLOT)
***
*** CALL MONITR(NPLOT)
***
*** FUNKTION : SAMMELN DER ZUSTANDSVARIABLEN
*** PARAMETER: NPLOT = NUMMER DES PLOTS
***
```

```
      SUBROUTINE MPREEM(MFA,ID,*)
***
*** CALL MPREEM(MFA,ID,*9000)
***
*** FUNKTION : BEVORRECHTIGTES BELEGEN EINES SERVICE-ELEMENTES
***             IN EINER MULTIFACILITY MIT PRIORITAETENVERGLEICH
*** PARAMETER: MFA = NUMMER DER MULTIFACILITY
***            ID  = ANWEISUNGSNUMMER DES UNTERPROGRAMMAUFRUFES
***



      SUBROUTINE MSEIZE(MFA,ID,*)
***
*** CALL MSEIZE(MFA,ID,*9000)
***
*** FUNKTION : BELEGEN EINES SERVICE-ELEMENTES IN EINER
***             MULTIFACILITY
*** PARAMETER: MFA = NUMMER DER MULTIFACILITY
***            ID  = ANWEISUNGSNUMMER DES UNTERPROGRAMM-
***                  AUFRUFES



      SUBROUTINE MSETUP(MFA,ST,IDN,*,*)
***
*** CALL MSETUP(MFA,ST,IDN,*9000,*9999)
***
*** FUNKTION : ZURUESTEN EINES SERVICE-ELEMENTES
*** PARAMETER: MFA = NUMMER DER MULTIFACILITY
***            ST  = ZURUESTZEIT
***            IDN = ZIELADRESSE
***



      SUBROUTINE MWORK(MFA,WT,IEX,IDN,*,*)
***
*** CALL MWORK(MFA,WT,IEX,IDN,*9000,*9999)
***
*** FUNKTION : BEARBEITEN IN EINEM SERVICE-ELEMENT
*** PARAMETER: MFA = NUMMER DER MULTIFACILITY
***            WT  = BEARBEITUNGSZEIT
***            IEX = VERDRAENGUNGSSPERRE
***                = O: DIE TR DARF VERDRAENGT WERDEN
***                = 1: DIE TR DARF NICHT VERDRAENGT WERDEN
***            IDN = ZIELADRESSE
***
```

```
      SUBROUTINE NCHAIN(LIST,LINE,*)
***
***   CALL NCHAIN(LIST,LINE,EXIT1)
***
***   FUNKTION : AUSKETTEN EINER ZEILE AUS DER LISTE LIST
***   PARAMETER: LIST  = NUMMER DER LISTE
***                    = 1: EREIGNISLISTE
***                    = 2: SOURCELISTE
***                    = 3: AKTIVIERUNGSLISTE
***                    = 4: KONFIDENZLISTE
***                    = 5: MONITORLISTE
***                    = 6: EQUATIONLISTE
***             LINE  = AUSZUKETTENDE ZEILE
***             EXIT1 = FEHLERAUSGANG
***


      SUBROUTINE PFIFO(K,IFTX,NP)
***
***   CALL PFIFO(K,IFTX,NP)
***
***   FUNKTION : SUCHEN DES PLATZES IN DER KETTE NACH PFIFO
***   PARAMETER: K    = STATIONSNUMMER
***             IFTX = ZEILENNUMMER DER TR, NACH DER DIE LAUFENDE
***                    TR EINGEKETTET WERDEN SOLL
***             NP   = NUMMER DES PLATZES
***


      SUBROUTINE PLANI(MFA)
***
***   CALL PLANI(MFA)
***
***   FUNKTION : ERMITTL. DES PLANS, NACH DEM EIN SERVICE-ELEMENT
***              EINER MULTIFACILITY BELEGT WERDEN SOLL
***   PARAMETER: MFA   = NUMMER DER MULTIFACILITY
***


      SUBROUTINE PLANO(MFA)
***
***   CALL PLANO(MFA)
***
***   FUNKTION : ERMITTLUNG DES PLANES, NACH DEM EINE TR AUS
***              EINER MULTIFACILITY VERDRAENGT WERDEN SOLL
***   PARAMETER: MFA   = NUMMER DER MULTIFACILITY
***
```

```
      SUBROUTINE PLOT(IPLOT, IFILE, OFILE, RTIMSC, IPLOTA, ISCAL,
    +RYMIN, RYMAX, XPLOT, ISTAT, RVNAME)
***
*** CALL PLOT(IPLOT,IFILE,OFILE,RTIMSC,IPLOTA,ISCAL,RYMIN,RYMAX,
***          XPLOT,ISTAT,RVNAME)
***
*** FUNKTION : AUSGABE DER PLOTS, WERTETABELLEN
***             UND ZUSTANDSDIAGRAMME
***
*** PARAMETER:
***            IPLOT = NUMMER DES PLOTS
***            IFILE = NUMMER DER PLOTDATEI
***            OFILE = NUMMER DER AUSGABEDATEI
***            RTIMSC= ZEITSCHRITT
***            IPLOTA= ART DER AUSGABE
***                  =1 PLOT
***                  =2 PLOT UND WERTETABELLE (VOREINST.)
***                  =3 PLOT, WERTETABELLE UND ZUSTANDS-
***                     DIAGRAMME
***            ISCAL = ART DER Y-ACHSEN-SKALIERUNG
***                  =0 SKALIERUNG FUER JEDE VARIABLE, EINZELN
***                     MIT GERUNDETEN SKALENWERTEN
***                  =1 SKALIERUNG FUER JEDE VARIABLE EINZELN
***                     VOM MINIMALEN BIS MAXIMALEN WERT
***                  =2 GLEICHE SKALIERUNG FUER ALLE VARIABLEN,
***                     MINIMALER UND MAXIMALER Y-WERT SIND
***                     DURCH RYMIN BZW. RYMAX VORGEGEBEN
***                  =3 GLEICHE SKALIERUNG FUER ALLE VARIABLEN,
***                     SKALA VON KLEINSTEM MINIMUM BIS
***                     GROESSTEM MAXIMUM MIT GERUNDETEN
***                     SKALENWERTEN
***                  =4 LOGARITHMISCHER MASSTAB
***            RYMIN = MINIMALER Y-SKALENWERT
***                     (NUR FUER ISCAL=2)
***            RYMAX = MAXIMALER Y-SKALENWERT
***                     (NUR FUER ISCAL=2)
***            XPLOT = PLOTINDIKATOR
***                  =0 AUSDRUCK UEBER DRUCKER (132 Z)
***                  =1 AUSDRUCK AUF DEM BILDSCHIRM (80 Z)
***            ISTAT = STATISTISCHE GROESSEN BERECHNEN
***                  =0: NEIN; =1: JA
***            RVNAME = MARKIERUNGSSYMBOLE UND
***                     VARIABLENNAMEN
***
```

```
      SUBROUTINE POLICY(NT,NS,LFAM,IFTX,NP)
***
*** CALL POLICY(NT,NS,LFAM,IFTX,NP)
***
*** FUNKTION : ERMITTLUNG DER POLICY, NACH DER EINE TR IN DIE
***            WARTESCHLANGE VOR DER STATION K EINGEKETTET
***            WERDEN SOLL
*** PARAMETER: NT   = STATIONSTYP
***            NS   = TYPNUMMER
***            LFAM = ZEILENNUMMER IN DER FAM-MATRIX FUER
***                   STATIONEN MIT NT = 7,10 ODER 11
***            IFTX = ZEILENNUMMER DER VORHERGEHENDEN TR
***            NP   = PLATZNUMMER
```

```
      SUBROUTINE PREEMP(NFA,ID,*)
***
*** CALL PREEMP(NFA,ID,*9000)
***
*** FUNKTION : BEVORRECHTIGTES BELEGEN EINER FACILITY
***            MIT PRIORITAETENVERGLEICH
*** PARAMETER: NFA = NUMMER DER FACILITY
***            ID  = ANWEISUNGSNUMMER DES UNTERPROGRAMM-
***                  AUFRUFES
***
```

```
      SUBROUTINE PRESET
***
***  CALL PRESET
***
*** FUNKTION : STANDARDVORBESETZUNG
***
```

```
      SUBROUTINE PRIOR(MFA)
***
*** CALL PRIOR(MFA)
***
*** FUNKTION : AUSWAEHLEN DER TR MIT DER NIEDRIGSTEN
***            PRIORITAET IN DER MULTIFACILITY MFA
*** PARAMETER: MFA = NUMMER DER MULTIFACILITY
***
```

```
      SUBROUTINE RBLOCK(NT,NS,LFAM,MAX)
***
*** CALL RBLOCK(NT,NS,LFAM,MAX)
***
*** FUNKTION : WIEDERBLOCKIEREN VON BEREITS DEBLOCKIERTEN TRS
*** PARAMETER: NT   = STATIONSTYP
***            NS   = TYPNUMMER
***            LFAM = ZEILENNUMMER IN DER FAM-MATRIX FUER
***                   STATIONEN MIT NT = 7,10 ODER 11
***            MAX  = ANZAHL DER ZU BLOCKIERENDEN TRS
***                 = 1: WIEDERBLOCKIEREN EINER TR
***                 = 0: WIEDERBLOCKIEREN ALLER TRS
***


      SUBROUTINE REPRT1(NT)
***
*** CALL REPRT1(NT)
***
*** FUNKTION : AUSDRUCKEN DER STATIONEN VOM TYP NT
*** PARAMETER: NT = STATIONSTYP;
***                 TYP 8,9 UND 10,11 WERDEN JEWEILS ZUSAMMEN
***                 GEDRUCKT: ANGABE 8 ODER 10
***


      SUBROUTINE REPRT2
***
*** CALL REPRT2
***
*** FUNKTION : AUSDRUCKEN DER TX-MATRIX UND DER FAM-MATRIX
***


      SUBROUTINE REPRT3
***
*** CALL REPRT3
***
*** FUNKTION : AUSDRUCKEN DER DATENBEREICHE FUER DIE ABLAUF-
***            KONTROLLE
***


      SUBROUTINE REPRT4
***
*** CALL REPRT4
***
*** FUNKTION : AUSDRUCKEN DER BIN- UND DER BINSTA-MATRIX
***
```

```
    SUBROUTINE REPRT5(NBIN1,NBIN2,NBIN3,NBIN4,NBIN5,NBIN6)
***
*** CALL REPRT5(NBIN1,NBIN2,NBIN3,NBIN4,NBIN5,NBIN6)
***
*** FUNKTION : DER VERLAUF DER WARTESCHLANGEN-LAENGE VON
***            MAXIMAL SECEHS BINS WIRD GRAPHISCH DARGESTELLT
*** PARAMETER: NBIN1 = NUMMER DER ERSTEN BIN
***            NBIN2 = NUMMER DER ZWEITEN BIN
***            NBIN3 = NUMMER DER DRITTEN BIN
***            NBIN4 = NUMMER DER VIERTEN BIN
***            NBIN5 = NUMMER DER FUENFTEN BIN
***            NBIN6 = NUMMER DER SECHSTEN BIN
***


    SUBROUTINE REPRT6
***
*** CALL REPRT6
***
*** FUNKTION : AUSDRUCKEN DES INHALTS DER
***            INTEGRATIONSSTATISTIK - MATRIX INTSTA
***


    SUBROUTINE REPRT7
***
*** CALL REPRT7
***
*** FUNKTION: AUSDRUCKEN DER SPEICHER DEVAR
***           FUER DELAY-VARIABLE


    SUBROUTINE RESET
***
*** CALL RESET
***
*** FUNKTION : RUECKSETZEN DER VON GPSS-F BENOETIGTEN
***            DATENBEREICHE
```

```
      SUBROUTINE RKF(NSET,TSTEP,RERR,IERR,*)
***
***   CALL RKF(NSET,TSTEP,RERR,IERR,*9999)
***
***   FUNKTION : AUSFUEHRUNG EINES SCHRITTES DER
***               NUMERISCHEN INTEGRATION MIT DEM
***               ´RUNGE-KUTTA-FEHLBERG´ VERFAHREN
***   PARAMETER: NSET  = NUMMER DES ZU INTEGRIERENDEN
***                      SETS
***               TSTEP = SCHRITTWEITE DER NUMERISCHEN
***                      INTEGRATION
***               RERR  = RELATIVER INTEGRATIONSFEHLER
***               IERR  = INDIKATOR FUER FEHLERBESTIMMUNG
***               EXIT1 = FEHLERAUSGANG
***
```

```
      SUBROUTINE RKIMP(NSET,TSTEP,RERR,IERR,*)
***
***   CALL RKIMP(NSET,TSTEP,RERR,IERR,*9999)
***
***   FUNKTION : AUSFUEHRUNG EINES SCHRITTES DER NUMERISCHEN
***               INTEGRATION MIT EINEM IMPLIZITEN RUNGE-KUTTA
***               VERFAHREN VOM GAUSS-TYP
***   PARAMETER: NSET  = NUMMER DES ZU INTEGRIERENDEN SETS
***               TSTEP = SCHRITTWEITE DER NUMERISCHEN
***                      INTEGRATION
***               RERR  = RELATIVER INTEGRATIONSFEHLER
***               IERR  = INDIKATOR FUER FEHLERBERECHNUNG
***               EXIT1 = FEHLERAUSGANG
```

```
      FUNCTION RN(IRNUM)
***
***   FUNKTION : ERZEUGEN EINER PSEUDO-ZUFALLSZAHL IM INTERVALL
***               (0,1)
***   PARAMETER: IRNUM = NUMMER DES ZUFALLSZAHLENGENERATORS
***
```

```
      SUBROUTINE SAVIN
***
***   CALL SAVIN
***
***   FUNKTION : EINLESEN DES SYSTEMZUSTANDES VON EINER DATEI MIT
***               LOGISCHER DATEINUMMER 12
***
```

```
      SUBROUTINE SAVOUT                -
***
*** CALL SAVOUT
***
*** FUNKTION : RETTEN DES SYSTEMZUSTANDES AUF EINE DATEI MIT
***            LOGISCHER DATEINUMMER 12


      SUBROUTINE SEIZE(NFA,ID,*)
***
*** CALL SEIZE(NFA,ID,*9000)
***
*** FUNKTION : BELEGEN EINER FACILITY
*** PARAMETER: NFA = NUMMER DER FACILITY
***            ID  = ANWEISUNGSNUMMER DES UNTERPROGRAMM-
***                  AUFRUFES



      SUBROUTINE SETUP(NFA,ST,IDN,*,*)
***
*** CALL SETUP(NFA,ST,IDN,*9000,*9999)
***
*** FUNKTION : ZURUESTEN EINER FACILITY
*** PARAMETER: NFA = NUMMER DER FACILITY
***            ST  = ZURUESTZEIT
***            IDN = ZIELADRESSE
***


      SUBROUTINE SIMEND(NBN,NDP,P)
***
*** CALL SIMEND(NBN,NDP,P)
***
*** FUNKTION : BESTIMMEN DES SIMULATIONSENDES MIT HILFE DER
***            MITTLEREN WARTEZEIT DER BIN NBN
*** PARAMETER: NBN  = NUMMER DER ZU UEBERPRUEFENDEN BIN
***            NDP  = ANZAHL DER AUFRUFE VON DEPART ZWISCHEN
***                   ZWEI UEBERPRUEFUNGEN
***            P    = ZUGELASSENE ABWEICHUNG VOM MITTELWERT
***                   IN PROZENT
***


      SUBROUTINE SPLIT(NDUP,IDN,*)
***
*** CALL SPLIT(NDUP,IDN,*9999)
***
*** FUNKTION : DUPLIZIEREN EINER TR
*** PARAMETER: NDUP = ZAHL DER DUPLIKATE
***            IDN  = ZIELADRESSE DER DUPLIKATE
```

```
      SUBROUTINE START(NSC,TSC,IDG,*)
***
*** CALL START(NSC,TSC,IDG,EXIT1)
***
*** FUNKTION : ANMELDEN, AENDERN ODER STILLEGEN EINER SOURCE
*** PARAMETER: NSC   = NUMMER DER SOURCE
***            TSC   = STARTZEIT
***                    >= O: ANMELDEN ODER AENDERN
***                    <  O: STILLEGEN
***            IDG   = ANWEISUNGSNUMMER DES ZUGEHOERIGEN AUF-
***                    RUFES VON UP GENERA
***            EXIT1 = FEHLERAUSGANG




      SUBROUTINE STATE(NSET,*)
***
*** CALL STATE(NSET,*9999)
***
*** FUNKTION : CODIERUNG DER DIFFERENTIALGLEICHUNGEN
***            UND DER GLEICHUNGEN FUER DIE ZUSTANDSVARIABLEN
*** PARAMETER: NSET  = NUMMER DES AKTUELLEN SET
***            EXIT1 = FEHLERAUSGANG
***


      SUBROUTINE STRATA(NST,NE)
***
*** CALL STRATA(NST,NE)
***
*** FUNKTION : ERMITTLUNG DER SPEICHERBELEGUNGSSTRATEGIE, NACH
***            DER DIE STORAGE NST BEHANDELT WIRD
*** PARAMETER: NST   = NUMMER DER STORAGE
***            NE    = ZAHL DER ZU BELEGENDEN SPEICHERPLAETZE
***


      SUBROUTINE STRATF(NST,KEY,*)
***
*** CALL STRATF(NST,KEY,EXIT1)
***
*** FUNKTION : ERMITTLUNG DER AUSLAGERUNGSSTRATEGIE, NACH
***            DER DIE STORAGE NST BEHANDELT WIRD
*** PARAMETER: NST   = NUMMER DER STORAGE
***            KEY   = FREIGABE-SCHLUESSEL
***            EXIT1 = FEHLERAUSGANG
```

```
    SUBROUTINE SYSVAR
***
*** CALL SYSVAR
***
*** FUNKTION : SETZEN DER DIMENSIONSPARAMETER
***




    SUBROUTINE TABULA(NTAB,NG,X,Y,OG1,GBR)
***
*** CALL TABULA(NTAB,NG,X,Y,OG1,GBR)
***
*** FUNKTION : EINSORTIEREN DER AUSPRAEGUNG EINER VARIABLEN X
***            IN EINE HAEUFIGKEITSTABELLE
*** PARAMETER: NTAB = NUMMER DER HAEUFIGKEITSTABELLE
***            NG   = ANZAHL DER INTERVALLE
***            X    = NAME DER VARIABLEN
***            Y    = ZUGEORDNETE VARIABLE
***            OG1  = OBERGRENZE DES ERSTEN WERTEINTERVALLS
***            GBR  = INTERVALLBREITE




    SUBROUTINE TCHAIN(LIST,LINE,*)
***
*** CALL TCHAIN(LIST,LINE,EXIT1)
***
*** FUNKTION : EINKETTEN EINER ZEILE IN DIE LISTE LIST
***            IN ABHAENGIGKEIT VOM AKTIVIERUNGSZEITPUNKT
*** PARAMETER: LIST  = NUMMER DER LISTE
***                  = 1: EREIGNISLISTE
***                  = 2: SOURCELISTE
***                  = 3: AKTIVIERUNGSLISTE
***                  = 4: KONFIDENZLISTE
***                  = 5: MONITORLISTE
***                  = 6: EQUATIONLISTE
***            LINE  = EINZUKETTENDE ZEILE
***            EXIT1 = FEHLERAUSGANG




    SUBROUTINE TERMIN(*)
***
*** CALL TERMIN(*9000)
***
*** FUNKTION : VERNICHTEN EINER TR
***
```

```
      SUBROUTINE TEST(*)
***
*** CALL TEST(*710)
***
*** FUNKTION : UEBERPRUEFUNG ALLER BEDINGUNGEN
***
*** PARAMETER: EXIT1 = ADRESSAUSGANG ZUR ENDABRECHNUNG
***


      SUBROUTINE TRANSF(RATIO,IRNUM,*)

***
*** CALL TRANSF(RATIO,IRNUM,EXIT1)
***
*** FUNKTION : STOCHASTISCHE AUFTEILUNG EINES TR-STROMS
***            NACH EINER VORGEGEBENEN QUOTE
*** PARAMETER: RATIO = WAHRSCHEINLICHKEIT FUER DAS AUSSORTIEREN
***            IRNUM = NUMMER DES ZUFALLSZAHLENGENERATORS
***            EXIT1 = ADRESSAUSGANG FUER AUSSORTIERTE TRS
***


      SUBROUTINE UNIFRM(A,B,IRNUM,RANDOM)
***
*** CALL UNIFRM(A,B,IRNUM,RANDOM)
***
*** FUNKTION : ERZEUGEN EINER IM INTERVALL (A,B) GLEICH-
***            VERTEILTEN ZUFALLSZAHL
*** PARAMETER: A      = UNTERE INTERVALLGRENZE
***            B      = OBERE INTERVALLGRENZE
***            IRNUM  = NUMMER DES ZUFALLSZAHLENGENERATORS
***            RANDOM = ZUFALLSZAHL IM ANGEGEBENEN INTERVALL


      SUBROUTINE UNLIN1(NUC,MIN,MAX,ID,*)
***
*** CALL UNLIN1(NUC,MIN,MAX,ID,*9000)
***
*** FUNKTION : HOLEN EINES BLOCKS VON TRS VON EINER
***            USER-CHAIN
*** PARAMETER: NUC = NUMMER DER USER-CHAIN VOM TYP 1
***            MIN = MINIMALZAHL
***            MAX = MAXIMALZAHL .
***            ID  = ANWEISUNGSNUMMER DES UNTERPROGRAMMAUFRUFES
***
```

```
      SUBROUTINE UNLIN2(NUC,MIN,MAX,ID,*)
***
***   CALL UNLIN2(NUC,MIN,MAX,ID,*9000)
***
***   FUNKTION : HOLEN EINES BLOCKS VON TRS EINER FAMILY
***               VON EINER USER-CHAIN
***   PARAMETER: NUC = NUMMER DER USER-CHAIN VOM TYP 2
***              MIN = MINDESTZAHL
***              MAX = MAXIMALZAHL
***              ID  = ANWEISUNGSNUMMER DES UNTERPROGRAMMAUFRUFES
***
```

```
      SUBROUTINE WORK(NFA,WT,IEX,IDN,*,*)
***
***   CALL WORK(NFA,WT,IEX,IDN,*9000,*9999)
***
***   FUNKTION : BEARBEITEN EINER TR IN EINER FACILITY
***   PARAMETER: NFA = NUMMER DER FACILITY
***              WT  = BEARBEITUNGSZEIT
***              IEX = VERDRAENGUNGSSPERRE
***                  = O: DIE TR DARF VERDRAENGT WERDEN
***                  = 1: DIE TR DARF NICHT VERDRAENGT WERDEN
***              IDN = ZIELADRESSE
***
```

```
      SUBROUTINE XBEGIN (XENDA,XGO,XNEW,XOUT),*,*)
***
***   CALL XBEGIN(XEND,XGO,XNEW,XOUT,*6000,*7000)
***
***   FUNKTION : AUFRUF VON BEGIN NACH NEW-KOMMANDO
***               BEARBEITUNG DER KOMMANDO-INDIKATOREN
***   PARAMETER: XEND  = END-INDIKATOR
***              XGO   = GO-INDIKATOR
***              XNEW  = NEW-INDIKATOR
***              XOUT  = OUT-INDIKATOR
***              EXIT1 = AUSGANG ZU FLOWC
***              EXIT2 = AUSGANG ZUR ENDABRECHNUNG
***
```

```
      SUBROUTINE XINPUT (XEND,XGO,XNEW,XOUT,*)
***
***   CALL XINPUT (XEND,XGO,XNEW,XOUT,*9999)
***
***   FUNKTION : INTERAKTIVE EINGABE
***
***   PARAMETER: XEND  = END-INDIKATOR
***             XGO   = GO-INDIKATOR
***             XNEW  = NEW-INDIKATOR
***             XOUT  = OUT-INDIKATOR
***             EXIT1 = AUSGANG BEI PROGRAMMABBRUCH
***


      SUBROUTINE YCLOCK (*,*)
***
***   CALL YCLOCK (*10,*9999)
***
***   FUNKTION : ZEITFUEHRUNG IM REALZEIT-BETRIEB
***
***   PARAMETER: EXIT1 = AUFNAHME VON AKTIVITAETEN AUFGRUND
***                      DES REALEN SYSTEMS
***             EXIT2 = FEHLERAUSGANG
***
```

Stichwortverzeichnis

A

ACTIV   21,40,43,45,49,61,62,73
ADVANC   47,62
ALLOC   111
ANNOUN   3,16
ARRIVE   55,82
Abbruchkriterium   107
Ablaufkontrolle   48,49,75
Adreßausgänge für Unterprogramme   203
Adreßverteiler   49
Änderungsrate   193
Anfangsbedingung   14,35
Anfangspriorität   86
Anfangsschrittweite   6,9
Anfangswert   3
Anhänge   203
Anweisungsnummer   49
Arbeitsspeicher   101,102
Arztpraxis   72
Aufträge, Koordination von   126
Auftragsverwaltung   72,86
Ausdruck, logischer   39
Auslagerungsstrategie   101
Auswertung statistischen Materials   39
Autobestand   179
Autotelefon   117,129

B

BEGIN   3,18,27,65
BIN-MATRIX   55
BINSTA-MATRIX   55,110
Bearbeitungszeit, Ende der   46
Bearbeitungszweig, paralleler   117,122,126
Bedienzeit   47
Bedingung, Überprüfen der   27,142,155
Bedingung   24,25,62,75,141,155
Bedingungen, Beschreibung von   1
Bedingungen, Überprüfung von   1
Befallswahrscheinlichkeit   193
Behandlungszimmer   95
Benutzerprogramme   203
Besetzungswahrscheinlichkeit   122
Best-Fit   115
Bin   55,74,82,96

Bins, Sammeln von Informationen für   128
Brauerei I   39
Brauerei II   39,54
Brauerei III   39,61

C

CHECK   21,24,25,41,42,62,65,141,155
CLEAR   73,75
COMMON/PRIV/   21,22,66
CROSS   27,154
Cedar Bog Lake   164,166
Character-Behandlung   203
Computed GOTO   203
Crossing   25,28,63,142

D

DBLOCK   42,43,49,64,104,112
DEFILL   194
DELA   196
DELAY   194
DEPART   55,82
DETECT   21,27,63,154
DT   177
DV   6
DYNVAL   86,90
Dämpfungskonstante   182
Darstellung, graphische   164
Dateibehandlung   203
Daten, statistische   55
Datenbereich   203
Datenbereich, mehrdimensional   203
Datenbereiche, zusammenfassen der   196
Datensatz   20
Deaktivierung   48
Delay   175
Delay, erster Ordnung   179
Delay, maximales   194
Delay, zweiter Ordnung   179
Delay-Variable   193
Differentialgleichung   177
Differentialgleichung höherer Ordnung   164,182
Differentialgleichungen, Reihenfolge der   166
Dimensionsparameter   203
Doppelwort-Version   203
Druckindikator   7
Drucksymbol   7
Duplikat   10

E

ENDPLO   10
ENDTAB   88
ENTER   102
EQUAT   24
ERLANG   54,60,73
EVENT   3,21,26
Eichhörnchen   72
Eingabedaten   4,146
Eingabedatensatz   46,155
Einlagerungsstrategie   101
Einlesen, formatfreies   20
Einschwingphase   9,110,167
Einzelschrittverfahren   18,53
Endekriterium   79,94
Energieaufnahme   164
Energiegehalt   164
Energieverlust   164
Entladedock   134
Ereignis, Bearbeiten von   128
Ereignis, Anmelden des   3
Ereignis, bedingtes   15,24,31
Ereignis, zeitabhängiges,   1,15

F

FORTRAN-Eigentümlichkeiten   203
FREE   111
Facility   72
Fahrstuhl   117,122
Fahrzeug   193
Faktor, multiplikativer   28
Familienzugehörigkeit   43
Fass   40
Feder   182
Federkonstante   182
Fehler, relativer   6,9
Fernsehturm   122
First-Fit   111,112,115
Flags   154
Flags, Setzen der   140,154
Fleischfresser   164
Folgeereignis   18
Füllgeschwindigkeit   61

G

GASP IV   134
GATE   40,46,48,49
GATHR1   117
GAUSS   60
GENERA   40,43,49,54,73

GRAPH   89,107
Gate   120,127
Gauss   188
Gemeinschaftspraxis   95
Gleichzeitigkeit   50
Grenzwert   28

H

Häufigkeitstabelle   107

I

IBLOCK   46
IFLAG   25,27,63,142,154
INPUT   4,20
INSTA-Matrix   4
INTI   5,6
IPRINT   18,49
IV   20
Information, statistische   82
Inkubationszeit   193
Integrationsschrittweite   177
Integrationsschrittweite, Obergrenze   6
Integrationsstatistik   9
Integrationsverfahren   6
Investitionsmittelbestand   193

K

KEY   111
Kapazität   104
Kasse   170
Kassenpatient   95
Kommandoname   6
Konfidenzintervall   9,60,73,167
Kopplung   151
Kraftstoß   186,188,192
Kurzbeschreibung   7

L

LEAVE   104
LFIRST   96
Lagertank   134
Lampe   24
Level   175
Lichtzufuhr, erhöhte   24

M

MCLEAR   96
MKNOCK   96
MONITR   3,18,65
MONITR, benutzereigener Aufruf von   10
MPREEM   96
MSEIZE   96
MSETUP   96
MWORK   96
Masse   182
Massenschwerpunkt   182
Match-Station   129
Materie, organische   165
Mittelwert   73
Modell, kombiniertes   15,39
Modellablauf, Protokollierung des   18
Modellaufbau   203
Modellbeschreibung   1
Modelle, kombinierte   1
Modelle, komplexe   67
Modelle, zeitkontinuierliche   1
Modellkomponente, Parametrisierung der   164,170
Modellstruktur, dynamische Änderung   1,33,34,61
Modularisierung   67
Monitorschrittweite   6,9
Multifacility   72,95
Multiplikatoren, grosse   203
Multiplikatoren, kleine   203

N

Neubewertung   86
Niederschlagsmenge   193
Notfallpatient   95

P

PLAMA   96
PLOT   5
PRESET   76
PRIOR   96
Paketbeförderung   117
Parameter, private   40,47,49
Pflanzen   164
Pflanzenfresser   164
Plan-I   96
Plan-Matrix   96
Plan-O   96
Plot   11
Plot-Daten, Ablegen der   6
Plot, Beginn des   6
Plot, Nummer des   6

Plots, Sammeln von Informationen für   128
Pool   101,104
Pool-Matrix   104
Praxis   95
Priorität   81,82,110,129
Prioritätenklasse   86
Prioritätenvergabe   72
Prioritätenvergabe, dynamische   86,88,90
Privatpatient   95
Produktionsrate   193
Protokollsteuerung   18,49
Prozessor   101
Pumpstation   40

R

RANDOM   54
REPRT1   50
REPRT2   50
REPRT3   50
REPRT4   55,110
REPRT6   4,9
REPRT7   202
RESET   76
RV   20
Radaufhängung   193
Radaufhängung I   164,182
Radaufhängung II   164,188
Rahmen   66,73,88,106,146
Rechenanlage I   101
Rechenanlage II   101,111
Reihenfolge   166
Reparaturwerkstatt   72,81,171
Report-Unterprogramme   50
Restlücke   112
Restlückenlänge   115

S

SEIZE   73
SIMEND   88,107
START   43,124
STATE   2,21,24,63
STRAMA   112,115
STRATA   112
SV   6
Schrittweite, vorgegebene   177
Schrittweite bei der Integration, maximale   6
Schrittweite bei der Integration, minimale   6
Schwankung, stochastische   60
Service-Element   95
Set   2
Set-Konzept   151
Set, Nummer des   6

Sets, Integrieren von   128
Simulationslauf, Wiederholung des   76
Simulationsmodell, kombiniertes   29,134
Sinusschwingung   186
Skalierung   7
Source   43,73,124
Sources, Starten von   128
Speicher, peripherer   101,102
Speicherauslastung   110
Speicherbelegung   101
Speicherplatzbedarf   110
Speichervergabe   101
Speicherverschnitt   111
Speicherverwaltung   101
Station   39
Stationsnummer   128
Stationstyp   128
Stationstyp, allgemeiner   120
Stau   117
Störung beim Abfüllen   70
Storage   101,115
Strategie   111
Strategie A   111
Strategie-Matrix   115
Supermarkt   164,170
System, lose gekoppeltes   151
System, stochastisches   54
System Dynamics Modell   164,175
Systeme, stochastische, kontinuierliche   164,188
Systemkomponente, mobile   39
Systemkomponente, statistische   39

T

TABULA   122
TAU   193
TAUMAX   196
TERMIN   41
TEST   21,27,42,64,65
TEXT   5
TRANSF   81
TTEST   24,27,42,142
Tanker   134
Tankerflotte   134
Teilsystem   151
Teilsystem, lose gekoppeltes   151,153
Testindikator   24,27,142
Teststrecke   192
Token   55,74,82
Toleranzbereich   28
Transaction   39
Transaction-Matrix   49
Transaction, Erzeugung einer   40,43
Transaction, verdrängte   82
Transactions, Aktivieren von   128

Transactions, Koordination von   117
Transactions, zeitgleiche   117,128
Trigger-Station   122

U

UNIFRM   54
UNLIN1   122
Umrüsten   81
Unterprogramme   203
User-Chain   122

V

VARI   5,20
Variable, Dimensionierung der   203
Variable, alphabetische Liste der   203
Variable, Einlesen der   20
Variable, kreuzende   28
Variablenname   20
Veränderungsrate   177
Verdrängung   72
Verdrängungsvorgang   85
Verwaltungsaufwand   81
Verweilzeit   56
Verzögerungszeit   193
Vorbesetzung   24

W

WORK   73
Wachstumskurve, exponentielle   35,36
Wachstumskurve, logistische   33,35,36
Wahrheitswert   27
Warteschlange   39
Warteschlangensystem   39,72
Wartezeit, mittlere   44,46,81
Wasserstand   193
Wertetabelle   11
Winterreifenbestand   164,179
Wirte-Parasiten-Modell   193
Wirte-Parasiten-Modell I   1
Wirte-Parasiten-Modell II   1,15
Wirte-Parasiten-Modell III   1,24
Wirte-Parasiten-Modell IV   1,33
Wirte-Parasiten-Modell V   1,151
Wirte-Parasiten-Modell VI   164,193

Z

Zeitinkrement   177
Zeitschlitz   129

Zeitschritt   7
Zeitverzögerung   31
Zufallszahlen   54
Zufallszahlen, Erzeugung von   39,192
Zufallszahlengenerator   54,60,76,203
Zustand, zurückliegender   194
Zustandsübergang   53
Zustandsvariable   127,136
Zwischenankunftszeit   60